W0372469

J.W. Rohen
E. Lütjen-Drecoll

Funktionelle Embryologie

2. Auflage

Johannes W. Rohen
Elke Lütjen-Drecoll

Funktionelle Embryologie

Die Entwicklung der Funktionssysteme des menschlichen Organismus

2., überarbeitete und erweiterte Auflage

Mit 243 farbigen Abbildungen und 9 Tabellen

Schattauer Stuttgart New York

Prof. (em.) Dr. med. Dr. med. h.c. Johannes W. Rohen
Prof. Dr. med. Elke Lütjen-Drecoll

Anatomisches Institut (Lehrstuhl II)
Universität Erlangen-Nürnberg
Universitätsstr. 19, 91054 Erlangen

Bibliografische Information der Deutschen Bibliothek

Die Deutsche Bibliothek verzeichnet diese Publikation in der Deutschen Nationalbibliografie; detaillierte bibliografische Daten sind im Internet über <http://dnb.ddb.de> abrufbar.

Besonderer Hinweis:
Das Werk mit allen seinen Teilen ist urheberrechtlich geschützt. Jede Verwertung außerhalb der Bestimmungen des Urheberrechtsgesetzes ist ohne schriftliche Zustimmung des Verlages unzulässig und strafbar. Kein Teil des Werkes darf in irgendeiner Form ohne schriftliche Genehmigung des Verlages reproduziert werden. Das gilt insbesondere für Vervielfältigungen, Übersetzungen, Mikroverfilmungen und die Einspeicherung, Nutzung und Verwertung in elektronischen Systemen, dem Intranet und dem Internet.

© 2002 and 2004 by Schattauer GmbH,
Hölderlinstraße 3, D-70174 Stuttgart, Germany
E-Mail: info@schattauer.de
Internet: http://www.schattauer.de

Printed in Germany

Illustrationen: Jörg Pekarsky
Satz und Druck: Mayr Miesbach, Druckerei und Verlag GmbH, Am Windfeld 15, 83714 Miesbach
Gedruckt auf chlor- und säurefrei gebleichtem Papier.

ISBN 3-7945-2285-0

Vorwort zur zweiten Auflage

Die erfreulicherweise schon jetzt notwendig gewordene zweite Auflage gab uns die Möglichkeit, das Bildmaterial zu ergänzen sowie vereinzelte Korrekturen und Veränderungen vorzunehmen. An Inhalt und Zielsetzung des Buches hat sich jedoch nichts geändert. Es sollte ein möglichst kurzgefasstes Lehrbuch der Humanembryologie darstellen, das vor allem durch ein sorgfältig ausgewähltes und anschauliches Bildmaterial die komplizierten Entwicklungsvorgänge der funktionellen Systeme des Organismus verständlich und nachvollziehbar macht. Auch durch die jetzt vollzogene Einfügung von mehr als 20 neuen Abbildungen ist der textliche Umfang nicht größer geworden. Neu ist jedoch ein Kapitel über die embryonalen Stammzellen, die zur Zeit in der Öffentlichkeit lebhaft diskutiert werden sowie der erweiterte Anhang über die Möglichkeiten der Ultraschalldiagnostik im Laufe der Schwangerschaft. Auch wurde das Kapitel über die molekularbiologischen Grundlagen der Steuerung embryonaler Entwicklungsvorgänge, bei dem uns dankenswerterweise Herr Prof. Klaus von der Mark (Erlangen) wesentlich geholfen hat, an den Anfang gestellt, damit der Studierende die im Text an verschiedenen Stellen erwähnten Induktions- und Organisationsvorgänge besser verstehen kann.

Wir hoffen, dass dieses »kleine Lehrbuch« auch in der jetzt neugestalteten Form seine Freunde behält und neue hinzugewinnt.

Erlangen, Herbst 2003

J. W. Rohen
E. Lütjen-Drecoll

Vorwort zur ersten Auflage

Bei der Vielzahl der heute vorhandenen Lehrbücher der Embryologie bedarf die Veröffentlichung eines weiteren, wenn auch kurzgefassten Lehrbuches einer besonderen Begründung. Aus langjährigen Unterrichtserfahrungen wissen wir, dass den Studierenden die Vorstellung embryologischer Entwicklungsabläufe immer besonders schwer fällt. Man kann die meist flächig und schematisch wiedergegebenen gestaltlichen Vorgänge nicht wirklichkeitsgemäß genug vorstellen und vor allem die räumliche Dimension der entwicklungsgeschichtlichen Veränderungen nicht so erfassen, dass die Vorgänge aus sich heraus verständlich werden. Wir haben daher besondere Sorgalt auf die Gestaltung des Bildmaterials verwendet, in der Hoffnung, den Studierenden die dreidimensionale Erfassung der Entwicklungsvorgänge und damit das Verständnis der gegenseitigen Beziehungen ihrer induktiven und molekulargenetischen Abhängigkeiten zu erleichtern.

Was ist mit »funktioneller Embryologie« gemeint? Alfred Benninghoff hat einmal gesagt, die embryologischen Prozesse sind die gleichen wie die funktionellen des erwachsenen Organismus. So hat er u. a. darauf hingewiesen, dass sich die Spongiosaarchitektur des Knochens embryonal bereits so entwickelt, dass sie später den funktionellen Gegebenheiten entspricht. Hier liegt ein weites Feld zukünftiger Untersuchungen und vieles ist heute noch ungeklärt. Wir haben unter diesen Gesichtspunkten einmal versucht, die funktionellen Zusammenhänge, die auch bei der Embryogenese eine Rolle spielen, herauszustellen und zu zeigen, wie auch bei der Entwicklung der verschiedenen Organsysteme funktionelle Gliederungen erkennbar sind, die das Verständnis der Embryologie nicht nur erleichtern, sondern auch bereichern. So können beispielsweise die Keimblätter bestimmten Elementarfunktionen des Körpers zugeordnet oder die Entwicklung der Organsysteme unter dem Gesichtspunkt immer enger werdender funktioneller Gliederungen (sozusagen vom Ganzen in die Teile gehend) beschrieben werden.

Man kommt dadurch über die heute meist vorherrschende deskriptive oder additive Beschreibung hinaus und findet Systemzusammenhänge, Polaritäten oder Synergismen bei den Gestaltungsprozessen, die ihrerseits wiederum auch das Wesensverständnis der Organe und damit letztlich natürlich auch des Gesamtorganismus erleichtern. Natürlich ist das nur ein bescheidener Anfang, aber vielleicht ein Weg, der über die molekulargenetischen Zusammenhänge hinausgehend das Ganze wieder etwas mehr verständlich machen kann.

Da der Student für das ja mehr am Rande liegende Gebiet der Embryologie meist nur wenig Zeit hat, haben wir versucht, nur die wesentlichsten Tatsachen darzustellen, und dies auch in größtmöglicher Kürze. Die bei der Embryonalentwicklung auftretenden induzierenden und steuernden Faktoren und Gene sind heute noch in vielen Bereichen unbekannt oder nur unvollständig aufgeklärt, so dass wir in dieser Auflage nur an den Stellen diejenigen Faktoren mit dargestellt haben, die zum Verständnis der funktionellen Zusammenhänge beitragen können. Die prinzipiellen molekularbiologischen Mechanismen wurden hier nur in einem Anhangskapitel zusammenhängend kurz beschrieben. In folgenden Auflagen soll dieser Teil jedoch noch weiter ergänzt werden.

Wir hoffen, dass es gelungen ist, möglichst viele Studierende für dieses so faszinierende Wissenschafts- und Lehrgebiet zu begeistern.

Erlangen, Sommer 2002

J. W. Rohen
E. Lütjen-Drecoll

Danksagung

Für die Ausarbeitung der nach unseren Entwürfen mit großem Können und Einfühlungsvermögen erstellten Abbildungen möchten wir auch an dieser Stelle Herrn Jörg Pekarsky sowie für die Layout-Arbeiten Herrn Peter Renner herzlich danken. Ganz besonderen Dank schulden wir Frau Lisa Köhler für die sorgfältigen, zuverlässigen und unermüdlichen Arbeiten an dem so oft umgeschriebenen Manuskript.

Herrn Prof. Dr. Klaus von der Mark (klinisch-molekularbiologisches Forschungszentrum der Universität Erlangen-Nürnberg) möchten wir ganz herzlich für die Unterstützung bei der Abfassung des Kapitels »Induktion und Steuerung embryonaler Entwicklungsvorgänge« danken.

Auch unseren Mitarbeitern und Studenten möchten wir gerne für die rege Anteilnahme an der Fertigstellung des Buches sowie für die vielen kleinen und größeren, oft sehr hilfreichen Diskussionen unseren Dank aussprechen.

J. W. Rohen
E. Lütjen-Drecoll

Inhalt

Einleitung

Grundbegriffe

Die menschliche Keimesentwicklung findet in der Tuba uterina und der Gebärmutter (intrauterin) statt und dauert von der Befruchtung bis zur Geburt in der Regel 264–268 Tage (38 Wochen = $9^1/_2$ Lunarmonate) (Ovulationsalter). In der Klinik berechnet man die Schwangerschaftsdauer in der Regel vom ersten Tag der letzten Menstruation bis zur Geburt, was dann 280 Tage ergibt (40 Wochen = 10 Lunarmonate) (Gestations- oder Menstruationsalter). Man unterscheidet im Allgemeinen eine **Blastemzeit,** von der Befruchtung bis zur »Gastrulation«, d.h. der Ausbildung der Keimblätter und der ersten axialen Strukturen (16.–19. Tag), eine **Embryonalzeit** bis zum Ende der 8. Woche, in der im Wesentlichen die Anlagen der großen Organsysteme entstehen, und schließlich eine **Fetalzeit,** von der 9. Woche bis zur Geburt, in der die Hauptdifferenzierungs- und Reifungsprozesse der Organe, insbesondere des Nervensystems, ablaufen. Wichtige Zäsuren sind die Implantation in die Uterusschleimhaut, die am 6. Tag nach der Befruchtung beginnt, sowie die Ausdifferenzierung der Lunge in der 24.–26. Woche, wonach der Fetus im Falle einer Frühgeburt eine gewisse Überlebenschance hat.

Die Fetalperiode geht fließend in die **Perinatalperiode** über, die vom Ende der 28. Woche bis zum 7. Lebenstag gerechnet wird. In der Perinatalperiode, die noch vor der Geburt beginnt, werden die verschiedenen Organe des Fetus (z.B. Lungen, Herz, Leber, Nieren) nicht nur auf die Geburt selbst vorbereitet, sondern vor allem auch auf die funktionellen Erfordernisse des extrauterinen Lebens eingestellt.

In der anschließenden **Postnatalperiode** ist das 1.–2. Lebensjahr von besonderer Bedeutung, da sich hier nicht nur die Aufrichtung, sondern auch die Ausbildung der Sprachfähigkeit, d.h. elementarer, in dieser ausgeprägten, hochdifferenzierten Form nur dem Menschen eigener Fähigkeiten, vollzieht.

Biologisch gesehen ist der Mensch eigentlich ein Nestflüchter, da die vitalen Gehirnfunktionen bei der Geburt schon weitgehend entwickelt und die Sinnesorgane geöffnet sind. Im Gegensatz zu den Nestflüchtern (Huftiere, Wale, Makaken u.a.) ist das menschliche Neugeborene aber noch nicht selbstständig lebens- und bewegungsfähig. Es ist hilflos wie die Neugeborenen von Nesthockern (Nager, Raubtiere usw.), die mit geschlossenen Sinnesorganen und nicht voll funktionsfähigem Bewegungs- und Nervensystem geboren werden. Beim Menschen sind zwar die Augenlider bis etwa zum 7. Monat der Schwangerschaft, wie bei Nesthockern auch, noch geschlossen, öffnen sich aber dann vor der Geburt. In den letzten Schwangerschaftsmonaten erfolgt zwar ein rapides Wachstum des Gehirns, aber die Gliedmaßen und die inneren Organe bleiben im Wachstum zurück. Vergleicht man diese Entwicklung mit der von höheren Säugern und Anthropoiden, müsste die Schwangerschaft beim Menschen nach A. Portman eigentlich 21–22 Monate dauern. Der Mensch ist also – biologisch gesehen – eine Frühgeburt, die die zweite Hälfte der notwendigen zerebralen Wachstums- und Reifungsperiode erst nach der Geburt absolviert, also gewissermaßen ein »sekundäres Nesthockerstadium« (A. Portmann) durchmacht, für das es im Tierreich sonst nichts Vergleichbares gibt. Die funktionelle Bedeutung dieser Tatsache für die Entwicklung des Menschen liegt darin, dass zusammen mit dem schon embryonal einsetzenden, exzessiven Wachstum des Gehirns, das sich postnatal bis zum Ende des ersten Lebensjahres fortsetzt, die weitere Ausreifung der Organe, auch der Sinnesorgane und Gliedmaßen, außerhalb des Uterus in der Umgebung der Familie, d.h. in der sozialen Umwelt, abspielt. Dadurch kann diese Entwicklungsphase, die – biologisch gesehen – eigentlich noch innerhalb des Mutterleibes hätte stattfinden müssen, entscheidend vom sozialen Umfeld mit geprägt werden (Muttersprache, kulturell geprägte Denk- und Verhaltensweisen usw.).

Die menschliche Embryonalentwicklung endet also nicht, wie bei den meisten Säugetieren, mit der Fertigstellung eines voll ausgereiften, biologisch überlebensfähigen und vom Verhalten her nicht mehr entwicklungsfähigen Organismus, sondern mit der Geburt eines Wesens, das sich erst im Zusammenwirken mit der sozialen und kulturellen Umwelt zum eigentlich Menschlichen ausgestalten muss. Diese Sonderstellung des Menschen wird auch dadurch unterstrichen, dass der Mensch nicht nur in der Postnatalperiode, sondern auch noch viele Jahre später entwicklungsfähig bleibt und Wachstums- bzw. Reifungsrhythmen zeigt (z.B. der Wachstumsschub in der Pubertät), die bei anderen Spezies in dieser Form nicht vorkommen.

Die Sonderstellung des Menschen wird aber nicht nur an den geistigen und körperlichen Entwicklungsfähigkeiten nach der Geburt, sondern auch an den embryonalen Entwicklungsvorgängen selbst ablesbar. Das soll in den folgenden Kapiteln zur Darstellung kommen.

Die menschliche Embryonalentwicklung beginnt mit der Befruchtung (Konzeption), d.h. der Vereinigung von Ei- und Samenzelle. Verglichen mit anderen biologischen Prozessen ist dies nicht nur ein äußerst komplexer und umständlich vorbereiteter Vorgang, sondern auch ein staunenswertes, ehrfurchtgebietendes Ereignis. Ei- und Samenzellen sind keine »gewöhnlichen« Körperzellen, die sich auf die Fortpflanzung spezialisiert haben; sie werden auch nicht von den Keim-»Drüsen« gebildet, sondern sind als Urgeschlechtszellen in diese Drüsen eingewandert und finden dort ihre für die Befruchtung notwendige Ausgestaltung. Die Urgeschlechtszellen werden von den frühesten embryologischen Entwicklungsstadien (Morula) gewissermaßen beiseite genommen, nehmen an der gesamten Embryonalentwicklung nicht teil und siedeln sich erst relativ spät in den Keimdrüsenanlagen an. Da der Organismus selbst stirbt, das Keimmaterial aber nicht zugrunde geht, sondern von Generation zu Generation weitergegeben wird, spricht man von der **Keimbahn** (Abb. 1). Hier liegt also eine funktionelle und – in gewisser Hinsicht – auch materielle Kontinuität vor, die bis in Urzeiten der menschlichen Stammesgeschichte zurückreicht. Würde das genetische Material von Generation zu Generation unverändert weitergegeben, würden keine evolutiven Entwicklungsschritte möglich sein. Bei jeder Befruchtung findet aber eine Neuordnung des genetischen Materials statt, so dass neue Einschläge im Strom des Entwicklungsgeschehens möglich werden, obwohl die Kontinuität erhalten bleibt.

Um dies möglich zu machen und das Aussterben der Art zu verhindern, »opfert« der Organismus gewissermaßen einen Teil seiner Organe, nämlich die Geschlechtsorgane, und nutzt sie nicht unmittelbar für eigene Funktionen. Für den Organismus selbst spielen diese Organe keine lebenswichtige Rolle, für die Erhaltung der genetischen Kontinuität und damit für die Erhaltung der Art sind sie aber entscheidend.

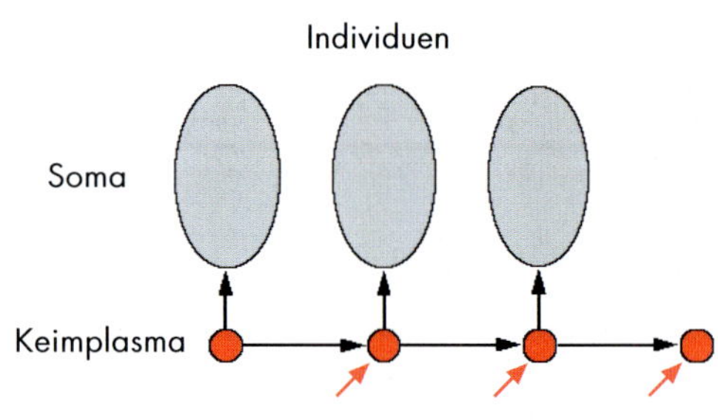

Abb. 1. Schema der Keimbahn. Die Keimbahnzellen (rot) machen die somatische Entwicklung nicht mit und werden von Generation zu Generation weitergegeben, während die Individuen (grau) absterben. Rote Pfeile = jeweils neuer genetischer Einschlag (nach D. Starck).

Induktion und Steuerung embryonaler Entwicklungsvorgänge

Als die Geburtsstunde der modernen experimentellen Embryologie (damals noch Entwicklungsphysiologie genannt) kann sicher der später mit dem Nobelpreis ausgezeichnete Transplantationsversuch von Hans Spemann und Hilde Mangold (1924) angesehen werden. Spemann hatte bei Molchkeimen beobachtet, dass nach Ingangkommen der Gastrulationsbewegung die Transplantation der dorsalen Urmundlippe an eine andere Stelle des Keimes dort ebenfalls eine

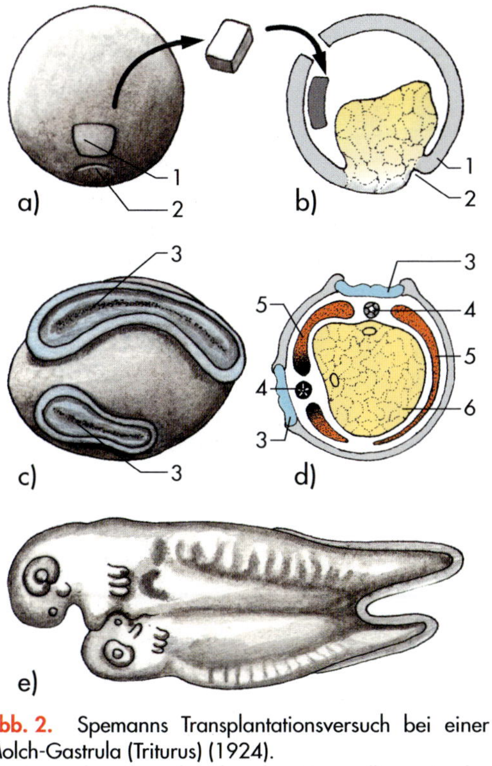

Abb. 2. Spemanns Transplantationsversuch bei einer Molch-Gastrula (Triturus) (1924).
Die Transplantation der dorsalen Urmundlippe in das Blastozoel **(a, b)** führt zur Induktion einer zweiten Gastrulationsbewegung an der Bauchseite mit Neutralrohrbildung **(c, d)** und Entwicklung eines zweiten Keimlings **(e)**.
1 = Dorsale Urmundlippe; 2 = Urmund; 3 = Neuralplatte; 4 = Chorda dors.; 5 = Mesoderm; 6 = Dottersack.

Gastrulationsbewegung und nachfolgend eine Neurulation und damit die Entwicklung eines zweiten Keimlings hervorruft (Abb. 2). Spemann nannte das Gewebe der dorsalen Urmundlippe daher Organisator oder Induktor. Ähnliche Induktionsprozesse finden – wie man heute weiß – nicht nur zu Beginn der Gastrula, sondern während der gesamten Embryogenese von Organen und Geweben statt, und zwar in exakt terminierten Abstufungen und wechselseitigen Beeinflussungen.

Induktionsprozesse werden von früh exprimierten, zum Teil noch maternalen Genen in Gang gesetzt und durch Überträgerstoffe vermittelt, die in den Zellen des induzierten Gewebes spezifische Reaktionen hervorrufen. Es werden weitere Gene an- und abgeschaltet, die die spezifischen, im Gesamtkontext der Entwicklung notwendigen und sinnvollen Wachstumsbewegungen und Organgestaltungen regulieren. Inzwischen ist eine Vielzahl solcher Überträgerstoffe entdeckt und synthetisiert worden. Im Allgemeinen unterscheidet man drei große Gruppen von Induktionsfaktoren, die durch unterschiedliche Mechanismen (induktive Interaktionen) den Induktionsprozess auszulösen in der Lage sind:

- Lösliche Proteine, die das Indukt auch über größere Distanzen erreichen können, sog. **parakrine Faktoren;** dazu gehören **Hormone, Wachstumsfaktoren** und andere Signalproteine wie die Hedgehog-Proteine (Abb. 3a).
- **Stationäre Faktoren** in Form der **extrazellulären Matrix,** die ebenfalls von spezifischen Zellrezeptoren erkannt wird (Abb. 3b), und als weitere stationäre Faktoren
- **Zelloberflächenproteine** (z. B. Cadherine), die direkt mit speziellen Rezeptorproteinen der zu induzierenden Zelle interagieren (Abb. 3c) **(juxtakrine Interaktion).**

Bei den parakrinen Faktoren unterscheidet man heute meist fünf große Stoffklassen (Familien):

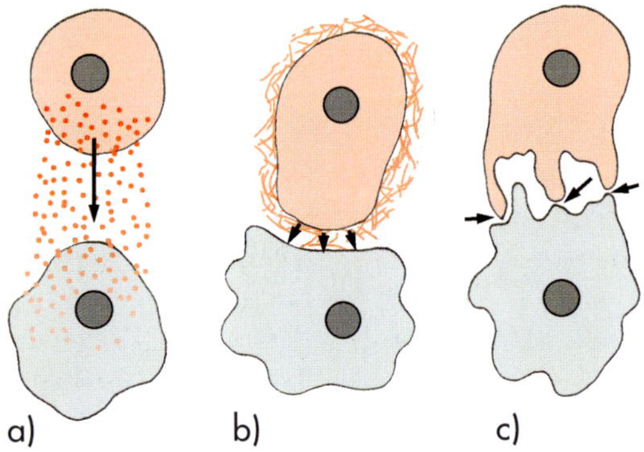

Abb. 3. Verschiedene Mechanismen der Signaltransduktion durch Induktionsfaktoren (nach Scott F. Gilbert).
a) Parakrine Faktoren (rot) diffundieren vom Induktor (oben) zum Indukt (unten).
b) Die Induktion erfolgt über die extrazelluläre Matrix (rot) (parakrine Interaktion).
c) Der Induktionsvorgang wird durch einen direkten Kontakt (Pfeile) der Induktorzelle (oben) mit dem Indukt (unten) ausgelöst (juxtakrine Interaktion).

1. FGF-Familie (fibroblast growth factors).
2. TGF-β-Superfamilie (transforming growth factors).
3. Hedgehog-Familie.
4. Wnt-Familie (Wingless-family).
5. Ephrine.

Die Wachstumsfaktoren der **FGF-Familie** sind vor allem wichtig bei der Angiogenese, der Mesoderminduktion sowie beim Auswachsen der Axone und Gliederung des ZNS; z. B. spielt FGF-β bei der Entwicklung des Mittelhirns und der Gliedmaßen eine entscheidende Rolle.

In der **TGF-β-Superfamilie** sind inzwischen mehr als 30 verschiedene Faktoren beschrieben worden. Zu ihr gehören außer TGF-β die BMP-Proteine, die für die Morphogenese des Knochens, aber auch für die Steuerung apoptotischer Vorgänge wichtig sind; die Aktivine und Inhibine, und Vgl spielen eine wichtige Rolle bei der Mesoderminduktion; der Anti-Müller-Faktor ist für die Rückbildung des Müller-Ganges und damit für die Geschlechtsdifferenzierung entscheidend; auch verschiedene (glial-derived) neurotrophe Faktoren, die bei der Differenzierung der Nieren und des enterischen NS ausschlaggebend sind, gehören dazu. Eine wichtige Funktion von Faktoren der TGF-β-Familie (vor allem TGF-$\beta_{1,2,3}$ und $_5$) ist die Regulation der Bildung von extrazellulärer Matrix (z. B. durch Synthese oder Degradation von Fibronektin, Kollagenen oder Proteoglykanen). Auch die Regulation von Zellteilungsvorgängen gehört hierher, was z. B. bei der Bildung der Nierentubuli, der Ausführungsgänge der Speicheldrüsen und des Bronchialbaumes eine wichtige Rolle spielt.

Die **Hedgehog-Familie** ist vor allem wichtig bei der Differenzierung spezieller Zelltypen und Zellkontakte, z. B. bei der Ossifikation und Spermatogenese (Angriffspunkt ist die Sertoli-Zelle). Die Chorda dors. induziert durch einen Faktor dieser Gruppe (sonic hedgehog) z. B. die Gliederung des Rückenmarks in die Grundplatte mit ihren Motoneuronen (die Flügelplatte wird durch Faktoren der dorsal angrenzenden Epidermis induziert) sowie die Differenzierung der Somiten (die an die Chorda angrenzenden Somitenabschnitte werden zu Sklerotomen und bilden die Wirbel). Auch bei der Festlegung der Körperachsen (Rechts-links-Symmetrie), der Raumorientierung der Gliedmaßen (Anterior-posterior-Achse) und der regionalen Differenzierung des Magen-Darm-Kanals spielen Hedgehog-Proteine meist im Zusammenwirken mit anderen Faktoren (z. B. FGF) eine entscheidende Rolle.

Bei der **Wnt-Familie** handelt es sich um Cystein-reiche Proteine, von denen inzwischen etwa 15 bekannt geworden sind. Sie veranlassen u. a. die Entwicklung der Dermomyotome aus den Somiten, so dass sich Muskelanlagen ausbilden können. Auch bei der Entstehung verschiedener Organe des Urogenitalsystems sind sie von Bedeutung.

Induktionsprozesse laufen während der Embryonalentwicklung nur in ganz bestimmten Phasen ab und sind davon abhängig, dass das zu induzierende Gewebe die Kompetenz (d. h. die notwendigen Rezeptoren und intrazellulären Signalproteine) besitzt, um auf induzierende Signale entsprechend zu reagieren. So induziert zum Beispiel der Augenbecher (Neuroektoderm) bei vielen Spezies im Kopfektoderm die Bildung eines Linsenbläschens (= Indukt) (Abb. 4A). Eine Linse wird auch induziert, wenn ein Stück Neuroektoderm unter eine andere Stelle des Kopfektoderms von Xenopuslarven implantiert wird, nicht aber wenn das Augenbläschen unter die Bauchhaut transplantiert wird (Abb. 4B). Das heißt, das induzierende Signal (FGF) würde hier auf einen nichtkompetenten Epidermisabschnitt treffen. Umgekehrt entwickelt sich aber auch kein Linsenbläschen im kompetenten Bereich der Epidermis, wenn das Induktionssignal fehlt oder zu spät induziert wird (Abb. 4C) oder wenn ein anderes Gewebe, das andere Induktionssignale aussendet, dorthin transplantiert wird (Abb. 4D). Für die Kompetenz der zu induzierenden Zellen bei der Augenentwicklung von Vögeln und Säugern ist das Pax6-Protein, ein intrazelluläres regulatorisches Protein, entscheidend. Dieses Protein wird nur von den im Bereich der Linsenplakode lokalisierten Ektodermzellen exprimiert, nicht von solchen anderer Regionen.

Wenn die Linse induziert ist, kann sie selbst aber auch wieder zum Induktor werden. So induziert z. B. das Linsenbläschen – gewissermaßen nach rückwärts – beim Augenbläschen die Augenbecherbildung und dessen Differenzierung in Retina und Pigmentepithel. Man bezeichnet dies als **reziproke Induktion.**

Induktion durch stationäre Faktoren. Viele Induktionsvorgänge erfordern eine synergistische Aktion von löslichen und stationären Faktoren. So benötigen alle Epithelien zur Ausprägung ihrer polaren Zellform und zur Expression Epithel-spezifischer Gene neben einem parakrinen Induktionssignal auch Zell-Zell-Kontakte über Cadherine sowie Zell-Matrix-Kontakte zu Proteinen der Basalmembran. Bei Zell-Zell-Kontakten geben Cadherine über spezifische Signalwege (s. u.) Informationen zur Ausprägung

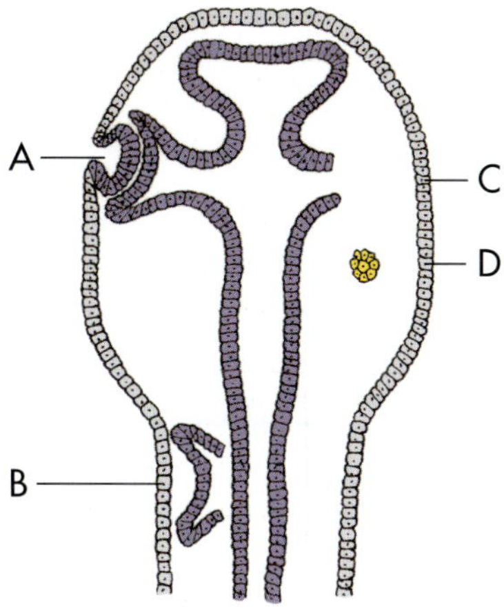

Abb. 4. Induktion des Linsenbläschens (Indukt) vom Augenbecher (Induktor) bei Xenopus-Larven aus dem angrenzenden Kopfektoderm unter verschiedenen Kompetenzverhältnissen (nach Scott F. Gilbert).

A Das Ektoderm ist kompetent. Das Linsenbläschen lässt sich induzieren.

B Das Ektoderm (an einer anderen Stelle) ist nicht kompetent. Der transplantierte Augenbecher kann keine Linsenbildung induzieren.

C Eine Linsenbildung ohne Induktionssignale (vom entfernten Augenbecher) kommt nicht zustande.

D Fremdes, transplantiertes Gewebe ist nicht in der Lage, eine Linseninduktion in Gang zu setzen.

des epithelialen Phänotyps. Bei Zell-Matrixverbindungen sind es die Integrinrezeptoren, die durch Anbindung an das Cytoskelett die Zellform kontrollieren sowie Zellproliferation und -differenzierung über intrazelluläre Signalwege beeinflussen.

Signaltransduktion. Um induktive Effekte zu erzielen, ist es erforderlich, dass die parakrinen und juxtakrinen Faktoren an passende Rezeptoren der Zellen des Indukts binden. Diese lösen dann in der Zelle Signalkaskaden aus, durch die bestimmte, im Zellkern lokalisierte Gene aktiviert werden. Man bezeichnet dies als intrazelluläre Signaltransduktion. Inzwischen sind mehrere, z.T. ganz verschiedene Mechanismen solcher Signaltransduktionen bekannt geworden. Generell bewirkt die Bindung des Induktionsfaktors (parakriner Faktor, Matrixprotein oder Zelladhäsionsmolekül) an den

Rezeptor eine strukturelle Veränderung des Rezeptors, durch die Signalkaskaden ausgelöst werden, meist über die Aktivierung von Kinasen und die Phosphorylierung von interzellulären Proteinen. Dadurch können Transkriptionsfaktoren oder Zellzyklusproteine aktiviert oder inhibiert werden, die die Zellteilung regulieren oder bestimmte Gene aktivieren oder hemmen **(Genhierarchie).** An der Spitze der Genhierarchie stehen Entwicklungskontrollgene, die in den frühen Phasen der Embryonalentwicklung exprimiert werden und meist für intrazelluläre Transkriptionsfaktoren codieren, die ihrerseits wieder weitere Gene an- oder abschalten. Diese nächste Kategorie von Genen codiert für entweder weitere Transkriptionsfaktoren oder für parakrine Faktoren und ihre Rezeptoren, die die weitere Entwicklung steuern. Am Ende der Hierarchie stehen die zell- und gewebspezifischen Gene, die für Enzyme, Proteine des Stoffwechsels, Strukturproteine, Motorproteine oder ribosomale RNA codieren.

Apoptose. Der programmierte Zelltod ist ein wichtiger, noch nicht sehr lange bekannter Mechanismus, normale Entwicklungsvorgänge zu kontrollieren. Beim Erwachsenen sterben pro Tag 10^{11} Zellen (z. B. Epithelzellen der Darmzotten oder Leukozyten) und werden durch neue ersetzt (pro Jahr ist das genauso viel, wie das Gewicht des ganzen Körpers ausmacht). Formveränderungen der Organe während der Embryonalentwicklung werden nicht nur durch Zellproliferation und Faltungsvorgänge der Epithelien reguliert, sondern auch dadurch, dass an bestimmten Stellen Zellen apoptotisch zugrunde gehen. So werden bei der Handentwicklung der Säuger die rudimentären »Schwimmhäute« zwischen den Fingern der embryonalen Hand durch Apoptose abgebaut. Auch bei der Entwicklung des Nervensystems, des Blutes sowie vieler Hohlorgane spielt der programmierte Zelltod eine entscheidende, die Formgestaltung beeinflussende Rolle. Bei Säugern bewirkt ein spezifischer Apoptosefaktor (ein Homolog von CED-4, den man Apaf-1 = apoptotic protease activating factor 1 nennt) in der Zelle die Aktivierung bestimmter Proteasen (Caspase 9 und 3), die eine Selbstverdauung der Zelle von innen heraus in Gang setzen. Die Proteasen degradieren nicht nur die intrazellulären Proteine, sondern fragmentieren auch die DNA der Zellkerne, so dass die Zelle schrumpft und abstirbt. Inzwischen ist eine ganze Anzahl solcher Proteasen (Kaspasen) entdeckt worden, so dass wahrscheinlich die verschiedenen Zellarten jeweils ihre eigenen Apoptosemechanismen besitzen und sich dadurch die embryologischen Gestaltungsvorgänge zeitlich und räumlich an die übergeordneten Entwicklungsvorgänge anpassen können.

1 Konzeption und Blastemzeit

1.1 Vorbereitungsprozesse für die Befruchtung – Gametogenese und Menstruationszyklus

In den Keimdrüsen finden die Urgeschlechtszellen ein ideales Umfeld für ihre hochspezifischen und – vom zytologischen Standpunkt aus gesehen – äußerst einseitigen Differenzierungen. Sie ordnen sich nicht in Zellverbänden oder Geweben an wie die übrigen Körperzellen, sondern isolieren und differenzieren sich, um befruchtungsfähig zu werden, so einseitig aus, dass sie von anderen Zellgruppen am Leben erhalten werden müssen, um nicht vorzeitig zugrunde zu gehen.

Spermatogenese (Spermiogenese)

In der männlichen Keimdrüse (Testis) repräsentieren die Sertoli-Zellen ein solches Hilfssystem für die heranreifenden Samenzellen (Spermien, Spermatozoen). Die nicht mehr teilungsfähigen, stoffwechselaktiven Sertoli-Zellen bilden in den Samenkanälchen des Hodens (Tubuli seminiferi) das Keimepithel, das die Spermatogonien beherbergt. Diese teilen sich mitotisch in eine Typ-A-Spermatogonie, die als Stammzelle an der Basalmembran liegen bleibt, und eine Typ-B-Spermatogonie, die sich zwischen den Sertoli-Zellen lumenwärts vorschiebt und noch eine begrenzte Anzahl von weiteren regulären Teilungszyklen (Mitosen) durchführt, bevor sie in die Meiose eintritt. Da diese Mitosen nicht durch eine vollständige Zellteilung abgeschlossen werden, entstehen durch Zytoplasmabrücken verbundene Klone von Zellen, die sich zunehmend weiter differenzieren (Abb. 5). Bevor die Spermatogenese (Spermiogenese) mit dem Eintritt in die erste Reifeteilung (Meiose I) beginnen kann, replizieren die Keimzellen nochmals ihre DNA, so dass die Spermatozyten I. Ordnung bei Eintritt in die Prophase I der Meiose Chromosomen besitzen, die aus je zwei Schwesterchromatiden bestehen (2n, 4c) (s. Tab. S. 9). Im Verlauf der Prophase I lagern sich zunächst die homologen Chromosomen aneinander, was durch spezielle Proteinstrukturen (synaptonemale Komplexe) gewährleistet wird. Während dieses Tetradenstadiums kommt es zum Austausch von Chromosomenteilstücken (Crossing over), so dass eine vollständige Neuordnung des genetischen Materials die Folge ist.

Solche Austauschvorgänge finden im Durchschnitt zwei- bis dreimal pro Chromosom statt, an einzelnen Chromosomenpaaren wurden sogar bis zu zehn Crossing overs beobachtet.

Die Spermatogenese (Spermiogenese) beginnt mit dem Eintritt in die erste Reifeteilung (Meiose I). Die Samenzellen werden dann als Spermatozyten I. Ordnung bezeichnet. Bei der ersten Reifeteilung werden die väterlichen und mütterlichen Chromosomen auf zwei Tochterzellen (Spermatozyten II. Ordnung) verteilt, die damit jeweils eines der beiden homologen, aber noch aus zwei Schwesterchromatiden bestehenden, jedoch durch den Faktorenaustausch völlig neu konstituierten Chromosomen enthalten (1n, 2c) (s. Tab. S. 9). Der DNA-Gehalt ist damit halbiert worden (Reduktionsteilung). Die relativ kurzlebigen und nur noch halb so großen Spermatozyten II. Ordnung teilen sich jetzt rasch weiter, so dass jede der beiden, neu entstandenen Spermatiden eines der Chromatiden erhält (haploider

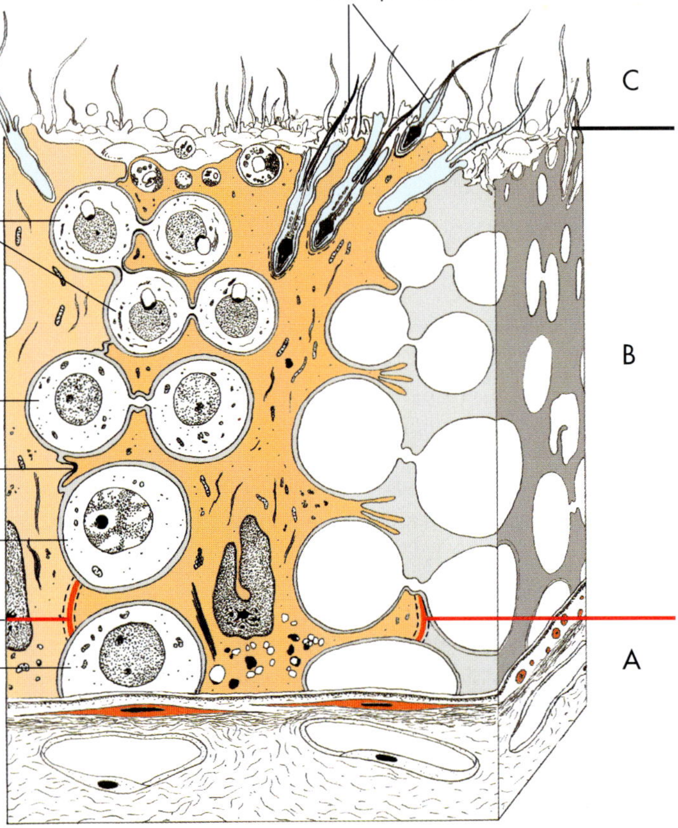

Abb. 5. Ablauf der Spermiogenese zwischen zwei Sertoli-Zellen (orange). Die Stadien der Spermatozoenentwicklung sind schematisch dargestellt. **A** = basales Kompartiment mit Spermatogonien; **B** = adluminales Kompartiment mit Spermatozyten I. und II. Ordnung und Spermatiden; **C** = luminales Kompartiment; Z.o. = Zonula occludens.

Status) (1n, 1c) (2. Reifeteilung). Durch die zwei rasch aufeinander folgenden Reifeteilungen sind also zum Schluss vier haploide Zellen (Spermatiden) entstanden, von denen sich jede (ohne weitere Teilungen) in ein Spermium weiterdifferenziert. Diese Differenzierung (Spermiohistogenese) findet immer zwischen den Sertoli-Zellen statt und erfolgt in drei Stufen. Zuerst erfolgt die Kondensation des Zellkerns auf $^1/_{10}$ der Ausgangsgröße und die Abstoßung des Zytoplasmas, das von den Sertoli-Zellen phagozytiert wird. Die restlichen Zellorganellen werden als sog. Residualkörper ausgeschieden. Dann erfolgt die Ausbildung des Akrosoms aus dem Golgi-Apparat, das $^2/_3$ des Spermienkopfes bedeckt; und schließlich die Bildung einer Geißel aus einem der im Halsteil liegenden Zentriolen sowie die Differenzierung von Mittelstück und Schwanzfaden.

An der zytologischen Differenzierung der Spermatiden sind die Sertoli-Zellen entscheidend beteiligt. Ihre Zellmembranen bilden nicht nur an zahlreichen Stellen Nexus (Gap junctions) mit den Zellmembranen der in der Spermiogenese befindlichen Zellen, sondern nehmen auch deren zytoplasmatische Fortsätze (tubulobulbäre Komplexe) auf.

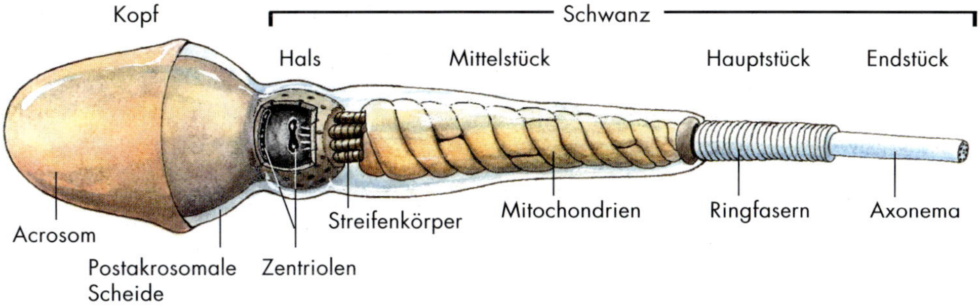

Abb. 6. Aufbau eines menschlichen Spermiums. Der Schwanzfaden ist nicht in ganzer Länge abgebildet.

Die in das apikale Zytoplasma der Sertoli-Zelle eingestülpten Spermatozyten besitzen am Schluss des Differenzierungsvorganges einen hochkondensierten Kopf, der die Form eines Tennisschlägers mit abgeplatteter Spitze hat und aus dem Zellkern, dem Akrosom, einer postakrosomalen Scheide und einer speziell differenzierten Zellmembran besteht (Abb. 6). Der Schwanz beginnt mit dem Halsstück, welches das proximale Zentriol beherbergt. Das distale Zentriol differenziert ein Tubulusbündel mit der typischen Struktur einer Geißel (9 + 2-Muster), das Axonema, das später die charakteristischen Vorwärtsbewegungen in Uterus und Tube sowie vor allem die schraubenförmigen, peitschenschlagartigen Bewegungen, die für das Eindringen des Spermiums in die Eizelle notwendig sind, ausführt. Im Mittelstück, das distal mit einem Ring (Anulus) abschließt, sind in einer dichten, schraubigen Wickelung Mitochondrien untergebracht, welche die Energielieferanten für die Fortbewegung des Spermiums darstellen. An das Mittelstück schließt sich das Hauptstück des Schwanzes an, das durch eine Ringfaserschicht verstärkt wird und danach in das Endstück übergeht (Abb. 6).

Im Keimepithel sind die Spermien noch nicht beweglich und daher auch noch nicht befruchtungsfähig. Die geschilderten Differenzierungsprozesse spielen sich alle im

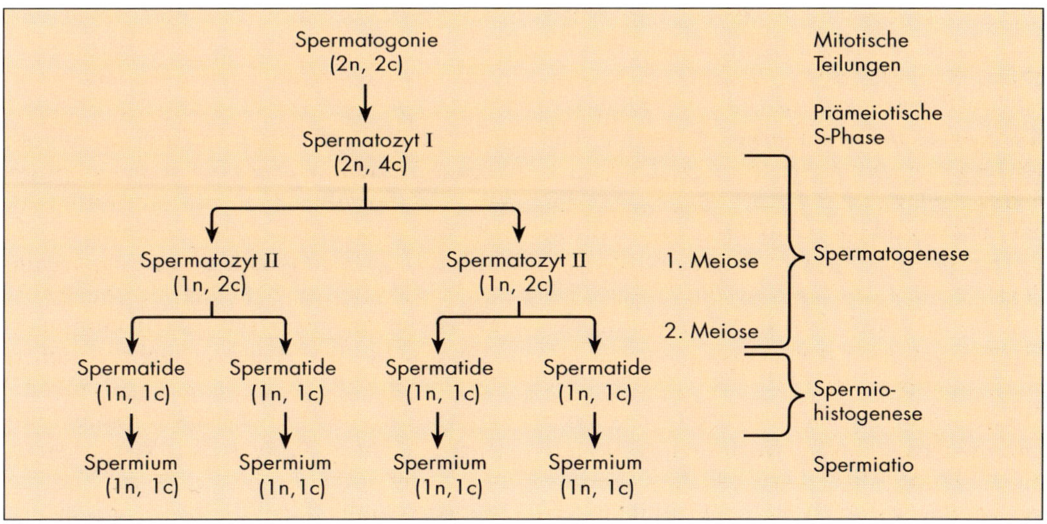

adluminalen Kompartiment des Samenkanälchens ab, das durch die **Blut-Testis-Schranke** vom basalen Kompartiment des Keimepithels, in dem die Spermatogonien liegen, getrennt ist. Diese Schranke kommt durch Komplexe von Zonulae occludentes zwischen den Sertoli-Zellen zustande und schirmt den adluminalen Raum, in dem sich die Spermiogenese vollzieht, gegenüber den im Blut zirkulierenden Stoffen oder auch Substanzen des interstitiellen Gewebes ab.

Die Freisetzung der Spermien **(Spermiatio)** wird erleichtert durch die Lamina propria des Keimepithels, in der zahlreiche Myofibroblasten vorhanden sind. Die Spermien gelangen dann in die ableitenden Samenwege des Hodens und Nebenhodens.

Der geschilderte Zyklus der Spermiogenese in den Hodenkanälchen dauert 64 Tage und ist zeitlich konstant, die nachfolgende Differenzierung und Speicherung im Nebenhodengang ist variabel und nimmt in der Regel 12 Tage in Anspruch. Auch im Nebenhoden ist das Epithel noch an der Erhaltung und Ausreifung der Samenzellen, die – »allein gelassen« – nach 24–36 Stunden absterben würden, beteiligt.

Die Spermien sind im Nebenhoden noch nicht befruchtungsfähig. Ihre Motilität erhalten sie erst durch die Beimischung der Sekrete der akzessorischen Geschlechtsdrüsen (Prostata und Samenbläschen) im Ejakulat. Die definitive Befruchtungsfähigkeit wird aber erst im Uterus und im Eileiter erreicht, und zwar durch den Prozess der **Kapazitation,** bei dem eine Änderung der Lipid- und Glykoproteinzusammensetzung der Spermienzytoplasmamembran erfolgt und dadurch das Eindringen in die Eizelle sowie das Aufquellen des Kernes nach diesem Eindringvorgang (Imprägnation) ermöglicht wird.

Ovogenese

Die Eizellreifung ist das polare Gegenbild zur Samenzellreifung. Während diese auf einer schier unvorstellbaren Vermehrung von Zellen basiert (bei einer Ejakulation werden bis zu 300 Millionen Spermien ausgestoßen), wird bei jener die Zahl befruchtungsfähiger Zellen ständig reduziert. In der ersten Schwangerschaftshälfte beträgt die Zahl der Ovogonien, die über die Keimbahn in die Keimdrüsen eingewandert sind und sich dort vermehrt haben, noch rund 7 Millionen, bei der Geburt existieren jedoch nur noch 1–2 Millionen Ovozyten und bei der Pubertät schließlich kaum noch 200000 pro Ovar. Im Gegensatz zur Spermiogenese kommt es bei der Ovogenese nicht so sehr auf die Steigerung der Motilität und der Zellzahl als vielmehr auf die Zytoplasmavermehrung und die Größenzunahme der Zellen an. Die bei den Reifeteilungen erfolgende Neuordnung des genetischen Materials vollzieht sich bei Ei- und Samenzellen im Wesentlichen in der gleichen Form. Bei weiblichen Feten machen die Ovogonien durch rasch aufeinanderfolgende mitotische Teilungen nochmals eine Vermehrungsphase durch (zweite Proliferationsphase). Ähnlich wie bei der Spermiogenese erfolgt in den postmitotischen Ovozyten nochmals eine Replikation der DNA (prämeiotische S-Phase), bevor die Ovozyten I. Ordnung – ausgelöst durch eine »Meiose-induzierende Substanz« (MIS) – in die erste Reifeteilung eintreten. Auch hier kommt es in der Prophase I zu einer Paarung der homologen Chromosomen mit einer Rekombination des genetischen Materials. Die Chromosomen verharren aber dann in diesem Tetradenstadium, oft über Jahre oder Jahrzehnte, ohne die Reifeteilungen zu Ende zu führen. Dies wird wahrscheinlich durch inhibitorische Faktoren bewirkt, die von den umgebenden Follikelzellen produziert werden. Ovogonien oder Ovozyten, die keine Hülle von Follikelzellen bekommen, also keine Follikel bilden, gehen zu Grunde.

Während der Fetalperiode entstehen zunächst nur sog. Primordialfollikel, die sich dann postnatal in Primärfollikel weiter differenzieren (Abb. 7). Nach der Geburt finden sich keine Stammzellen und auch keine Primordialfollikel mehr im Ovar, sondern

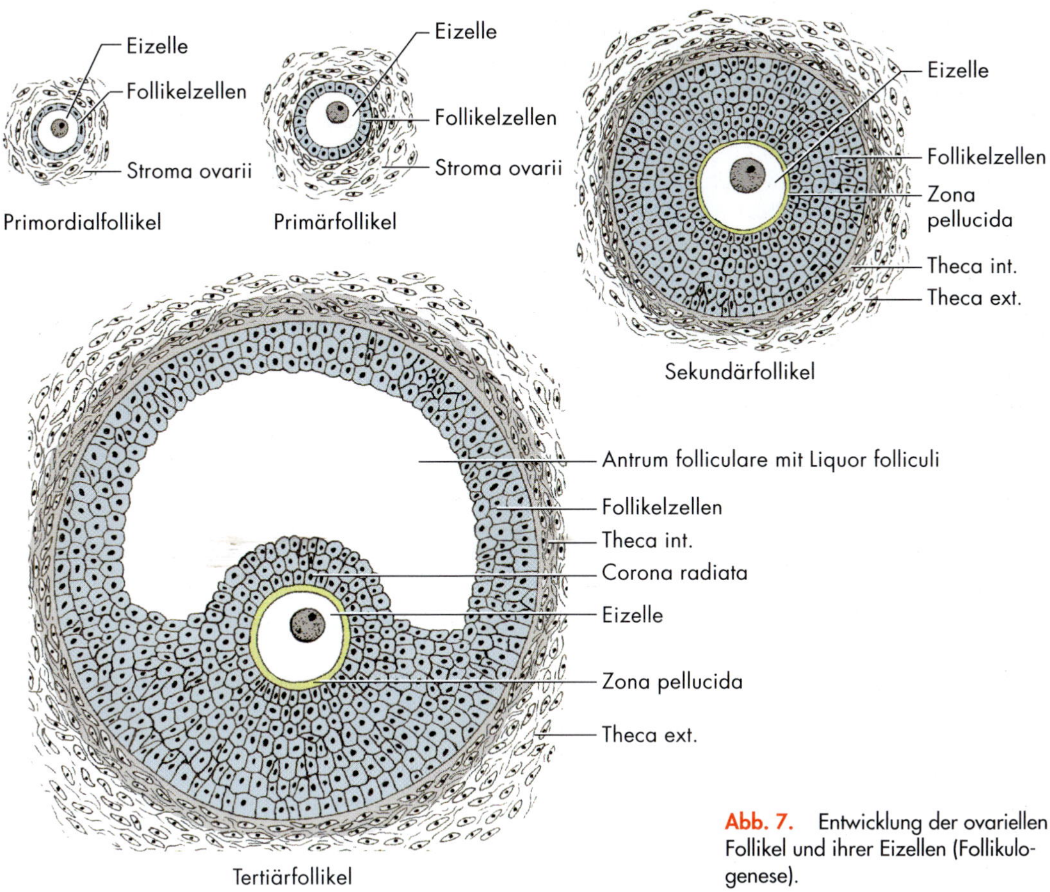

Abb. 7. Entwicklung der ovariellen Follikel und ihrer Eizellen (Follikulogenese).

nur noch Primärfollikel. Die **Primärfollikel** zeichnen sich durch eine einschichtige Lage epithelartiger Follikelzellen aus, die durch Nexus mit der Eizelle in Verbindungen bleiben. Diese Verbindungen werden auch dann noch aufrechterhalten, wenn sich die Eizelle vergrößert und eine breite, basalmembranartige Hüllschicht, die Zona pellucida, entwickelt. Wahrscheinlich werden über diese Nexus Meiose-hemmende Faktoren von den Follikelzellen in die Eizelle eingeschleust. Erst wenige Stunden vor der Ovulation werden durch Glykoproteine, die von den Granulosaepithelzellen der Tertiärfollikel sezerniert werden, diese Zellkontakte gelöst, die Poren in der Zona pellucida verstopft und die Hemmung der Meiose aufgehoben.

Im Primärfollikel vergrößert sich zunächst die Eizelle noch weiter. In ihrem Zytoplasma tritt vermehrt raues endoplasmatisches Retikulum (ER) auf. Vom sich vergrößernden Golgi-Apparat schnüren sich Vesikel ab, die an die Oberfläche wandern und als kortikale Granula bezeichnet werden, um nach der Befruchtung zur Blockade der Penetration weiterer Spermien Verwendung zu finden. Im Wesentlichen vollzieht sich die Proteinsynthese in der Eizelle unter Mithilfe der Follikelzellen, die an Zahl zunehmen und **Sekundärfollikel** bilden (Abb. 7). Hat die Eizelle einen Durchmesser von 110 μm erreicht, vergrößert sie sich nicht mehr. Das raue ER wird in glattes ER umgewandelt und die

Zentriolen gehen zu Grunde. In Bezug auf die RNA-Synthese ist die Eizelle noch aktiv. Der Zellkern verharrt unverändert weiterhin im Stadium der Prophase, wobei möglicherweise immer noch genetische Umgruppierungen stattfinden können. Der Stoffwechsel der Eizelle wird praktisch nur noch von den Follikelzellen aufrechterhalten.

Wenige Tage nach der Menstruation wird ein neuer Follikel gewissermaßen »ausgewählt« (sog. dominanter Follikel), der rasch an Größe zunimmt und durch Absonderung interzellulärer Flüssigkeit (Liquor folliculi) zum **Tertiärfollikel** (Graaf-Follikel) heranreift (Abb. 7). Der Follikeldurchmesser kann dabei, ohne dass sich die Eizelle selbst vergrößert, von 2 auf 25 mm anwachsen. Kurz vor der Ovulation beginnt sich dann der Zellhaufen (Cumulus oviger), der die Eizelle beherbergt, von den übrigen Follikelzellen abzulösen und frei im Liquor zu schwimmen. Die Zona pellucida ist jetzt so dick geworden, dass die Eizelle den Kontakt mit den strahlenkranzartig angrenzenden Follikelzellen (Corona radiata) verliert, wodurch die Meiosehemmung wegfällt und nun die Reifeteilungen weiter geführt werden können. Zuerst wird die Kernmembran aufgelöst. Die Chromosomen lagern sich an den Spindelapparat an, der allerdings über keine Zentriolen mehr verfügt. Die Metaphase geht in die Anaphase über, wonach es zur Abstoßung eines Polkörperchens und eines Chromosomensatzes kommt. Ohne eine Interphase wird sofort die zweite Reifeteilung mit der Trennung der beiden Chromatiden in Gang gesetzt, die aber in der Metaphase II wiederum unterbrochen und nicht zu Ende geführt wird. Erst nach der Befruchtung kommt es zum Abschluss der zweiten Reifeteilung und zur Abschnürung des zweiten Polkörperchens.

Bei der Ovogenese liegt also die merkwürdige Tatsache vor, dass die Eizellen – schon lange vor der Pubertät – in die erste Reifeteilung eintreten und damit die ganzen, bei der Spermatogenese geschilder-

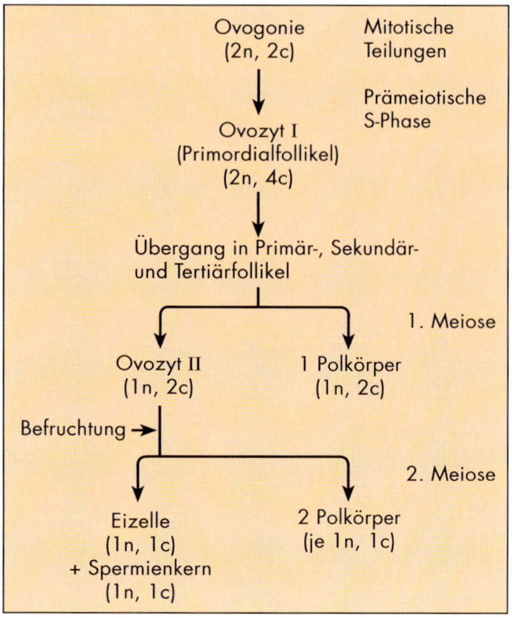

ten Prozesse der Neukombination des genetischen Materials mit Crossing-over usw. einleiten, aber oft erst nach Jahren oder Jahrzehnten, nämlich erst kurz vor der Ovulation und vollständig erst nach der Befruchtung, zu Ende führen. Klinisch ist bekannt, dass bei älteren Frauen Schwangerschaften mit chromosomalen Missbildungen zunehmen. Das klassische Beispiel ist die Trisomie 21 (Down-Syndrom).

Ei- und Samenzellen sind schließlich so einseitig differenzierte Zellen, dass sie für sich allein nicht lebensfähig sind. Interessanterweise kommen sowohl bei der Spermiogenese als auch bei der Ovogenese exponentielle Vermehrungsphasen vor, d. h. zytologische Entwicklungsvorgänge, wie sie sonst im Organismus kaum vorkommen, außer bei Tumoren. Auch die einseitige, in vieler Hinsicht gegensätzliche (polare) Differenzierung der Keimzellen stellt eigentlich mehr eine Fragmentierung als eine organische Spezialisierung dar, denn jede der Keimzellen verfügt zum Schluss nur noch über einen Teil der in Körperzellen sonst vorhandenen Organellen, einschließlich des Chromosomensatzes (haploid statt diploid). Es gehört zu den größten Wundern der Embryologie, dass aus solchen, an sich nicht mehr lebensfähigen »Bruchstücken« wieder ein Ganzes wird, das seinen eigenen Entwicklungsgesetzen folgt.

Menstruationszyklus

Nach der Vereinigung von Ei- und Samenzelle (Konzeption) gleitet der Keim durch die Tube zum Uterus, wo er sich in die Schleimhaut implantiert. Auf diesen Vorgang muss sich die Uterusschleimhaut vorbereiten, denn sie muss nicht nur dem Keim Nahrungsstoffe und ein erweiterungsfähiges Keimbett zur Verfügung stellen, sondern auch die Implantation als solche ermöglichen (z. B. durch Hemmung immunologischer Abwehrvorgänge). Da die Eireifung vom Primärfollikel bis zum Eisprung (Ovulation) etwa vier Wochen in Anspruch nimmt, muss sich die Uterusschleimhaut innerhalb dieser Zeitspanne strukturell so umgewandelt haben, dass eine Keimesentwicklung stattfinden kann. Dies erfordert eine exakte zeitliche Korrelation zwischen den Vorgängen im Ovar (ovarieller Zyklus) und im Uterus (Menstruationszyklus), was durch hormonelle Steuerungen auf drei verschiedenen Ebenen (Hypothalamus, Hypophyse, Ovar) erreicht wird (s. u.). Die Uterusschleimhaut **(Endometrium)** wächst innerhalb von 28 Tagen bis zu einer Dicke von 8–12 mm und wird – wenn keine Schwangerschaft eingetreten ist – bis auf die basale Schicht abgestoßen (Menstruation). Da die Ovulation in der Mitte des Zyklus erfolgt, normalerweise am 14. Tag nach Beginn der Menstruation, und der Eitransport im Eileiter 5–6 Tage dauert, darf die notwendige Ausdifferenzierung des Endometriums, die sog. Sekretionsphase, erst nach der Ovulation beginnen. Die Entwicklungsvorgänge in Uterus und Ovar sind also zeitlich gegeneinander versetzt (Abb. 8).

Die Uterusschleimhaut macht damit drei verschiedene Entwicklungsphasen durch:

1. Menstruationsphase
   (Abstoßung und Desquamation der Schleimhaut, 1.–4. Tag).
2. Proliferationsphase
   (Regeneration und Wiederaufbau der Schleimhaut, 5.–14. Tag).
3. Sekretionsphase
   (Vorbereitung der Schleimhaut auf die Implantation des Keimes, 15. – 28. Tag).

Das Endometrium ist die einzige Schleimhaut des Körpers, die keine Submukosa besitzt. Sie ist fest mit der Uterusmuskulatur (Myometrium) verzahnt, so dass sie ohne Gefahr „ausgekratzt" werden kann (Abrasio, Küretage). Sowohl bei der Abrasio als auch bei der monatlichen Schleimhautabstoßung bleibt der an das Myometrium angrenzende Abschnitt des Endometriums, die sog. Basalis **(Stratum basale)** erhalten, so dass von hier aus die Regeneration einsetzen kann. Die innere, sich rhythmisch erneuernde Schleimhautschicht **(Stratum functionale),** bei der man eine etwas dichtere oberflächliche Schicht (Compacta) und eine lockermaschige, zellreiche innere Schicht (Spongiosa) unterscheiden kann, besteht in der **Proliferationsphase** aus einem zellreichen, faserarmen Stroma und langgestreckten, tubulösen Drüsen (Gll. uterinae), die sich im Stratum basale etwas aufknäueln. In der zweiten Hälfte des Menstruationszyklus **(Sekretionsphase)** beginnen die Drüsenzellen zu sezernieren, so dass die Lumina größer werden und die Drüsenschläuche mehr und mehr geschlängelt verlaufen (Sägeblattform). Die Stromazellen vergrößern sich und lagern reichlich Glykogen und Lipide ein, die dem Keim nach der Implantation als Energiequelle dienen (Histiotrophe). Da aus diesen Zellen nach der Implantation die Deziduazellen werden, bezeichnet man sie als Prädezidua- oder Pseudodeziduazellen.

Kommt es nicht zu einer Befruchtung, beginnt nach dem 25. Tag die Schleimhaut ischämisch zu werden. Die während der Entwicklung in die Funktionalis eingedrungenen Spiralarterien kontrahieren sich ab-

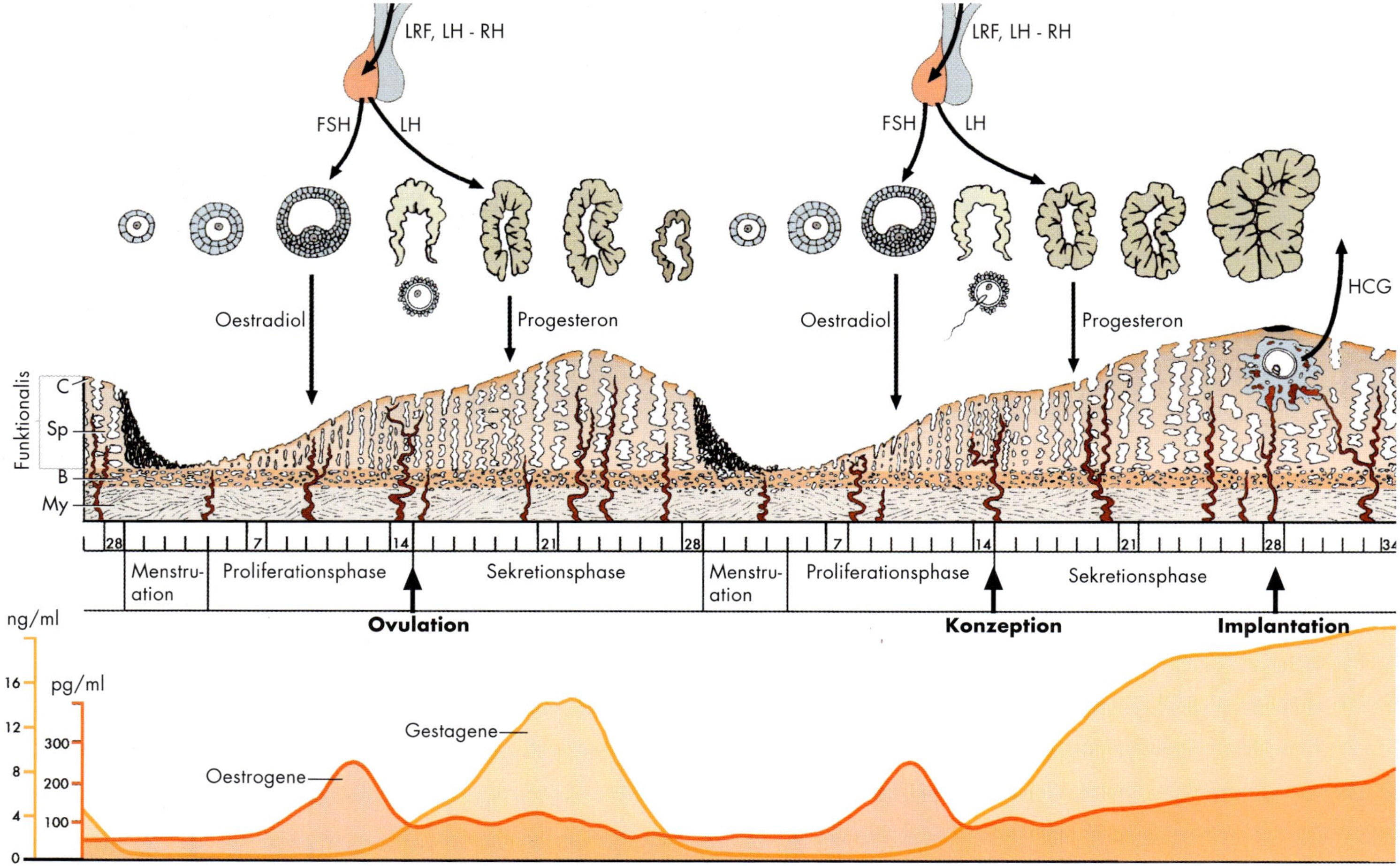

Abb. 8. Strukturveränderungen der Uterusschleimhaut während eines Menstruationszyklus und nach der Implantation des Keimes in Beziehung zum Ovarialzyklus und zu den steuernden Hormonen. Schichten des Endometriums: B = Basalis; C = Compacta; Sp = Spongiosa; C und Sp = Funktionalis; My = Myometrium.

schnittsweise, so dass ganze Schleimhautbereiche absterben. Gleichzeitig kommt es aber auch zu Gefäßerweiterungen und Blutaustritten. Als Mediatoren für die Gefäßreaktionen, die nur die Funktionalis, nicht die durch ein eigenes Gefäßnetz versorgte Basalis betrefffen, spielen NO, VEGF, Prostaglandine und verschiedene Proteasen eine Rolle. Fibrinolytische Faktoren führen zu einer herabgesetzten Gerinnungsfähigkeit des Menstruationsblutes. Gleichzeitig wird die Kontraktilität der Uterusmuskulatur durch Prostaglandin F2α angeregt und dadurch die Ausstoßung der Schleimhautelemente sowie des Menstruationsblutes (normalerweise etwa 35–50 ml) gefördert.

Die Regeneration der Funktionalis wird durch die Epithelialisierung der Schleimhautoberfläche eingeleitet, die von den in der Basalis erhalten gebliebenen Drüsenresten ausgeht. Durch zahlreiche, rasch hintereinander ablaufende Zellteilungen entstehen Zellreihen, die sich auf der (zunächst noch nackten) Schleimhautoberfläche ausbreiten. Anschließend strecken sich die Drüsenschläuche in die Länge, die Stromazellen vermehren sich und bilden eine glykoproteinreiche, faserarme extrazelluläre Matrix, in der reichlich freie Zellen (Lymphozyten, Mastzellen, Granulozyten und Makrophagen) vorkommen. Die Proliferationsphase dauert bis zum 14. Tag nach der Menstruation und geht anschließend kontinuierlich in die Sekretionsphase über (Abb. 8).

Hormonelle Steuerungen

Das zyklische Geschehen in Ovar und Uterus wird vom Zwischenhirn-Hypophysen-System gesteuert. Dieses regelt die endokrinen Funktionen der Ovarialorgane, die wiederum die strukturellen Veränderungen des Endometriums (Menstruationszyklus) hervorrufen. Im Hypothalamus, dem obersten Zentrum dieses Systems, wird ein Releasingfaktor (Luliberin) gebildet, der die Sekretion der gonadotropen Hormone in der Adenohypophyse, nämlich das Follikel-stimulierende Hormon (FSH) und das Luteinisierungshormon (LH) steuert. FSH stimuliert im Ovar die Entwicklung der Primär- und Sekundärfollikel sowie die Bildung der Thekaorgane. Hauptsächlich unter dem Einfluss von FSH beginnen die Theka- und Follikelzellen Östrogene zu synthetisieren, die die Regeneration und Proliferation der Uterusschleimhaut hervorrufen und damit zu den wichtigsten Steuerhormonen der Proliferationsphase werden (Abb. 8). In der Zyklusmitte kommt es zu einem starken Anstieg von LH, das den Follikelsprung auslöst und die weitere Entwicklung des Corpus luteum bewirkt. Dieses beginnt sofort große Mengen Progesteron zu synthetisieren, wodurch die Sekretionsphase des Endometriums zustande kommt. Kommt es zu einer Schwangerschaft, persistiert der Gelbkörper und wird zum Corpus luteum graviditatis, das solange als endokrine Drüse funktionstüchtig bleibt, bis der Keimling durch die Bildung eigener Hormone (Choriongonadotropine u. a.) die weiteren endokrinen Steuerungen selbst übernehmen kann. Durch diese Hormone wird dann nicht nur die Abstoßung der Uterusschleimhaut, sondern auch die Reifung weiterer Follikel sowie weiterer Ovulationen verhindert.

1.2 Befruchtungsvorgang, Morulation und Blastulation

Die Embryonalentwicklung setzt sofort nach der Befruchtung (Konzeption) ein, die beim Menschen in der Regel im ampullären Teil der Tube (am Übergang zum Isthmus) stattfindet. Bei der Kohabitation werden mit dem Ejakulat normalerweise etwa 300 Millionen Spermien in das hintere Scheidengewölbe entleert, die rasch (in wenigen Minuten) durch den Uterus in die Tube befördert werden. Die Mehrzahl der Spermien stirbt im Uterus ab. Der überlebende Rest macht durch das Tubensekret die schon erwähnte Kapazitation durch, wodurch die Spermien letztlich erst befruchtungsfähig werden. Dabei werden vermutlich Glykoproteine von der Zellmembran des Spermienkopfes modifiziert, so dass beim Befruchtungsvorgang die im Akrosom liegenden Enzyme (Acrosin [eine Protease] und Hyaluronidase) freigesetzt und die Zona pellucida sowie die Zellmembran der Eizelle durchbohrt werden können. Zellmembran und Plasma werden vor dem Eindringen des Spermiums in die Eizelle abgestoßen, der Schwanz degeneriert. Die Zentriolen des Halses leiten die erste Furchungsteilung ein (Abb. 9).

Die Eizelle wird durch den Vorgang der Ovulation aus dem Tertiärfollikel des Ovars zusammen mit den umgebenden Follikelzellen der Corona radiata aus dem Ovar ausgestoßen und in die Ampulla tubae entleert. Die Tube gleitet normalerweise auf der Oberfläche des Ovars hin und her, um die Eizelle an der Ovulationsstelle in Empfang zu nehmen (Eiabnahmemechanismus). Fällt die Eizelle nach der Befruchtung in die Bauchhöhle, kann eine Bauchhöhlenschwangerschaft die Folge sein. Findet in der Tube keine Befruchtung statt, stirbt die Eizelle nach 24–36 Stunden ab.

Nach Eindringen des Spermiums entleert die Eizelle aus den kortikalen Vesikeln hydrolytische Enzyme und Polysaccharide, wodurch die Eizellmembran abgedichtet und die Zona pellucida verhärtet wird (Zonareaktion), so dass keine weiteren Spermien in die Eizelle eindringen können (Polyspermieblock). Erst jetzt kommt die zweite Reifeteilung, die zur Abstoßung einer zweiten Polzelle und zur Ausbildung eines haploiden, weiblichen Vorkerns führt, in Gang. Gleichzeitig vergrößert sich der Spermienkopf und wird zum bereits haploiden männlichen Vorkern (Abb. 9b). In beiden Vorkernen findet jetzt eine Replikation der Chromosomen statt (S-Phase), bevor die beiden Kernmembranen sich auflösen und die erste Furchungsteilung beginnen kann (Abb. 9). Ein Ein-Zellen-Stadium wird bei der menschlichen Embryonalentwicklung nicht durchlaufen. Jetzt ist der Befruchtungsvorgang beendet und ein entwicklungsfähiger, wieder diploider Keim entstan-

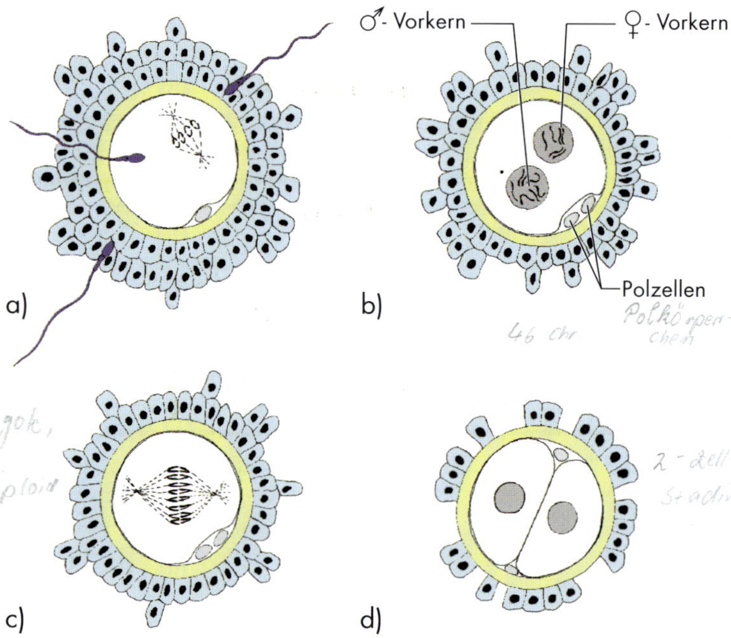

Abb. 9. Befruchtungsvorgang. **a)** Eindringen eines Spermiums in die Eizelle (Imprägnation). Vollzug der 2. Reifeteilung (Meiose) bei der Eizelle und Abstoßung eines 2. Polkörperchens, Verdichtung der Eizellmembran und der Zona pellucida (Polyspermieblock). **b)** Bildung des männlichen und weiblichen Vorkerns; Replikation der DNA in beiden Kernen und Auflösung der beiden Kernmembranen. **c)** Erste Furchungsteilung (Metaphase). **d)** Zwei-Zellen-Stadium.

den, dessen Zytoplasma und Mitochondrien (mit mitochondrialer DNA) von der Mutter, die Zentriolen aber vom Vater stammen (Abb. 9). Die 23 Chromosomenpaare stammen jeweils zur Hälfte vom Vater und von der Mutter. Bei weiblichen Keimen sind zwei X-Chromosomen, bei männlichen Keimen ein X- oder ein Y-Chromosom vorhanden.

Durch die Befruchtung ist aus den extrem einseitig differenzierten und gewissermaßen im Absterben befindlichen Geschlechtszellen der Keim eines neuen Organismus geworden, die **Zygote,** die keinesfalls mit einer Körperzelle verglichen werden darf. Sie ist der Ursprung des neuen Individuums, in dem alles (potenziell) enthalten ist, was den späteren Organismus ausmacht. Es kommt nichts mehr hinzu. Die Zygote ist damit (funktionell) bereits das Ganze. Die weitere Entwicklung vollzieht sich damit immer vom Ganzen in die Teile und nicht durch Addition von Einzelzellen, etwa in der Art, wie man ein Haus baut, indem man einen Stein auf den anderen legt. Auch wenn sich an der Zygote noch nichts »Menschliches« (äußerlich) erkennen lässt, ist das Ganze bereits (funktionell) präsent und zeigt schon in den ersten Entwicklungsschritten seine gewaltigen Potenzen.

Durch die mit dem Spermium in die Eizelle gelangten Zentriolen wird nach der Verschmelzung der beiden Vorkerne innerhalb der nächsten 24 Stunden eine »Zellteilung« in Gang gesetzt. Dabei handelt es sich aber nicht um eine Mitose, wie sie im späteren Organismus abläuft, sondern um ein Teilungsgeschehen eigener Art. Alle Zellteilungen im Körper sind bivalente Teilungen, bei denen immer eine Zelle als Stammzelle zurückbleibt und die andere die gewebsspezifischen Differenzierungs- und Wachstumsprozesse durchmacht. Die nach der Befruchtung einsetzenden Teilungen sind aber äquivalent, d.h., beide Zellen sind gleich und differenzieren sich nicht in einer bestimmten Richtung. Man nennt sie **Furchungsteilungen,** die nach einem exponentiellen Schema ablaufen, d.h., das 2-Zellen-Stadium geht in das 4-, 8-, 16-Zellen-Stadium über, so dass schließlich ein Zellhaufen gleichartiger Zellen (Blastomeren) entstanden ist, die **Morula** (Abb. 10). Die Morulabildung (Morulation) ist also kein eigentlicher Wachstumsvorgang, sondern eine rein numerische Vermehrung von Zellen zur Vervielfachung des genetischen Materials, zur Wiederherstellung der Kern-Plasma-Relation und zur Bildung kleiner, für Wachstums- und Differenzierungsvorgänge geeigneter Zellelemente, wobei während der Morulation beim Menschen auch ungerade Zahlen der Blastomeren (2, 3, 5, 9 usw.) auftreten.

Die ersten Furchungsteilungen spielen sich bei der Wanderung des Keimes durch die Tube ab. Der Keim befindet sich immer noch innerhalb der Zona pellucida, die für ihn eine Art schützendes Korsett bildet. Die Furchungsteilungen dauern bis zum 8-Zellen-Stadium etwa 72 Stunden. Nach Eintritt in das Uteruslumen (16-Zellen-Stadium) kommt es zu einem ersten Differenzierungsprozess, der etwa 8 Stunden in Anspruch nimmt (**Compaction**) und zur Umwandlung der Morula in die **Blastozyste** führt. Die äußeren Zellen beginnen sich epithelartig zusammenzulagern und untereinander Zellkontakte (Zonulae occludentes, Nexus usw.) und an der Zelloberfläche Mikrovilli auszubilden (**Trophoblast**). Die inneren Zellen (sog. helle Zellen) liegen weiterhin ungeordnet nebeneinander, sind nicht polarisiert und bilden nexusartige Verbindungen untereinander aus (**Embryoblast**) (Abb. 10).

Die Zona pellucida, die bis dahin den Keim vor einer Implantation in die Tubenschleimhaut geschützt hat, wird jetzt bruchstückweise abgeworfen, so dass die Blastozyste, die allmählich durch Flüssigkeitsansammlung größer wird, mit der Uterusschleimhaut Kontakt bekommt (Abb. 10).

Etwa am 6. Tag nach der Konzeption (d.h. bei einem 28-Tage-Rhythmus am 20. Tag nach der letzten Menstruation) beginnt sich die Blastozyste in die Uterusschleimhaut einzunisten (Nidation oder **Implantation).** Dies setzt die Auflösung des Uterus-

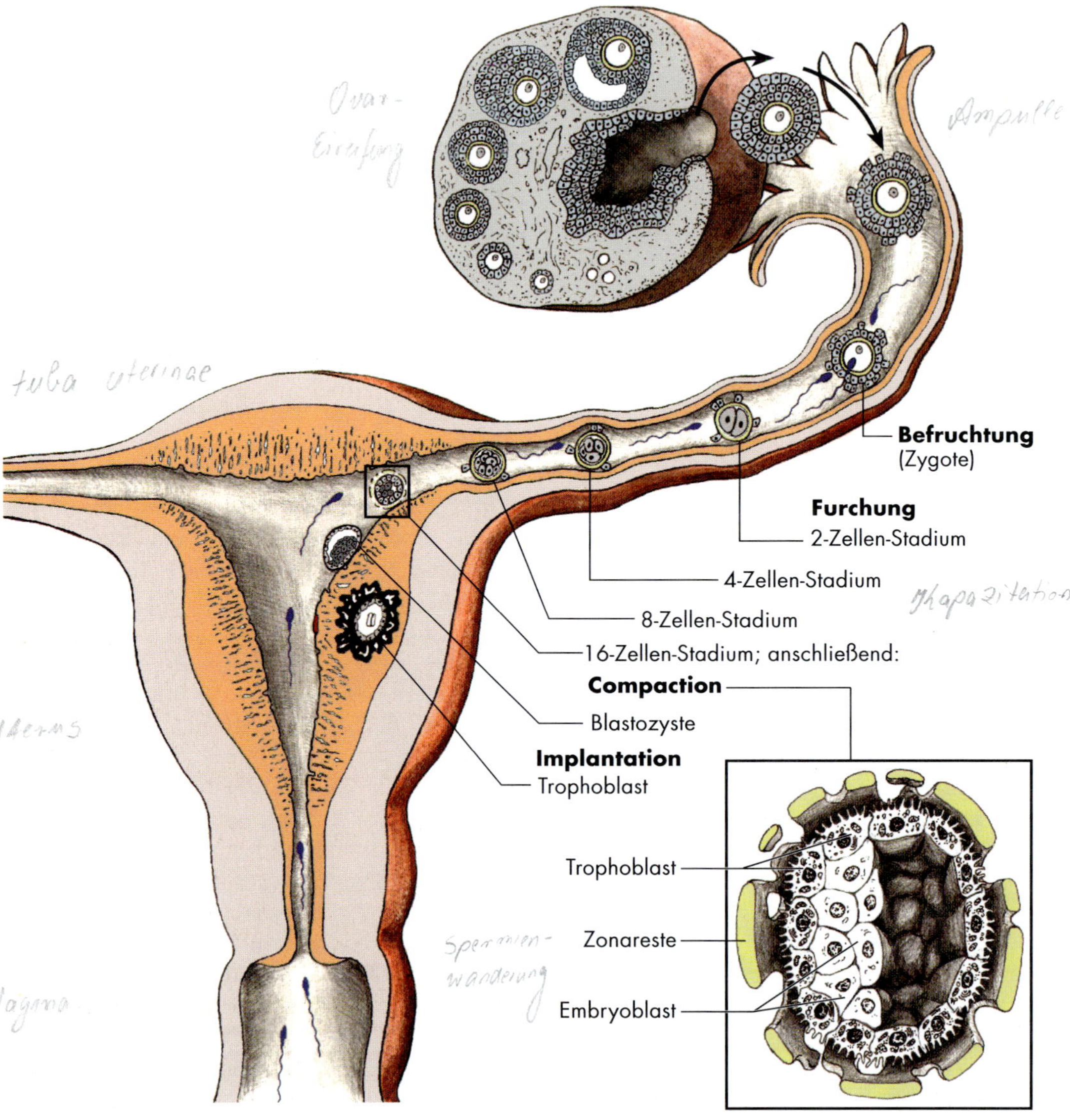

Abb. 10. Erste Entwicklungsvorgänge nach der Befruchtung, Furchungsteilungen, Morulation, Compaction, Blastozystenbildung und Implantation (1.–7. Tag). Die Compaction (s. Abb. rechts unten) findet im Anschluss an das 16-Zellen-Stadium statt.

epithels, u.a. durch proteolytische Enzyme (Metalloproteinasen) der Trophoblastzellen und die Penetration der Basalmembran des Uterusepithels, voraus. Die Implantation erfolgt immer an der Seite der Blastozyste, wo der Embryoblast lokalisiert ist. Dabei spielen Adhäsionsmoleküle eine wichtige Rolle. Wahrscheinlich exprimieren die Trophoblastzellen P-Cadherine (plazentare Cadherine), die sich an die Zellmembranen des Uterusepithels anheften und damit die Proteolyse durch die Trophoblastenzyme einleiten. Nach Eindringen in die Uterusschleimhaut verlieren die Trophoblastzellen ihre Zellmembranen und bilden ein Synzytium, das sich in raschem Tempo in der Uterusschleimhaut ausbreitet und alles angrenzende Gewebe auflöst. Das allseitig infiltrierende, rasch fortschreitende Wachstum des Trophoblasten, der nicht nur das Stroma der Uterusschleimhaut mit den lipid- und glykogenreichen Deziduazellen, sondern auch die mütterlichen Blutgefäße auflöst, hat in mancher Hinsicht Ähnlichkeit mit einem Tumorwachstum.

Die Frage, warum der Keim im mütterlichen Organismus keine Immunreaktionen auslöst, ist noch nicht vollständig geklärt. Die Plazenta gehört jedoch zu den immunologisch privilegierten Organen, bei denen durch verschiedene Faktoren Abstoßungsreaktionen verhindert werden. So wurde bei der Maus schon wenige Stunden nach der Befruchtung ein immunsuppressiver Faktor (EPF = Early Pregnancy Factor) gefunden, der von den Blastomeren gebildet wird und Abstoßungsreaktionen verhindert. Ob solche Faktoren auch beim Menschen vorkommen, ist nicht bekannt. Dass jedoch der Trophoblast sofort nach der Implantation ein Hormon synthetisiert (Choriongonadotropin [HCG]), das die Rückbildung des Gelbkörpers im mütterlichen Ovar und damit die Abstoßung der Uterusschleimhaut (Menstruation) verhindert, ist eine gesicherte Tatsache. Dieses Hormon bewirkt auch die Umwandlung des Gelbkörpers in das Corpus luteum graviditatis, das nun seinerseits Steroidhormone (Gestagene und Östrogene) produziert, die die Schwangerschaft aufrechterhalten.

Fehlentwicklungen

Während der ersten drei Tage nach der Befruchtung gleitet der Keim (2- bis 8-Zellen-Stadium) durch die Tube in Richtung Uterus (Abb. 10). Die Tubenschleimhaut beteiligt sich am Eitransport. Ist die Tube (z. B. nach entzündlichen Prozessen) verklebt, kann eine Implantation auch in die Tubenschleimhaut hinein erfolgen (sog. **Tubargravidität**). Diese führt – häufig im 2. Monat – wegen der ungeeigneten Schleimhautstruktur und der mangelnden Dehnungsfähigkeit der Tube zu einer Ruptur und damit zu lebensgefährlichen Blutungen. Die befruchtete Eizelle kann auch vom Tubenende aus in die Bauchhöhle fallen und sich dann z.B. im Douglas-Raum implantieren, was ebenfalls zum Absterben des Keimes führt (**Bauchhöhlenschwangerschaft**).

Der Übergang des Keimes von der Tube in den Uterus und die anschließende Compaction sind kritische Momente. Man nimmt an, dass etwa 40% der Keime hier absterben und abgestoßen werden. Auch nach normaler Weiterentwicklung zur Blastozyste kann es zu atypischen Implantationen kommen, beispielsweise in der Nähe der Cervix uteri (sog. **Placenta praevia**) oder im unteren Bereich des Uterus, was eventuell zu erheblichen Komplikationen bei der Geburt führt.

Frühe Keimesentwicklung

Nach der Implantation des Keimes in die Uterusschleimhaut kommt es zu zwei grundsätzlich divergierenden Entwicklungstendenzen: einerseits zu einer starken, allseitigen zentrifugalen Wachstumstendenz des Trophoblasten, der alle organismischen Funktionen des Keimes (Konzeptus) übernimmt, und andererseits zu einer zunächst eher zurückhaltenden, gewissermaßen zentripetalen Entwicklungstendenz des Embryoblasten, aus dem der spätere Embryonalkörper hervorgeht. Nach dem Kontakt des Trophoblasten mit dem Uterusepithel bildet dieser ein Synzytium ohne Zellgrenzen aus, das invasiv in die Uterusschleimhaut hinein vorwächst und durch Auflösung mütterlicher Blutgefäße Lakunen entwickelt, in denen mütterliches Blut fließt, aus dem der Trophoblast, jetzt **Synzytiotrophoblast** genannt, Nahrungsstoffe und Sauerstoff entnehmen kann

(Hämotrophe). Zuerst standen dem Keim nur die Stoffe aus den aufgelösten Deziduazellen der Uterusschleimhaut zur Verfügung (Histiotrophe). Der weiter innen gelegene Teil des Trophoblasten bildet kein Synzytium, sondern behält seine zelluläre Struktur bei (Abb. 11). Er wird **Zytotrophoblast** genannt. Er ist ein durch rasch aufeinander folgende Zellteilungen schnell wachsendes Gewebe, das peripher durch Verlust der Zellgrenzen immer neues Synzytium liefert. Dadurch wird der Zytotrophoblast zur Matrix für den Synzytiotrophoblasten, der selbst nicht regenerationsfähig ist (Abb. 14).

Im Gegensatz zum Trophoblasten bleibt der **Embryoblast** eher im Wachstum zurück. Die wenig differenzierten Zellen bilden anfangs (7. Tag) nur zwei Zellschichten aus, nämlich den relativ hochzylindrischen Epiblasten, der rasch eine kleine flüssigkeitsgefüllte Blase, die **Amnionhöhle,** entwickelt, und den Hypoblasten, der den Dottersack bildet (Abb. 11c). Vom Epiblasten, aber auch vom Hypoblasten wachsen dann Zellen aus, die mesenchymalen Charakter annehmen und sich zwischen Zytotrophoblast und Keimscheibe ausbreiten. Auf diese Weise entsteht ein extraembryonales Mes-

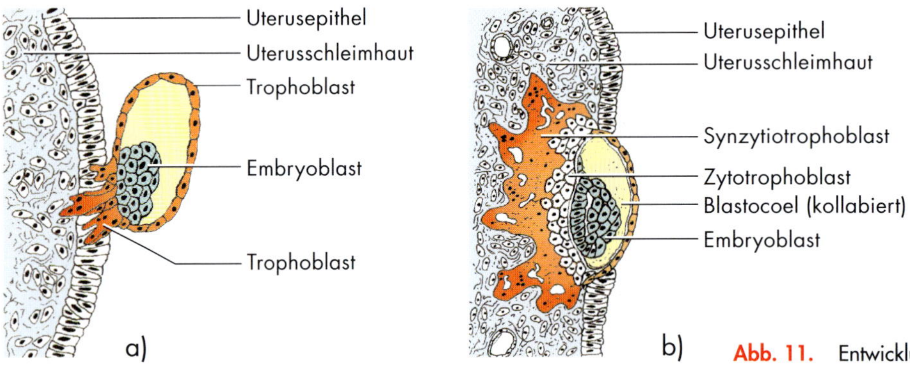

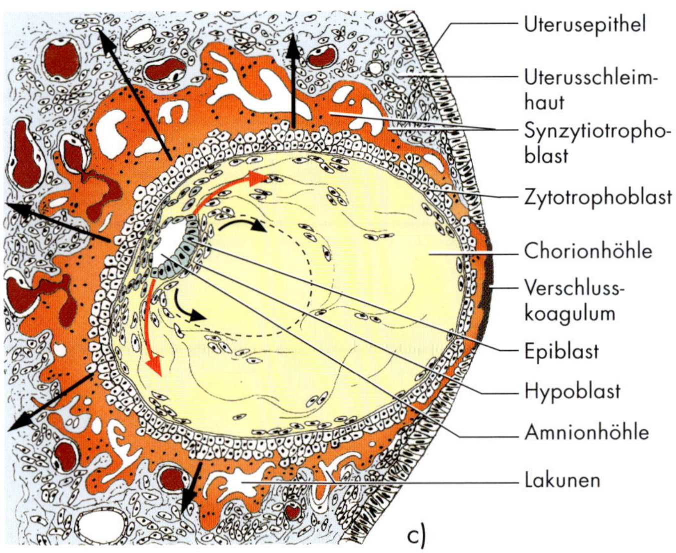

Abb. 11. Entwicklungsvorgänge nach der Implantation der Blastozyste.
a) Beginnende Implantation (6. Tag).
b) Trophoblastwucherung und Differenzierung in Synzytio- und Zytotrophoblast.
Der Embryoblast bleibt noch in Ruhe (7. Tag).
c) Weitere Trophoblastdifferenzierung. Lakunäres Stadium (11. Tag). Der Hypoblast beginnt den Dottersack zu bilden (kleine schwarze Pfeile). Vom Epi- und Hypoblasten wachsen Zellen aus, die zum extraembryonalen Mesenchym der Chorionhöhle werden (rote Pfeile). Der Synzytiotrophoblast vergrößert sich, ausgehend vom Zytotrophoblasten, in zentrifugaler Richtung (lange schwarze Pfeile).

enchym (Chorionmesenchym), das einen sich schnell vergrößernden Raum einnimmt, der mit einem saftreichen, lockermaschigen, eiweißreichen Gewebe ausgefüllt wird (sog. Chorionhöhle) (Abb. 11c). Da sich dort, wo Epi- und Hypoblast aneinandergrenzen, später der Embryonalkörper entwickelt, bezeichnet man diese Fläche als **Keimscheibe.**

Die Entwicklung des Embryonalkörpers setzt nach der Gastrulation ein, bei der im Bereich der Keimscheibe ein drittes Keimblatt, das Mesoderm, gebildet wird. Die Zellen der drei Keimblätter (Ektoderm, Mesoderm, Entoderm) unterscheiden sich von denen des Embryoblasten und der Zygote weniger durch ihr Aussehen, als vielmehr durch ihre Entwicklungspotenzen, was vor allem für die Stammzellenforschung von großer Bedeutung ist (Abb. 12).

Embryonale Stammzellen

Die Zygote (1–8 Zellen) besitzt Zellen, die noch totipotent sind, d. h. sie sind fähig, einen ganzen Embryo zu bilden. Bei der Morula (8–32 Zellen) sind isolierte Einzelzellen zwar noch in der Lage, sich in verschiedene Zelltypen zu differenzieren (Pluripotenz), einen kompletten Embryo können sie jedoch nicht mehr hervorbringen. In der Blastozyste (64–200 Zellen) tritt – wie oben dargestellt – frühzeitig eine Differenzierung in die »hellen Zellen« des Embryoblasten und die organellenreichen dunkleren Zellen des Trophoblasten in Erscheinung. Die Zellen des Embryoblasten sind pluripotent und können Stammzellen liefern. Nach Entwicklung der Keimblätter sind die Zellen nur noch multipotent, d. h. sie können sich zu

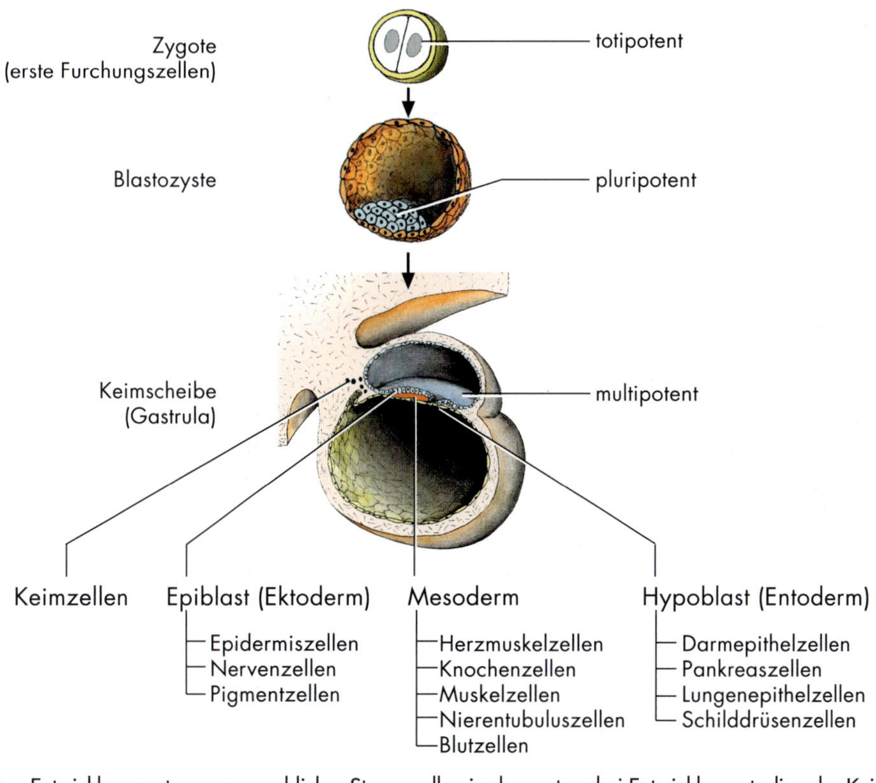

Abb. 12. Entwicklungspotenzen menschlicher Stammzellen in den ersten drei Entwicklungsstadien des Keimes.

den Zelltypen der verschiedenen Gewebe differenzieren, aber nicht mehr zu Zelltypen anderer Organsysteme (Abb. 12). Dieser Verlust an Plastizität erfolgt jedoch bei der späteren Organbildung nicht bei allen Zellen. Man kennt inzwischen eine große Zahl von Organen (Knochenmark, Haut, Riechepithel, Darmepithel, auch Gehirn, eventuell Leber), bei denen Zellen vorkommen, die die speziellen, organtypischen Differenzierungen nicht mitgemacht haben, sondern undifferenziert, gewissermaßen »embryonal«, d. h. multipotent geblieben sind. Diese sog. **somatischen Stammzellen** stellen damit das eigentliche Regenerationspotential des Organismus dar.

Um die Entwicklungspotenzen der Stammzellen zu untersuchen, geht man heute in der Regel von In-vitro-Versuchen aus. Der experimentellen Stammzellenforschung (meist an Mäuseembryonen) ist es gelungen, aus isolierten Zellen des Embryoblasten in Gegenwart eines bestimmten Wachstumsfaktors (LIF, leucaemia inhibitor factor) **embryonale Stammzellen** zu züchten, die eine nahezu unbegrenzte Proliferationsfähigkeit besitzen und sich in viele verschiedene Zelltypen differenzieren können. In den letzten Jahren konnten auch aus menschlichen Embryoblasten, die meist aus Keimen stammten, die sonst nach einer künstlichen Befruchtung verworfen worden wären, inzwischen fünf embryonale Stammzelllinien etabliert werden. Diese pluripotenten Zellen proliferierten in vitro über viele Monate und konnten in die Derivate aller drei Keimblätter differenziert werden. So bildeten sich u. a. Darmepithelzellen, Knorpel-, Knochen-, Muskelzellen, Neuroepithel und Blutzellen. Mittlerweile ist es gelungen, aus solchen embryonalen Stammzellen elf verschiedene Zelltypen zu züchten. Man hofft, dass es in Zukunft einmal möglich sein wird, beim Menschen krankes oder degeneriertes Gewebe aus einem solchen Stammzellenpool zu regenerieren (z. B. zum Ersatz von Herzmuskelzellen, Blutzellen, Gehirnzellen usw.). Bisher ist aber das Spektrum dieser neu erschlossenen, aber auch umstrittenen therapeutischen Möglichkeiten noch sehr begrenzt.

1.3 Trophoblastentwicklung und Plazentation

Unmittelbar nach der Implantation des Keimes führt das rasche Wachstum des Trophoblasten zur Ausbildung einer kompakt erscheinenden Zellmasse (Synzytiotrophoblast), die den Keim allseitig umgibt, aber am Implantationspol, also gegenüber vom »Implantationsloch« in der Uterusschleimhaut, am stärksten ausgebildet ist (Abb. 13). Diese Ungleichheit der die Keimscheibe umgebenden Trophoblasthülle bleibt auch in späteren Stadien erhalten und kulminiert schließlich in der Ausbildung einer tief in der Uterusschleimhaut liegenden, scheibenförmigen Plazenta (Abb. 14).

Anfangs (7. Tag) erscheint der Trophoblast kompakt. Kleine Lakunen entstehen durch lokalisierte Einschmelzung des Synzytiums (Abb. 11). Vom Mitose-intensiven Zytotrophoblasten, der eine geschlossene Zellschicht um den Keim herum bildet, entstehen kontinuierlich neue Zellen, die sich unter Verlust ihrer Zellgrenzen in das Synzytium eingliedern, so dass dieses rasch größer wird und unregelmäßig vernetzte Trabekel mit größeren Zwischenräumen (Lakunen) ausbildet (lakunäres Stadium, Trabekelstadium, 8.–9. Tag). Mehr und mehr treten jetzt auch zottenartige Gebilde in Erscheinung **(Primärzotten,** Villi). Zwischen dem 12. und 13. Tag beginnen die sich kontinuierlich teilenden Zytotrophoblastzellen in die Primärzotten einzudringen, so dass sich das Synzytium allmählich zu einer Deckschicht auf den Zotten verdünnt **(Sekundärzotten).** Die Lakunen, die das mütterliche Blut der arrodierten Gefäße enthalten, verschmelzen bald zu einem zusammenhängenden (intervillösen) Raum, in den die Zotten hineinragen (Abb. 13).

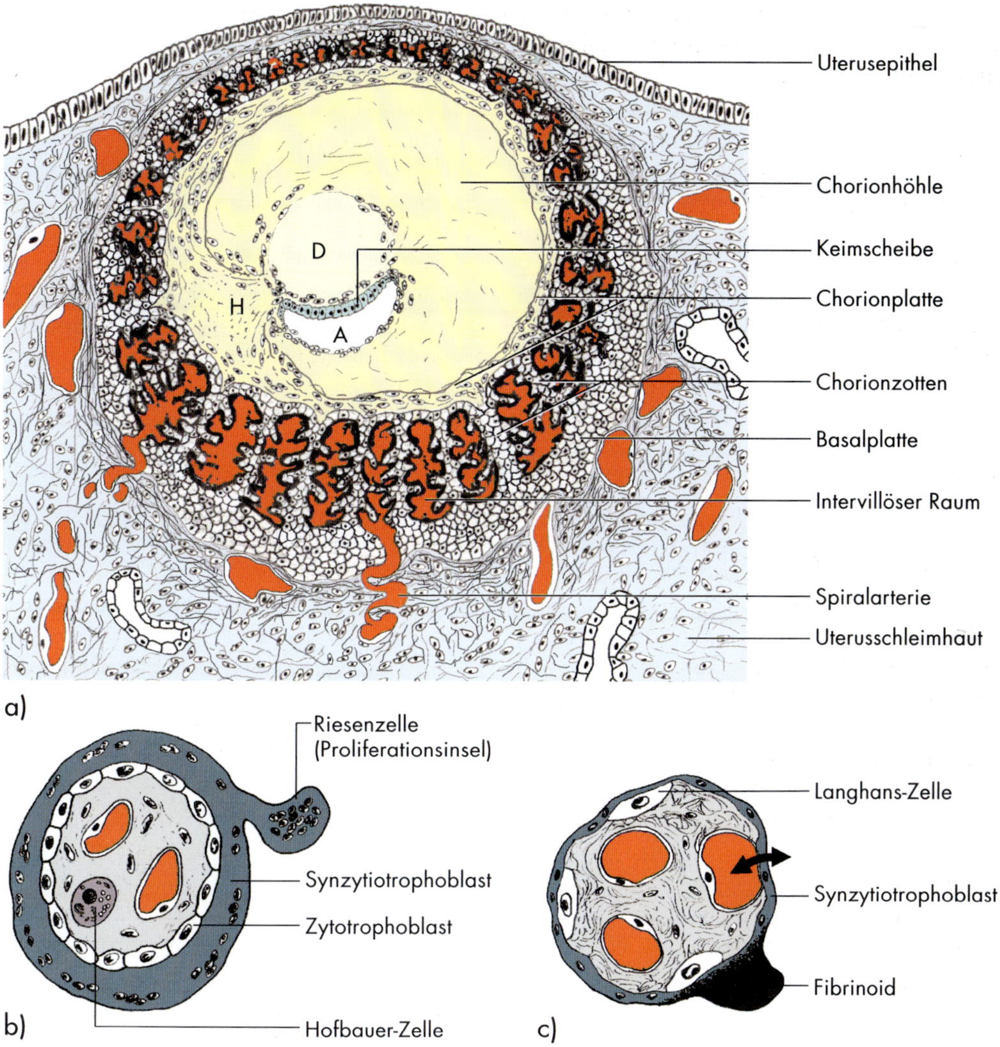

Abb. 13. **a)** Trophoblastentwicklung im Stadium der Sekundärzotten. Der intervillöse Raum füllt sich mit mütterlichem Blut (rot). Die Basalplatte (hauptsächlich Zytotrophoblast) wird von den Spiralarterien durchbohrt. Die Keimscheibe liegt zwischen Amnionhöhle (A) und Dottersack (D). Sie ist durch den Haftstiel (H) mit der Trophoblasthülle verbunden.
b) Querschnitt durch eine Tertiärzotte mit fetalen Blutgefäßen (rot).
c) Querschnitt durch eine Zotte der reifen Plazenta. Der Zytotrophoblast ist weitgehend verschwunden. Im Synzytiotrophoblasten tritt vermehrt Fibrinoid auf. Pfeile = Plazentaschranke zwischen mütterlichem und fetalem Blut.

Zwischen dem 15. und 18. Tag dringt der Zytotrophoblast dann soweit nach peripher vor, dass er mit der mütterlichen Schleimhaut, die jetzt als Decidua bezeichnet wird, in Berührung kommt und eine den Keim vollständig umhüllende Basalplatte ausbildet. Das Zottensystem umgibt jetzt wie ein Strahlenkranz allseitig den Embryoblasten, der inzwischen in seiner Umgebung ein lockermaschiges, saftreiches Mesenchym gebildet hat, das man als Chorion- oder extraembryonales Mesenchym bezeichnet und das sich gegenüber dem Zottensystem des Trophoblasten membranartig verdichtet (Chorionplatte). Das Zottensystem des Trophoblasten spannt sich damit von der Chorionplatte (die Abgrenzung gegenüber der Chorionhöhle) bis zur Basalplatte aus und wird vom mütterlichen, im intervillösen Raum zirkulierenden Blut umspült.

Vom 18. Tag an beginnt dann eine massive Invasion vom Chorionmesenchym in die bisher nur zellulären Zotten, so dass ein Zottenstroma entsteht, in das schon bald (vom 20. Tag an) Blutgefäße einwachsen. Erst jetzt kann man von definitiven, vaskularisierten Zotten **(Tertiärzotten)** sprechen. Im Zottenstroma treten zunehmend große, Makrophagen-ähnliche Zellen (Hofbauer-Zellen) auf, die aber weniger Makrophagenfunktionen erfüllen als vielmehr Wachstumsfaktoren sezernieren, die das Zottenwachstum und das der Gefäße stimulieren (Abb. 13b).

Von der 3. Woche an setzt dann auch tatsächlich ein zunehmendes Zottenwachstum ein. Von den tragenden Hauptzotten (Stammzotten) sprossen Seitenknospen aus, die sich ihrerseits wieder verzweigen, so dass schließlich ganze Zottenbäume entstehen,

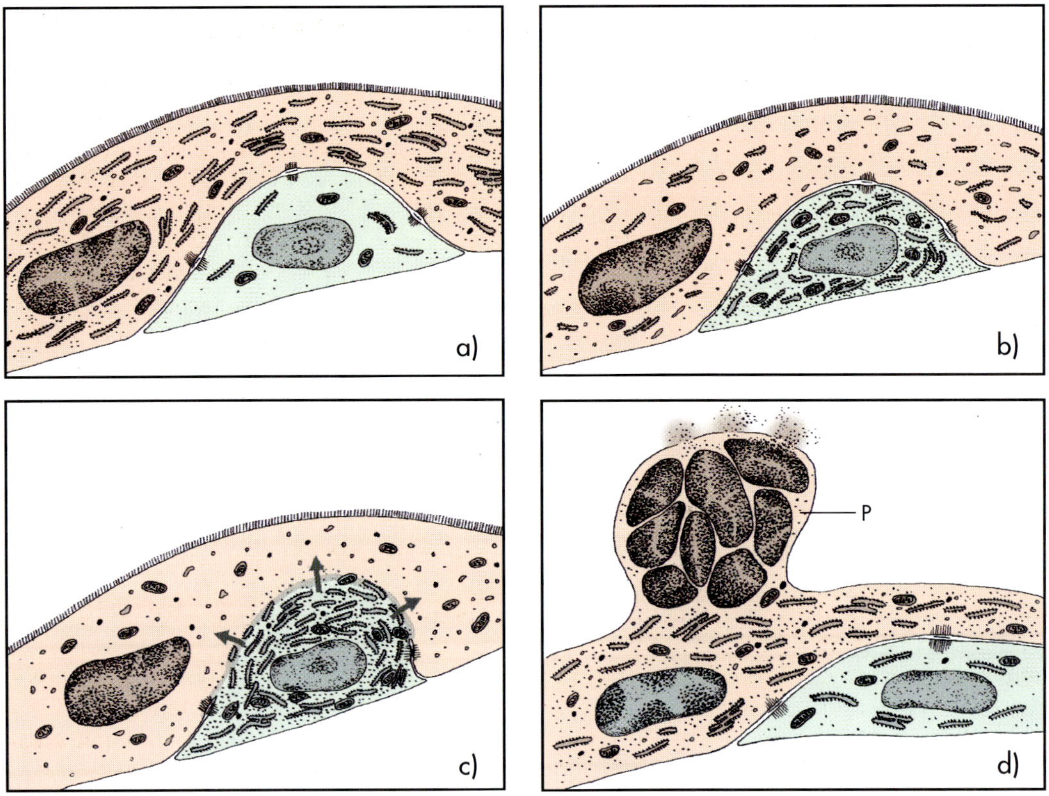

Abb. 14. Regeneration des Synzytiotrophoblasten (rosa) aus den Zellen des Zytotrophoblasten (grün) (aus P. Kaufmann 1983).

a) Ausgangssituation.

b) Im Zytotrophoblasten vermehren sich nach erfolgter Zellteilung die Zellorganellen.

c) Die Zellmembran der Zytotrophoblastzelle löst sich auf, Kern und Organellen entleeren sich in das Synzytium (Pfeile).

d) Abstoßung pyknotischer Kerne und Organellen aus dem Synzytium (P = Proliferationsknoten).

die von der Chorionplatte ausgehen und in den intervillösen Raum hineinragen. Im Bereich der Basalplatte bleibt stellenweise deziduales Gewebe stehen, das von Trophoblastzellen überwachsen wird. Diese vor allem aus mütterlichem Gewebe bestehenden Septen unterteilen den intervillösen Raum in Kompartimente für die Zottenbäume (Kotyledonen). Damit ist in der mütterlichen Schleimhaut ein hochdifferenziertes Organ entstanden, die **Plazenta,** die alle lebenswichtigen Funktionen für den im Bereich der Keimscheibe entstehenden Embryo übernimmt.

In der Mitte der Schwangerschaft (ab 4. Monat) erreicht der jetzt ganz auf den Bereich der Plazenta konzentrierte Trophoblast seine volle Differenzierung. Die Zotten besitzen eine geschlossene Zelllage von Zytotrophoblastzellen (Langhans-Zellen), die sich ständig mitotisch teilen und dadurch das nicht mehr teilungsfähige, angrenzende Synzytium regenerieren (vgl. Abb. 14). Überschießende Regenerationsprozesse führen zur Bildung von Proliferationsknospen, die sich vom Synzytiotrophoblasten abschnüren können und damit ins mütterliche Blut gelangen, wo sie als »Riesenzellen«, z.B. in der Lunge der Mutter, gefunden und aufgelöst werden (Abb. 13b). Man nimmt an, dass dieser Prozess auch für die Dämpfung der immunologischen Abwehrmechanismen seitens des mütterlichen Organismus eine Rolle spielt.

Gegen Ende der Schwangerschaft wird der Epithelbelag der Zotten dünner. Die Regenerationskraft des Zytotrophoblasten erschöpft sich allmählich, so dass der Zottenüberzug dann nur noch einschichtig aus einer dünnen Lage von Synzytiotrophoblastzellen besteht. Nur hier und da finden sich noch in den epithelialen Nischen Zytotrophoblastzellen (Langhans-Zellen). Das Synzytium beginnt stellenweise zu degenerieren und Fibrinoid zu bilden (Rohr-Fibrinoid). Das Stroma ist derbfaseriger geworden (Kollagen und Matrixmaterial). Die immer noch an Zahl zunehmenden Blutgefäße haben sich zu weitlumigen Sinusoiden vergrößert. Der Stoffaustausch geht stellenweise nur noch durch eine äußerst dünne Epithellamelle vonstatten (Abb. 13c). Diese regressiven Vorgänge werden allerdings erst voll verständlich, wenn wir die funktionelle Bedeutung der embryonalen Hüllen und der daraus hervorgegangenen Plazenta erkannt haben.

Gleichzeitig mit der einseitigen Differenzierung der Chorionzotten zur Plazenta im Bereich der basalen Abschnitte der mütterlichen Schleimhaut (Decidua basalis) (Chorion frondosum) hat sich die Amnionhöhle, die zunächst als kleines, unscheinbares Bläschen im Bereich des Embryoblasten entstanden ist, mit dem sich darin entwickelnden Embryo stark vergrößert, so dass die zum Uteruslumen hin gelegenen Abschnitte des Trophoblasten und der mütterlichen Schleimhaut (Decidua capsularis) mehr und mehr zusammengedrückt und rückgebildet werden. Schließlich verschmilzt die Decidua capsularis mit der Decidua parietalis und das Uteruslumen verschwindet. Damit hat sich gegenüber der Plazenta die aus mehreren Schichten bestehende **Eihaut** entwickelt, die die Amnionhöhle mit der Amnionflüssigkeit (Fruchtwasser) umschließt und aus folgenden Schichten besteht (von innen nach außen):

1. Amnionepithel,
2. Chorionmesenchym,
3. Trophoblastschicht (Chorion laeve),
4. Decidua capsularis,
5. Uteruslumen,
6. Decidua parietalis (Abb. 15).

Bei der Geburt reißen die Eihäute ein (Blasensprung), das Fruchtwasser fließt ab und das Kind kann durch den Geburtskanal nach außen gedrückt werden.

Struktur und Funktion der Plazenta

Die reife Plazenta besitzt schließlich 60–70 Zottenbäume (Kotyledonen), die in kammerartige Kompartimente hineinragen. Diese

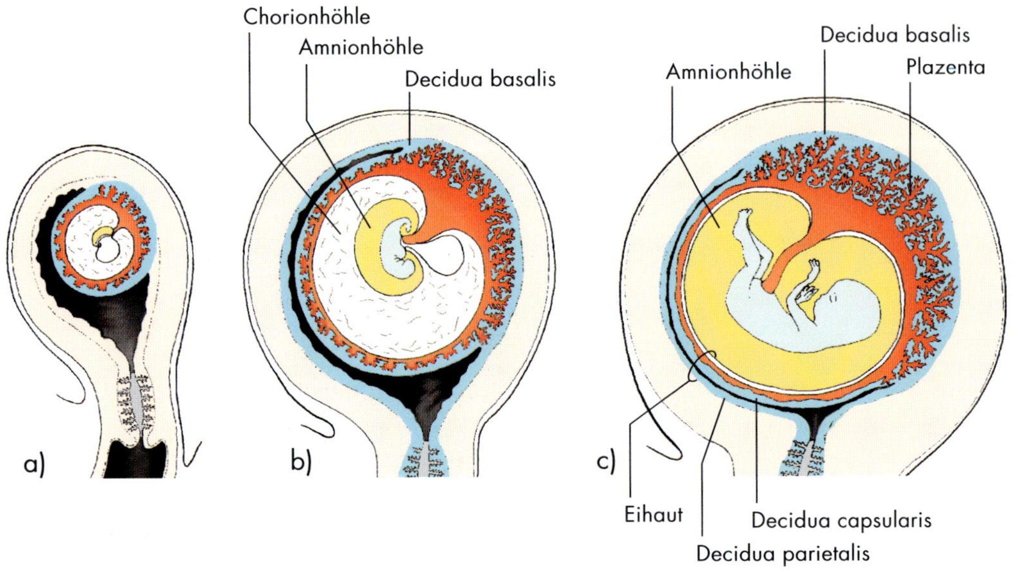

Abb. 15. Entwicklung der Amnionhöhle und der Eihäute im Verlauf der Embryogenese.
Mit der Vergrößerung der Amnionhöhle und des Embryos verdünnen sich die Decidua capsularis und das Chorion in diesem Bereich. Die Chorionhöhle verschwindet. Decidua capsularis und Chorion verschmelzen schließlich mit der Decidua parietalis, so dass das Uteruslumen verschwindet. Eihaut (von innen nach außen): Amnionepithel, Chorion laeve, Decidua capsularis, Uteruslumen (verklebt), Decidua parietalis.
Rot = Chorion bzw. Plazenta; blau = Decidua; gelb = Amnionhöhle.

werden durch Septen, die nicht bis zur Chorionplatte heraufreichen, unvollständig voneinander getrennt (Abb. 16). Einige Zotten sind an der Basalplatte fixiert (Haftzotten) und tragen damit zur Stabilisierung des komplizierten Zottensystems bei. Die Basalplatte stellt die Grenzfläche zur mütterlichen Schleimhaut dar (Decidua basalis), die mit dem Zytotrophoblasten eine enge Verbindung eingegangen ist. Der anfangs hier noch vorhandene Synzytiotrophoblast, der auch die Arterienstämme aufgelöst und z.T. kanalisiert hat, verschwindet frühzeitig und wird durch Zytotrophoblastgewebe ersetzt. Die Arterien werden zu Spiralarterien, die die Basalplatte durchsetzen und ihr Blut in die Kammern des intervillösen Raumes hineinspritzen, wo es bis zur Chorionplatte hochgespritzt wird, um dann an den Zotten vorbei zu den ebenfalls in der Basalplatte gelegenen Venen langsam abzufließen (Abb. 16). Das fetale Blut zirkuliert innerhalb der Zotten, kommt aber nicht mit dem mütterlichen Blut in Kontakt. Ein Kontakt zwischen dem frei zirkulierenden mütterlichen Blut und dem geschlossenen System der fetalen Zirkulation wird in jeder Entwicklungsphase sorgfältig vermieden, da es sonst zu lebensbedrohlichen Reaktionen kommen könnte. Die **uteroplazentare Schranke** besteht aus dem Synzytiotrophoblasten, den Zytotrophoblastzellen und deren Basalmembranen sowie dem angrenzenden mesenchymalen Bindegewebe und schließlich der Kapillarwand. Sie ist für viele Stoffe (Atemgase, Wasser) durchlässig (Diffusion). Aminosäuren, Elektrolyte usw. können aber nur durch aktive Transportprozesse oder durch Pinozytosevorgänge die Schranke passieren.

Damit erhebt sich die Frage nach der **funktionellen Bedeutung der Plazenta.** Von

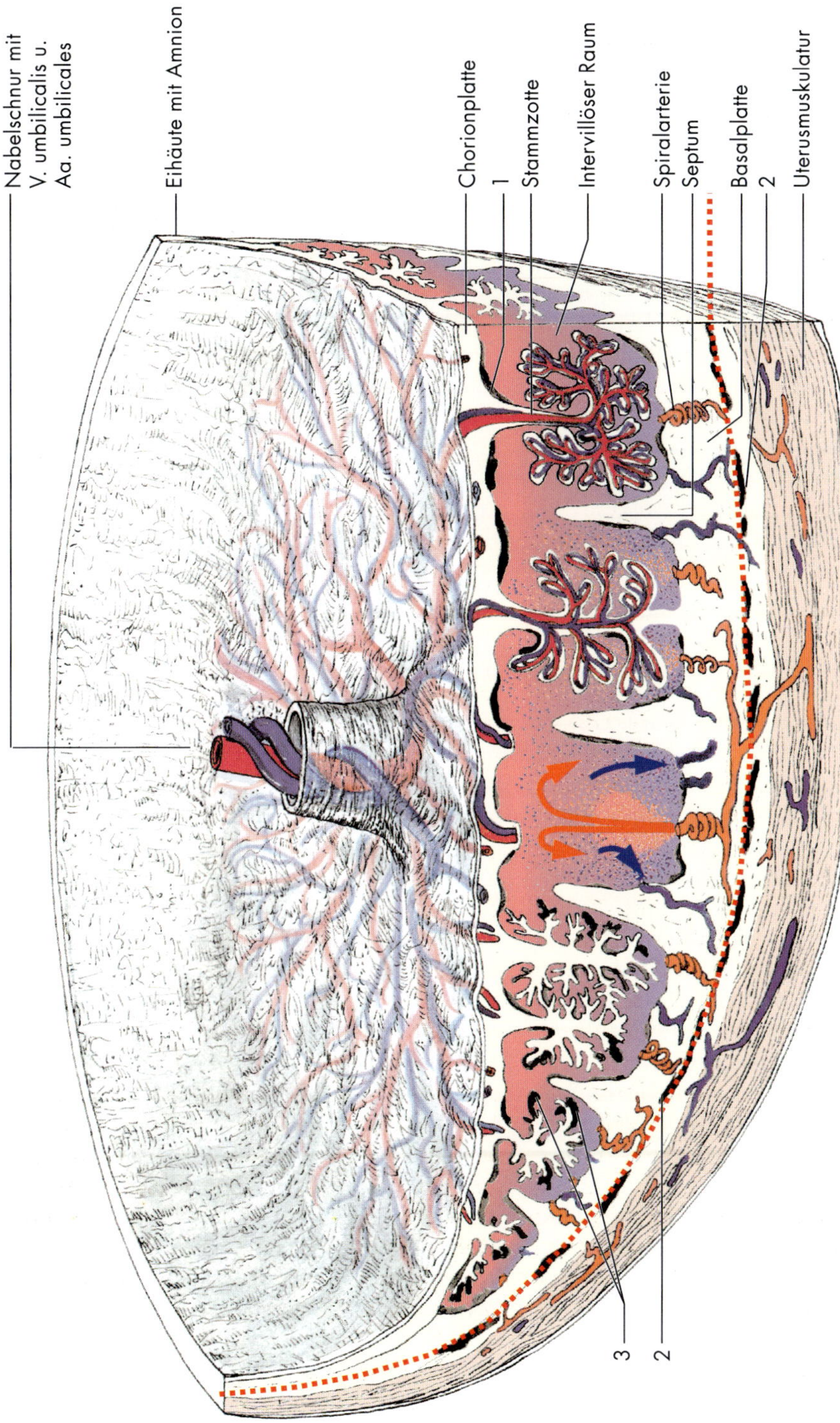

Abb. 16. Schema der reifen, ausdifferenzierten Plazenta. In der Mitte ist die Zirkulation innerhalb eines Kotyledon dargestellt. 1–3 = Fibrinoidstreifen (schwarz): 1 = Langhans-Fibrinoidstreifen unter der Chorionplatte; 2 = Nitabuch-Fibrinoidstreifen in der späteren Ablösungszone der mütterlichen Plazenta (rot gepunktete Linie); 3 = Rohr-Fibrinoidstreifen an den plazentaren Zotten.

vielen wird der Trophoblast und die daraus hervorgehende Plazenta als ein Hilfsorgan zur Ernährung des später sich entwickelnden Embryos angesehen, das mit dem Embryo selbst nichts zu tun hat und nach der Geburt abgestoßen wird (sog. Nachgeburt). Dies ist aber ein einseitiger Gesichtspunkt, der den tatsächlichen Verhältnissen nicht ganz gerecht wird. Betrachtet man den Trophoblasten unter funktionellen Gesichtspunkten, muss man feststellen, dass in dieser, den später entstehenden Embryo umgebenden Hülle bereits *alle* Funktionen ablaufen, die für einen lebendigen Organismus charakteristisch sind. So finden hier der Gasaustausch wie in der Lunge, die Exkretion von Stoffwechselendprodukten und Elektrolyten wie in der Niere, die Resorption von Nahrungsstoffen wie im Magen-Darm-Kanal und die für Wachstum und Entwicklung so notwendigen Stoffwechselvorgänge wie in der Leber, die endokrinen Steuerungsprozesse wie im späteren Endokrinium und schließlich sogar die Blutbildung (nur in der frühen Schwangerschaft) und anfangs auch die Wärmeregulation statt. Der Trophoblast, und hier vor allem der Synzytiotrophoblast, erfüllt damit alle organismischen Funktionen, ohne spezielle Organe dafür zu besitzen. Das Zytoplasma des Synzytiums, in dem die Zellkerne regellos verteilt sind, besitzt Mikrovilli für die Resorption der Nahrungsstoffe, spezifische Zellorganellen für Proteinsynthese bzw. Proteinabbau, Mitochondrien, endoplasmatisches Retikulum u. a. Organartige Differenzierungen, etwa bestimmte Regionen für Respirations-, Exkretions- oder Nutrititionsprozesse, wurden bisher nur andeutungsweise gefunden.

Wir haben oben die Zygote als eine Ganzheit bezeichnet. Keimscheibe, Chorionhöhle und das Trophoblastsystem, die man zusammen auch als Konzeptus bezeichnet, sind es aber auch. Hier lebt – funktionell – bereits der gesamte Organismus mit all seinen späteren Lebensprozessen, allerdings nicht in Einzelorganen, sondern sozusagen im Umfeld und ohne organartige Differenzierungen, lediglich in den prozessualen Abläufen des lebendigen Zytoplasmas des Synzytiotrophoblasten. Es ist fast unglaublich, dass alles das, was an Lebens- und Steuerungsprozessen später innerhalb des Körpers abläuft, hier bereits in der die Keimscheibe bzw. den Embryo umgebenden Sphäre bzw. der Plazenta abläuft. Man könnte von diesem Gesichtspunkt aus die nachfolgende Embryobildung als eine groß angelegte »funktionelle Umstülpung« oder Einstülpung in einen körperlichen Innenraum bezeichnen, wobei die zunächst diffus in der »Sphäre« verteilten Prozesse dann auf einzelne Organe übergehen. Tatsächlich sieht man auch, dass die Plazenta umso mehr abgebaut wird, je mehr entsprechende Organe innerhalb des Embryonalkörpers entwickelt und funktionstüchtig geworden sind. Die Geburt muss konsequenterweise dann als derjenige Zeitpunkt erscheinen, an dem alle Funktionsprozesse prinzipiell auf den Fetus übergegangen (gewissermaßen eingestülpt worden) sind und damit das Umfeld »verlassen« haben. Damit ist die Plazenta als Ort der primären organismischen Prozesse überflüssig geworden.

Eine in der zweiten Schwangerschaftshälfte zunehmende Degeneration der Plazenta ist tatsächlich zu beobachten und wird an mehreren morphologischen Veränderungen deutlich. Das Synzytium mit seinen Zellkernen und Organellen beginnt stellenweise zu »altern«. Durch Verschmelzung mit den Zytotrophoblastzellen gelangen zwar immer noch neue Zellorganellen (Mitochondrien, ER, Zellkerne usw.) in das Synzytium und die pyknotisch gewordenen Kerne des Synzytiums werden in Proliferationsknoten abgestoßen (Abb. 14). Die Zahl der für diese Regeneration notwendigen Zytotrophoblastzellen (Langhans-Zellen) nimmt aber kontinuierlich ab, so dass schließlich epitheliale Degenerationsherde entstehen, die man als **Fibrinoid** bezeichnet (weiße Infarkte). Auch ganze Zottenverzweigungen können zu Fibrinoid umgewandelt werden (Rohr-Fibrinoid). Obwohl die Oberfläche der Chorionzotten durch zunehmende Verzweigungen und Aussprossungen in der zweiten Hälfte der Schwangerschaft immer noch größer wird, nimmt die spezielle Leistungsfähigkeit mit Ausnahme des durch Diffusion erfolgenden Austausches der Atemgase kontinuierlich ab. Die Choriongonadotropinsekretion sistiert in der zweiten Schwangerschaftshälfte. Die Proteinsynthese findet zunehmend in der embryonalen Leber selbst statt, und die Blutbildung, die anfangs im Chorion und Dottersack, also außerhalb des Embryos erfolgte, geht auf Leber und Milz sowie – ab Mitte der Schwangerschaft – auf das Knochenmark über. Auch Hormonbildung und Ausscheidungsvorgänge finden teilweise schon innerhalb des Embryos statt, wobei Austauschvorgänge mit der Mutter – wenn auch meist nur in geringem Umfang – durch die Eihäute hindurch erfolgen können.

Fehlbildungen

Findet die geschilderte »prozessuale Umstülpung« von der Peripherie in den Embryonalkörper hinein nicht statt, können pathologische Prozesse entstehen. Ein besonders gefürchteter, bösartiger Tumor ist das **Chorionepitheliom**, bei dem das Trophoblastgewebe seine zentrifugale, infiltrative Wachstumstendenz beibehält und dadurch das Leben von Mutter und Kind gefährdet.

Eine abnorm gesteigerte Aktivität des Trophoblasten kann zur Bildung von zahlreichen, unterschiedlich großen Vakuolen und Blasen führen, die dann das Uteruslumen ausfüllen **(Blasenmole).** Eine pathologische Vermehrung der Amnionflüssigkeit mit Vergrößerung der Amnionhöhle bezeichnet man als **Hydramnion** (häufig bei diabetischen Müttern). Abnorme Verminderung der Amnionflüssigkeit (Oligohydramnion) kann zu Rumpf- und Schädelmissbildungen führen. Meist ist die Nierenfunktion herabgesetzt.

Zusammenfassung der Plazentaentwicklung

Lakunäres Stadium. Massives infiltratives Wachstum des Synzytiotrophoblasten in die Uterusschleimhaut. Bildung unregelmäßig vernetzter Blutlakunen aus erodierten, mütterlichen Gefäßen (7.–9. Tag).

Stadium der Primärzotten. Eindringen von Zytotrophoblastzellen in die Synzytiummassen. Entstehung zottenartiger Strukturen. Regeneration des Synzytiums aus dem Zytotrophoblasten (11.–13. Tag).

Stadium der Sekundärzotten. Einwachsen des Chorionmesenchyms in die Primärzotten, die erstmalig Zottenbäume ausbilden (16.–18. Tag).

Stadium der Tertiärzotten. Einwachsen von fetalen Blutgefäßen in die plazentaren Zotten. Bildung eines zweischichtigen Zottenepithels (außen: – Synzytiotrophoblast, innen: – Zytotrophoblast). Im Zottenstroma finden sich Hofbauer-Zellen (20.–21. Tag).

Frühe Plazentaentwicklung. Vermehrung der Zottenverzweigungen (Chorion frondosum). Abnahme der Zottenzahl in Richtung Uteruslumen (Chorion laeve). Bildung der Eihäute. Untergliederung des intervillösen Raumes durch Septen, wodurch etwa 15–25 Kompartimente (Kotyledonen) entstehen. Überschießende Proliferationsprozesse des Synzytiums führen zu Proliferationsknospen, die sich ablösen und als Riesenzellen in das mütterliche Blut gelangen (3.–5. Woche).

Vollfunktionsfähige Plazenta. Die strukturelle Differenzierung ist abgeschlossen (4.–5. Monat).

Beginnende Rückbildung. Die Blutgefäße werden weiter, das Stroma dichter und derber (Kollagenfaservermehrung), so dass die zelluläre Bedeckung zunehmend dünner wird. Der Zytrotrophoblast verschwindet nach und nach. Vereinzelte Zellen bleiben stellenweise erhalten (Langhans-Zellen) (5.–7. Monat).

Stufenweiser Abbau. Degeneration der peripheren Zottenverzweigungen. Synzytiumüberzug der Zotten wird sehr dünn.

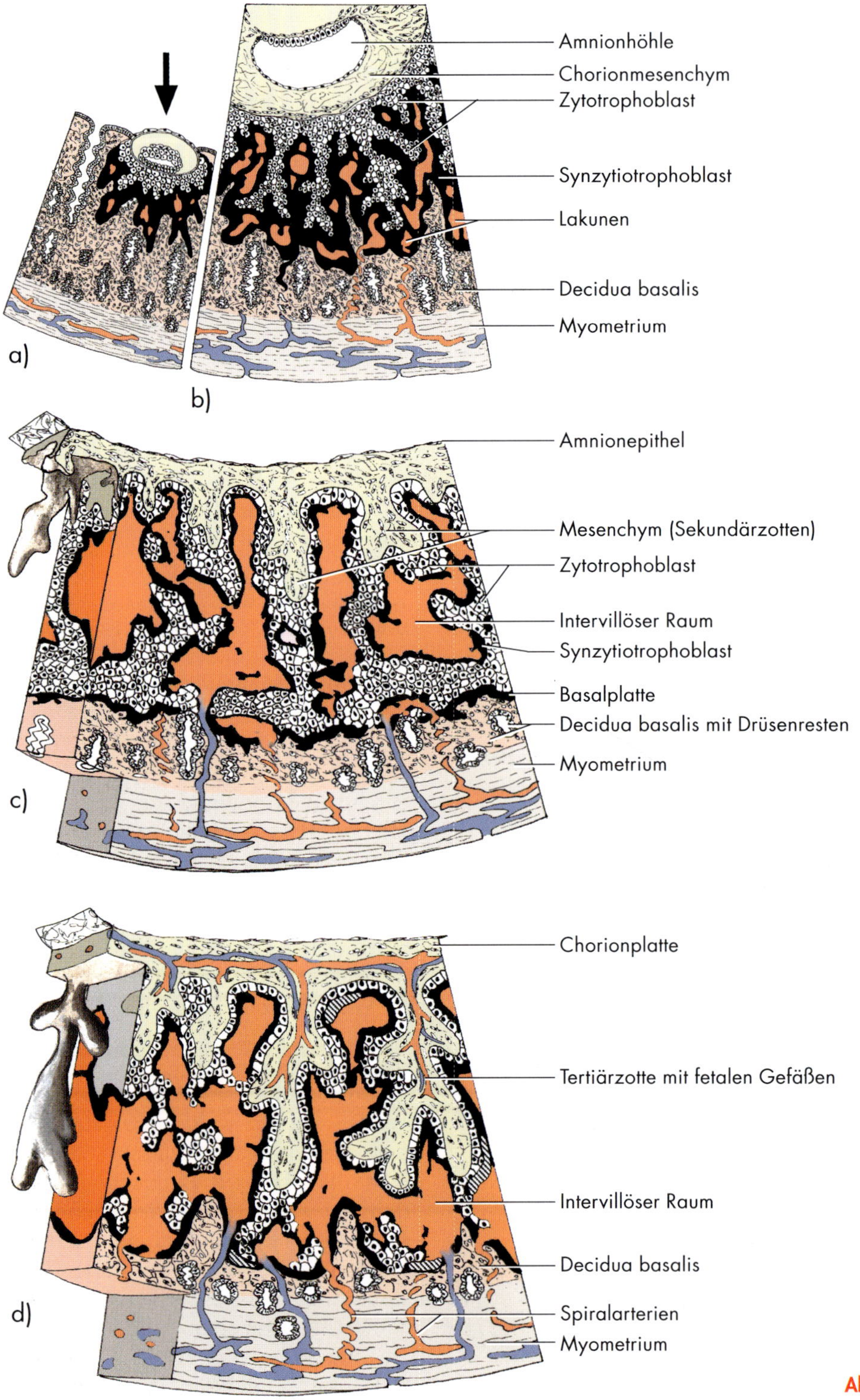
Amnionhöhle
Chorionmesenchym
Zytotrophoblast
Synzytiotrophoblast
Lakunen
Decidua basalis
Myometrium
a)
b)
Amnionepithel
Mesenchym (Sekundärzotten)
Zytotrophoblast
Intervillöser Raum
Synzytiotrophoblast
Basalplatte
Decidua basalis mit Drüsenresten
Myometrium
c)
Chorionplatte
Tertiärzotte mit fetalen Gefäßen
Intervillöser Raum
Decidua basalis
Spiralarterien
Myometrium
d)

Abb. 17

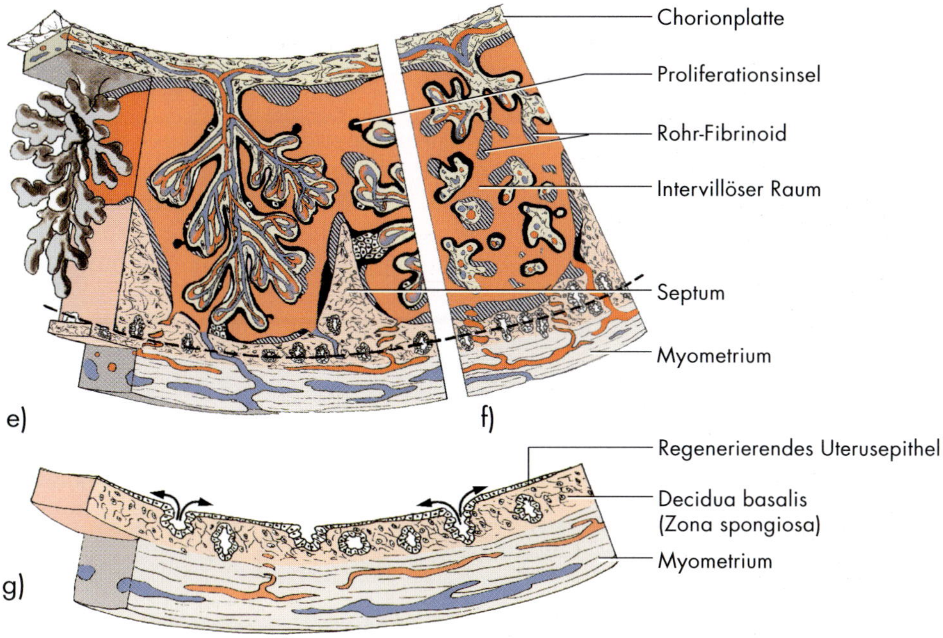

Abb. 17. Verschiedene Stadien der Plazentaentwicklung. **a)** Eindringen des Keimes (Pfeil) in die Uterusschleimhaut (Implantation, 8.–9. Tag).
b) Lakunäres Stadium. Differenzierung von Zyto- und Synzytiotrophoblast. Bildung von Primärzotten (ohne Mesenchym und Gefäße) (rot = blutgefüllte Lakunen; etwa 15. Tag).
c) Bildung von Sekundärzotten durch einwachsendes Chorionmesenchym (etwa 3. Woche).
d) Bildung von Tertiärzotten durch Einwachsen fetaler Blutgefäße (3.–5. Monat).
e) Weitere Verzweigung der Zottenbäume. Zunehmende Degeneration der epithelialen Bedeckung (Fibrinoidbildung) (5.–8. Monat). Gestrichelte Linie = Ablösungszone der Plazenta von der Decidua basalis.
f) Zunehmende Verzweigung und Degeneration der Zottenbäume. Fibrinoidablagerungen unter der Chorionplatte (Langhans-Fibrinoid) und im Bereich der Ablösungszone (Nitabuch-Fibrinoid) (8.–10. Monat).
g) Regeneration des Uterusepithels aus den Drüsenresten (Pfeile) der Zona spongiosa des Endometriums.

Vermehrtes Auftreten von Degenerationsherden (weiße Infarkte oder Fibrinoid). Entwicklung von Mikrothromben im intervillösen Raum (rote Infarkte). Bei der Geburt Ablösung der Plazenta von der Decidua basalis im Bereich des unteren Fibrinoidstreifens (8.–10. Monat).

Rohr-Fibrinoid = Degenerationsherde im Bereich der Zotten.

Langhans-Fibrinoid = Fibrinoidablagerungen unter der Chorionplatte.

Nitabuch-Fibrinoid = Degenerationszonen in der Decidua basalis (Zona spongiosa des Endometriums).

Oberer Fibrinoidstreifen = Fibrinoidablagerungen am Boden des intervillösen Raumes, oberhalb der Basalplatte.

Funktionen der Plazenta

Die Plazenta führt anfangs alle Funktionen aus, die für einen normalen Organismus charakteristisch sind (Nutrition, Gasaustausch [Respiration], Zirkulation, Exkretion und endokrine Sekretion). In der 2. Hälfte der Schwangerschaft übernimmt der Fetus nach und nach auch selbst einige dieser Funktionen. Fetus, Plazenta und Mutter wirken als eine übergeordnete funktionelle Einheit zusammen. Obwohl der Keim über den

Trophoblasten paternale und andere Gene exprimieren kann, die für den mütterlichen Organismus als Antigene wirken können, die Plazenta also gewissermaßen ein Allotransplantat darstellt, kommt es nicht zu Immunreaktionen. Wodurch diese Immunsuppresion zustande kommt, ist nicht geklärt.

Antikörper der Mutter können jedoch die Plazentaschranke passieren (z.B. JgG, Transcobalamin II), wodurch eine passive Immunität, z.B. gegen Diphtherie und Masern zustande kommt. Bestimmte mütterliche Antikörper (z.B. Rh-Faktoren) können aber auch Erkrankungen des Fetus hervorrufen, wie die **Erythroblastosis fetalis** (hämolytische Krankheit Neugeborener). Dabei spielen die Rhesus-D-Antigene eine wichtige Rolle.

Die Plazenta sezerniert verschiedene, spezifische Schwangerschaftsproteine und ist ein wichtiges endokrines Organ. Die wichtigsten Hormone sind:

- Choriongonadotropin (hCG)
- Somatostatin
- Steroidhormone
- Mineralokortikoide
- Plazentares Laktogen (hPL)
- Chorion-Adrenokortikotropin (ACTH)
- Chorion-Thyreotropin
- Parathyroidhormone-released Protein
- Thyrotropin-releasing Hormon (TRH)
- Gonadotropin-releasing Hormon (GnRH)
- Corticotropin-releasing Hormon (CRH)
- Growth-hormone-releasing Hormon

Morphologische Variationen der Plazenta

Placenta succenturia (Nebenplazenta) – Ein Teil der Plazenta liegt getrennt, nur durch einen Gefäßstiel verbunden, neben der Hauptplazenta. Nach der Geburt kann dieser akzessorische Teil im Uterus verbleiben und Blutungen sowie Infektionen hervorrufen.

Placenta praevia – Diese liegt im unteren Uterusbereich und kann bei der Geburt den inneren Muttermund blockieren.

Plazentarer Mosaikismus (confined placental mosaicism) – Die Plazenta weist einen chromosomalen Mosaikismus auf, während der Chromosomenstatus des Fetus normal ist.

Abruptio placentae (vorzeitige Lösung der Plazenta) – Gefahr eines Abortes oder einer Fehlgeburt.

Daten der Plazenta

Gewicht: ~500 g
Dicke: 2,5–3 cm
Ø: 15–20 cm
Intervillöser Raum: ~ 150 ml Blut
fetales Blutvolumen: ~ 350 ml
Zahl der Spiralarterien: 80–100

2 Keimblätter und Entwicklung des Embryonalkörpers

2.1 Keimblätter

Geht die Entwicklung des Trophoblasten zentrifugal nach außen, so die des Embryos zentripetal nach innen. Der Beginn der embryonalen Körperbildung ist in der Tat ein »Umstülpungs-« oder ein Invaginationsprozess, der an der Keimscheibe, d. h. dort, wo Epi- und Hypoblast flächenhaft aneinandergrenzen, mit der Einwanderung von Gewebe in den Zwischenraum zwischen diesen beiden Keimblättern einsetzt (Abb. 18). Induziert wird dieser Prozess wahrscheinlich vom Hypoblasten, der auch als primäres (»extraembryonales«) Entoderm bezeichnet wird. Das (sekundäre) eigentliche Entoderm entsteht erst im Zuge des Invaginationsprozesses aus dem Epiblasten.

Die Entwicklung des Embryonalkörpers selbst beginnt am 16./17. Tag im Bereich der Keimscheibe durch Zellbewegungen und Zellproliferationen in der Mitte des Epiblasten, die zu einer länglichen Vertiefung **(Primitivrinne, Primitivstreifen)** führen, in deren Bereich die Zellen ihre Zellkontakte lösen und zu länglichen, beweglichen Zellen werden, die sich rasch nach beiden Seiten in den Spaltraum zwischen Epi- und Hypoblast hineinschieben (epithelio-mesenchymale Umwandlung). Dabei spielen die als E-Cadherine bezeichneten Adhäsionsmoleküle eine entscheidende Rolle. Wenn diese Moleküle verloren gehen, lösen sich die Zellhaften und die Epithelzellen nehmen mesenchymale Formen an und werden amöboid beweglich. Die Zellen, die mit dem Dottersack in Berührung kommen, verdrängen die Hypoblastzellen und bilden zunächst das (sekundäre) definitive Entoderm. Diejenigen Zellen, die anschließend nach der Seite auswandern, organisieren sich zu epithelartigen Verbänden und bilden ein drittes Keimblatt, das Mesoderm (Abb. 18d).

Nach Ausbildung des **Mesoderms** bezeichnet man das darüberliegende Keimblatt als Ektoderm.

Am vorderen Ende des Primitivstreifens tritt nun eine wulstförmige Verdickung auf **(Primitivknoten, Hensen-Knoten),** hinter der sich eine Grube ausbildet, wo Zellen in Form eines länglichen Stabes oder Kanals nach vorne wachsen **(Kopffortsatz, Chorda-**

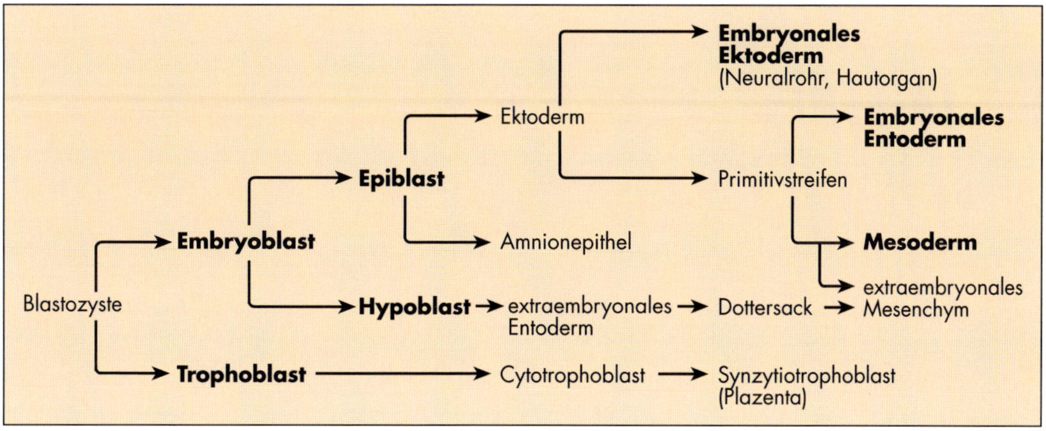

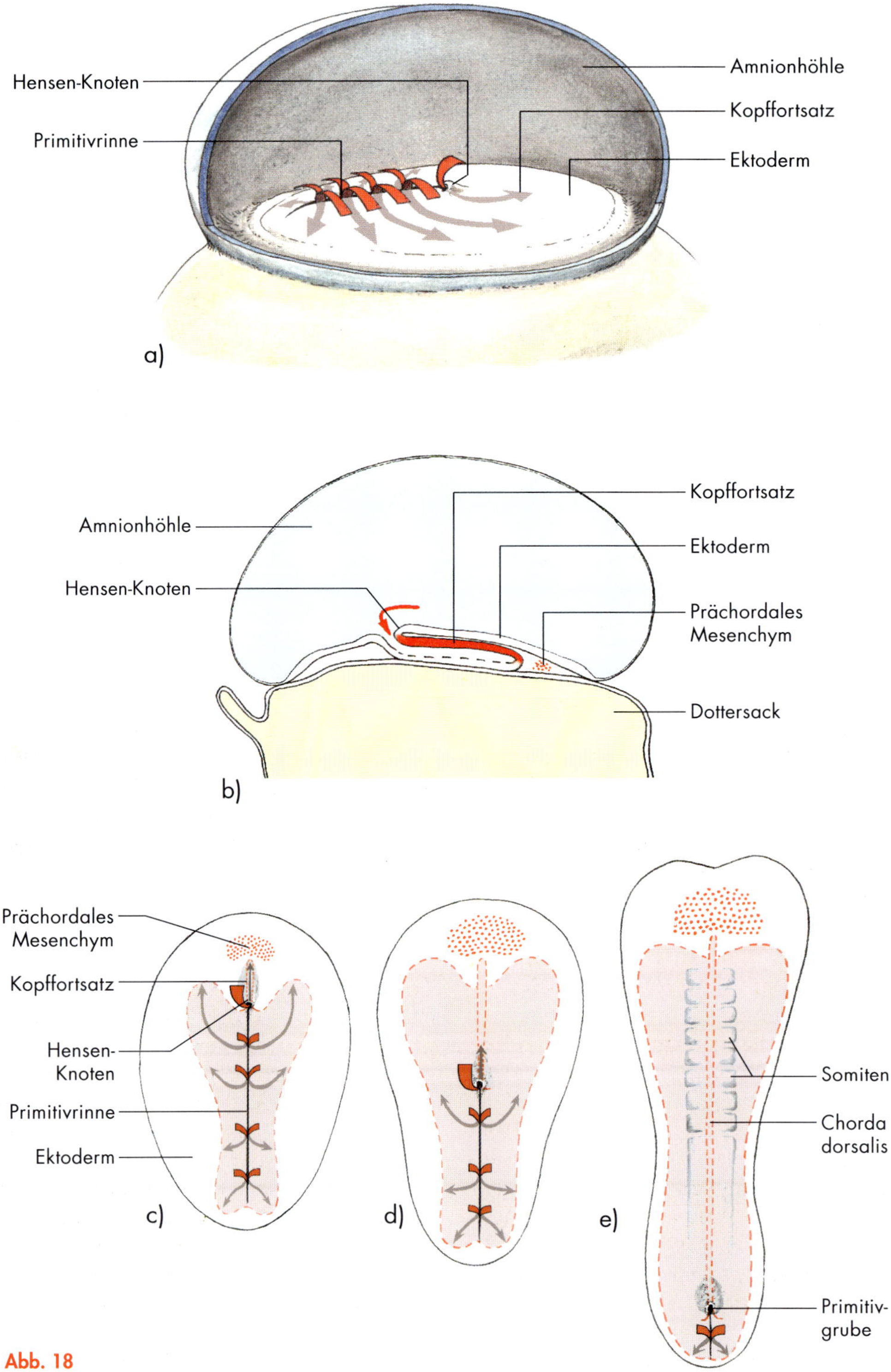
Hensen-Knoten
Primitivrinne
Amnionhöhle
Kopffortsatz
Ektoderm
a)
Amnionhöhle
Hensen-Knoten
Kopffortsatz
Ektoderm
Prächordales Mesenchym
Dottersack
b)
Prächordales Mesenchym
Kopffortsatz
Hensen-Knoten
Primitivrinne
Ektoderm
c)
d)
e)
Somiten
Chorda dorsalis
Primitiv-grube

Abb. 18

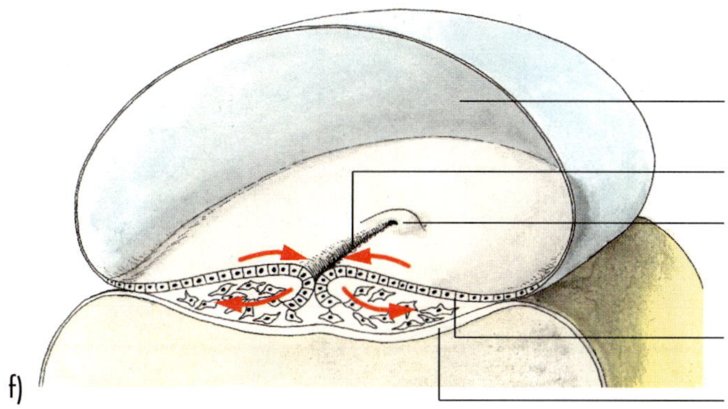

Abb. 18. Entstehung des Mesoderms durch Einstülpung des Ektoderms in der Primitivrinne (Pfeile), Bildung des Kopffortsatzes von der Primitivrinne aus (Pfeil).
a) Aufsicht auf die Keimscheibe mit Primitivrinne, Primitivgrube, Hensen-Knoten und Kopffortsatz.
b) Längsschnitt durch die Mitte der Keimscheibe. Der Boden des Kopffortsatzkanals löst sich auf. Der Rest bildet die Chorda dors. (rot).
c) Aufsicht auf die Keimscheibe. Das Mesoderm (rote Fläche) hat sich von der Primitivrinne aus zwischen Ektoderm (EK) und Entoderm eingeschoben (Pfeile).
d u. e) Der Hensen-Knoten verschiebt sich kontinuierlich nach hinten, so dass sich die Primitivrinne verkürzt und der Kopffortsatz, die spätere Chorda dorsalis, verlängert.
f) Querschnitt durch die Keimscheibe in Höhe der Primitivrinne. Die Ektodermzellen wandern nach innen (rote Pfeile) und bilden zwischen Ektoderm (EK) und primärem Entoderm mesenchymartige Zellen (Anlage des Mesoderms).

kanal), aus dem die spätere Chorda dorsalis hervorgeht (Abb. 18b). Der Boden dieses Kanals, wenn er beim Menschen überhaupt gebildet wird, löst sich frühzeitig auf, so dass zeitweilig eine offene Verbindung zwischen Amnionhöhle und Dottersack vorhanden ist **(Canalis neurentericus).**

Durch die Primitivrinne wird die 1. Körperebene und damit die spätere bilaterale Symmetrie des Körpers angelegt (Rechts-links-Dimension). Diese wird offenbar dadurch determiniert, dass die Zilien der Primitivknotenzellen synchron nach einer Richtung, nämlich nach links, schlagen und dadurch eine Flüssigkeitsbewegung hervorrufen, durch welche die für die Seitendetermination wichtigen induzierenden Faktoren zur linken und nicht zur rechten Seite der Keimscheibe hinströmen. Wird diese Zilienbewegung experimentell blockiert, entsteht ein partieller oder totaler Situs inversus.

Vom Primitivknoten aus schiebt sich immer mehr Zellmaterial in die Tiefe nach vorne, so dass sich der Kopffortsatz nach kaudal verschiebt und der Primitivstreifen immer kürzer wird. Auf diese Weise ist erstmalig jetzt auch die Körperachse, d.h. die Oben-unten-Dimension (Kopf-Schwanz-Ende), determiniert (Abb. 18c–e). Der geschilderte »Umstülpungs-« oder Invaginationsvorgang wird auch als **Gastrulation** bezeichnet, obwohl er nicht wie bei Amphibien zur Bildung eines Urdarmes führt.

Die **Chorda dorsalis** ist gewissermaßen der primitive Achsenstab des in Bildung begriffenen Embryonalkörpers (axiales Mesoderm). Er differenziert sich selbst nicht zu speziellen embryonalen Organen weiter, induziert aber im darüber liegenden Ektoderm das erste große Organsystem des Embryos, nämlich die Anlage des Nervensystems, und zwar durch das Ingangsetzen der Neuralrohrbildung **(Neurulation).** Durch Induktionsstoffe des Kopffortsatzes ausgelöst, differenzieren sich im darüber liegenden Ektoderm die Neuralplatte und anschließend zwei aufeinander zuwachsende **Neuralfalten** (Neuralwülste), die sich zu einem Rohr **(Neuralrohr)**

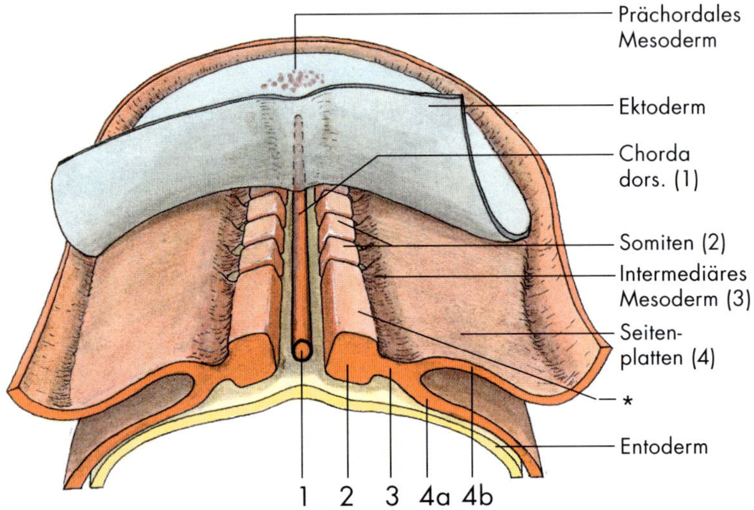

Abb. 19. Aufsicht auf die Keimscheibe (Ektoderm [blau]durchtrennt und hochgeklappt). Gliederung des Mesoderms (rot) in vier funktionell verschiedene Gebilde (1–4). Die anfangs noch zusammenhängende Masse des paraxialen Mesoderms (*) gliedert sich von kranial nach kaudal in Segmente (Somiten, paraxiales Mesoderm) (2) und steht über die Somitenstiele (intermediäres Mesoderm) (3) mit den Seitenplatten (4) in Verbindung. 4a = viszerales Blatt (Splanchno- oder Viszeropleura); 4b = parietales Blatt (Somatopleura).

zusammenschließen (Abb. 20). Dieses Rohr gliedert sich vom Ektoderm ab und liegt dann unter dem Ektoderm, d.h. der späteren Rückenhaut. Dieser Abfaltungsprozess beginnt in der Mitte der Keimscheibe, so dass das Neuralrohr anfangs vorne und hinten offen ist (Neuroporus rostralis oder superior und caudalis oder inferior). Wenn die Neuralfalten vorne verwachsen sind, ist die Anlage des Gehirns gebildet, wenn sie sich hinten geschlossen haben, ist die Grundlage für die Rückenmarksentwicklung gegeben, die jedoch im Bereich der Schwanzknospe mehr von einem distal vorwachsenden, soliden Strang als von einem sich abfaltenden Neuralrohr ausgeht (sekundäre Neurulation).

Seitlich neben dem Kopffortsatz bzw. der Chorda dorsalis (axiales Mesoderm) beginnen sich die vom Primitivstreifen aus eingewanderten mesenchymartigen Zellen wieder zu epithelialisieren und eine Mesodermplatte zu bilden (paraxiales Mesoderm). Hier treten jetzt, etwa vom 20. Tag an, nacheinander von kranial nach kaudal würfelförmige Gebilde auf (»Urwirbel«), die man als **Somiten** bezeichnet und die in ihrer paarig angeordneten Regelmäßigkeit schon frühzeitig die spätere segmentale Organisation des Rumpfes widerspiegeln (Abb. 19).

Das weiter hinten und lateral vom Primitivstreifen aus eingewanderte Mesoderm bildet die sog. Somitenstiele (intermediäres Mesoderm), welche die Verbindung der Somiten mit den nicht segmentierten, flächenhaften, ganz lateral entstandenen **Seitenplatten** herstellen (Abb. 20 und 21). Damit hat sich die Mesodermplatte beiderseits des Chordastabes in drei ganz verschiedene Abschnitte gegliedert, nämlich 1. in die neben der Chorda gelegenen Somiten (paraxiales Mesoderm), 2. in die lateral anschließenden Somitenstiele (intermediäres Mesoderm) und 3. in die Seitenplatten, bei denen ein dorsales, später parietales Blatt (Somatopleura) und ein ventrales, später viszerales Blatt (Splanchno- oder Viszeropleura) unterschieden werden kann (Abb. 19). Nun beginnt der entscheidende Schritt in die Dreidimensionalität der Körperlichkeit, d.h. der Übergang von einer flächigen Struktur (zwei Dimensionen) in eine raumfüllende Struktur (drei Dimensionen), und zwar durch das »Ergreifen« bzw. Hinzutreten der Vorne-hinten-Dimension. Die Somiten geben nämlich ihre epitheliale Struktur auf und bilden erstmalig ein **intraembryonales Mesenchym** (Abb. 21).

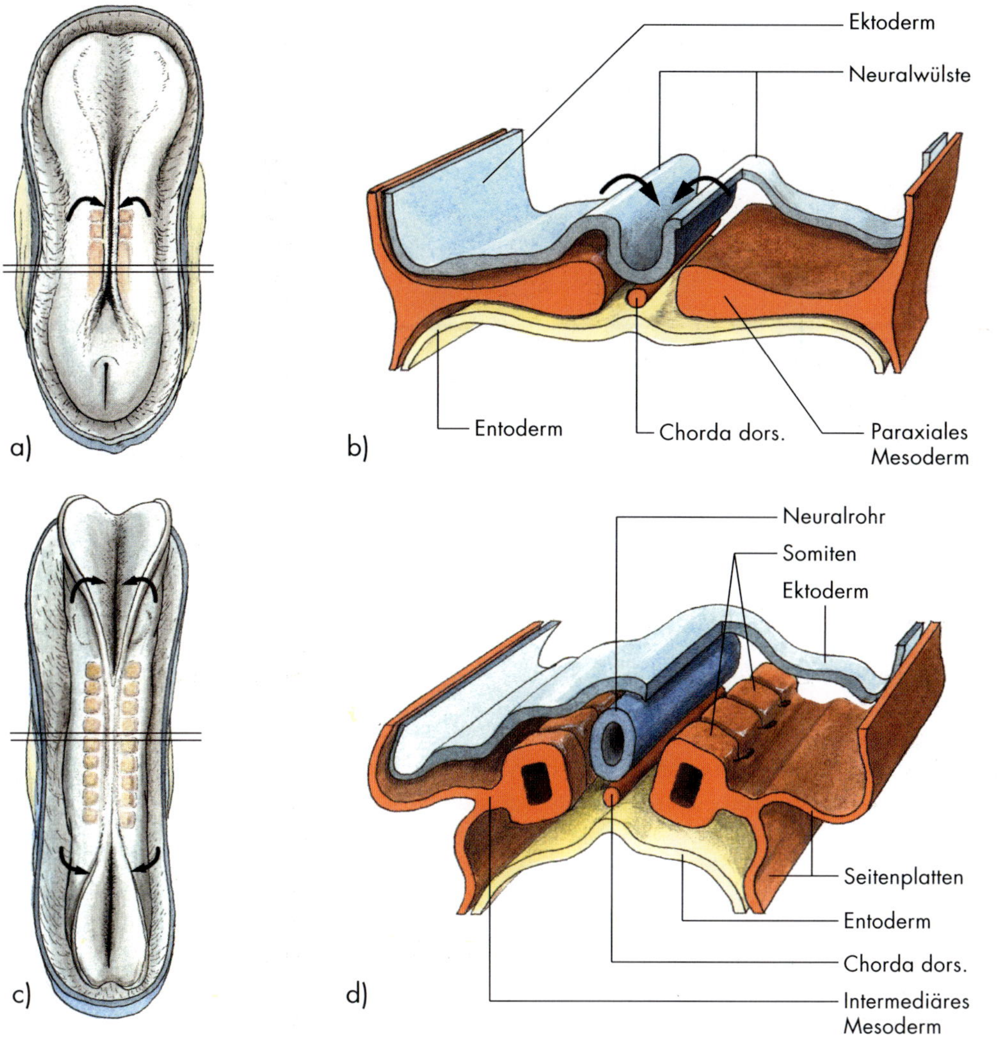

Abb. 20. Entwicklung des Neuralrohres durch Auffaltung (Pfeile) und Verschmelzung der Neuralwülste.
a u. b) 20. Tag
c u. d) 22. Tag
Die Schnittebenen sind in Abb. **a u. c)** durch Querlinien markiert.

Das entscheidend Neue dabei ist, dass jetzt die epitheliale Struktur aufgegeben und Interzellularsubstanz gebildet wird, d.h., eine interzelluläre Matrix entsteht, die z.B. durch Hyaluronsäure und Proteoglykane Wasser binden kann und in der auch Fibrillen und Zwischensubstanzen eingelagert werden können. Damit ist die Grundlage für die eigentliche Körpersubstanz des späteren Organismus geschaffen. Das intraembryonale Mesenchym ist das embryonale Bindegewebe, aus dem alle Binde- und Stützgewebe (Bindegewebe, Knorpel, Knochen), aber auch Muskulatur, Blut und Gefäße des Körpers entstehen. Es verdichtet sich zunächst um die Chorda herum und bildet dort die ersten Skelettanlagen, d.h. Wirbel und Zwischenwirbelscheiben **(Sklerotom).** Die der

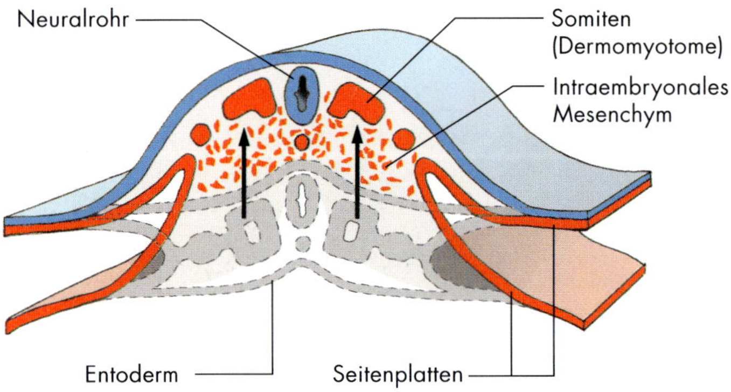

Abb. 21. Übergang von der (flächigen) epithelialen Keimscheibe in die dreidimensionale Körperlichkeit durch Bildung eines intraembryonalen Mesenchyms, das durch Auflösung der Somiten entstanden ist. Durch die massive Vermehrung des embryonalen Bindegewebes (Mesenchym) und die Ausbildung einer Flüssigkeit bindenden Zwischensubstanz (Matrix) gewinnt die Keimscheibe eine dreidimensionale Struktur und hebt sich vom Dottersack ab (Pfeile), so dass erstmalig ein Embryonalkörper entsteht.

Haut benachbarten Abschnitte der Somiten liefern das Mesenchym für die späteren Hautsegmente **(Dermatome).** Die innen anschließenden Abschnitte bekommen Kontakt mit den auswachsenden Nerven (s. u.) und werden zu Skelettmuskelanlagen **(Myotome).** Die Ursegmentstiele (intermediäres Mesoderm) werden **Nephrotome** genannt, da sie später das Material für die drei Nierengenerationen abgeben.

Durch die massive Entwicklung von Körpersubstanz durch das intraembryonale Mesenchym, hebt sich der Keim jetzt von der Unterlage ab und wölbt sich zunehmend in die Amnionhöhle hinein vor, die sich inzwischen ebenfalls stark vergrößert hat. Das Amnion folgt dieser Körperbildung und bildet vorne eine Kopffalte, an beiden Seiten entsprechende Seitenfalten und hinten eine Schwanzfalte aus, so dass nur ventral die Verbindung mit dem Dottersack und dem Trophoblasten erhalten bleibt (Prozess der **Abfaltung**) (Abb. 21 u. 22). Hier hatte sich schon frühzeitig das extraembryonale Mesenchym zum Haftstiel verdichtet. Jetzt bildet sich in diesem Bereich der vom Amnionepithel überzogene **Nabelstrang.**

Mesoderm (M.)

- 1 **Chorda dors.** (axiales M.) → Induktion des Neuralrohres (Nucleus pulposus)
- 2 **Somiten** (paraxiales M.)
  - → Dermatome (Hautsegmente, Dermis, Subkutis)
  - → Myotome (Skelett- und Rumpfmuskulatur)
  - → Sclerotome (Wirbel, Rippen)
- 3 **Nephrotome** (intermediäres M.) → 3 Nierengenerationen, Nebenhoden, Samenwege
- 4 **Seitenplatten**
  - → Parietales Blatt (Somatopleura)
    (Rumpfwand mit Pleura und Peritoneum parietale, Sternum, Knochen der Extremitäten)
  - → Viszerales Blatt (Viscero- oder Splanchnopleura)
    (Pleura pulmonalis, Peritoneum viscerale, Darmwand (ohne Epithel und Drüsen), Organkapseln)

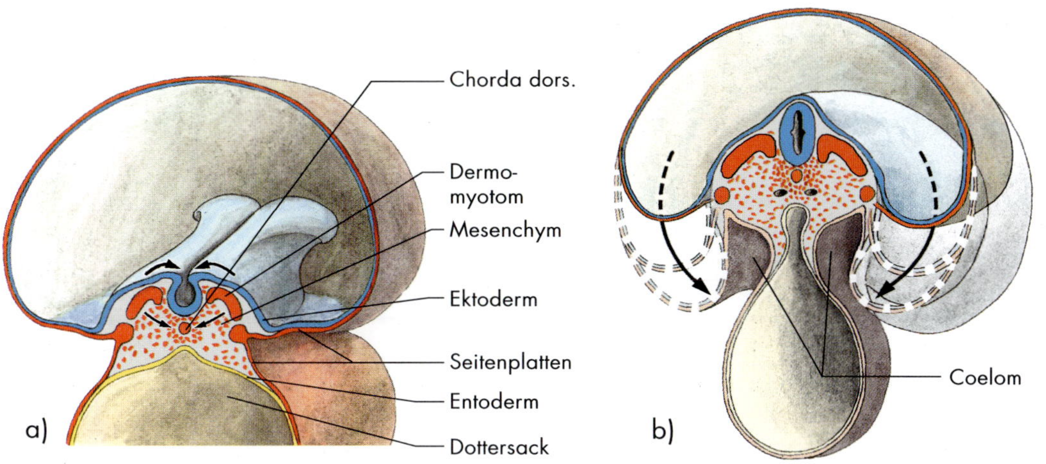

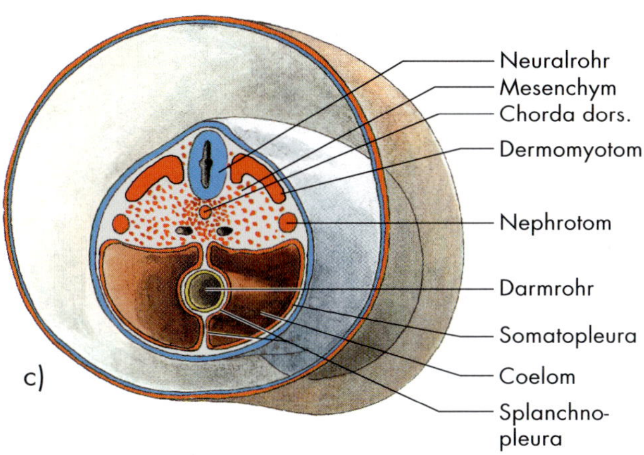

Abb. 22. Bildung des Embryonalkörpers durch Auffaltung und Entwicklung eines intraembryonalen Mesenchyms aus den Somiten.
a) Die Somiten beginnen sich aufzulösen und Mesenchym zu bilden (dünne Pfeile). Die Keimscheibe, bei der sich die Neuralrohrbildung vollzieht (dicke Pfeile), wird voluminöser (Übergang in eine Raumstruktur) (22. Tag).
b) Der Embryonalkörper beginnt sich vom Dottersack abzuheben (Pfeile) und ein intraembryonales Coelom zu entwickeln (23. Tag).
c) Der Embryonalkörper ist bis auf den Nabelstrang völlig verselbständigt. Die »Körpergrundgestalt« ist konstituiert (24. Tag).

Würde jedoch der gesamte Innenraum des jetzt gebildeten Embryonalkörpers massiv mit Mesenchymderivaten ausgefüllt werden, wären keine weiteren intraembryonalen Organentwicklungen mehr möglich. Daher muss im Rumpfbereich der Raum wieder »weggenommen« werden, d.h., es müssen Körperhöhlen entstehen, in denen sich die inneren Organe (Darm, Leber, Herz, Lungen usw.) differenzieren und bewegen können **(Zoelombildung)**. Diese Aufgabe übernehmen die Seitenplatten, deren parietales Blatt **(Somatopleura)** die Körperwand auskleidet und deren viszerales Blatt (Splanchno- oder **Viszeropleura**) die Organe (Darm, Leber, Lungen) überzieht, wobei es sich auch am Aufbau der Organwandung (z.B. durch die Entwicklung von Muskulatur und Bindegewebe) beteiligt.

Durch die Abfaltung der Keimscheibe vom Dottersack und die neu entstandene Leibeshöhle kann nunmehr auch ein Organ entstehen, das diesen Innenraum für seine raumfordernde Entwicklung unbedingt benötigt, nämlich das Darmrohr. Es wird bei der Abfaltung vom Dottersack abgegliedert und stufenweise in die Leibeshöhle inkorporiert (Abb. 23). Nur ventral bleibt noch eine Gangverbindung mit dem Dottersack erhalten, der **Ductus omphalo-entericus** oder

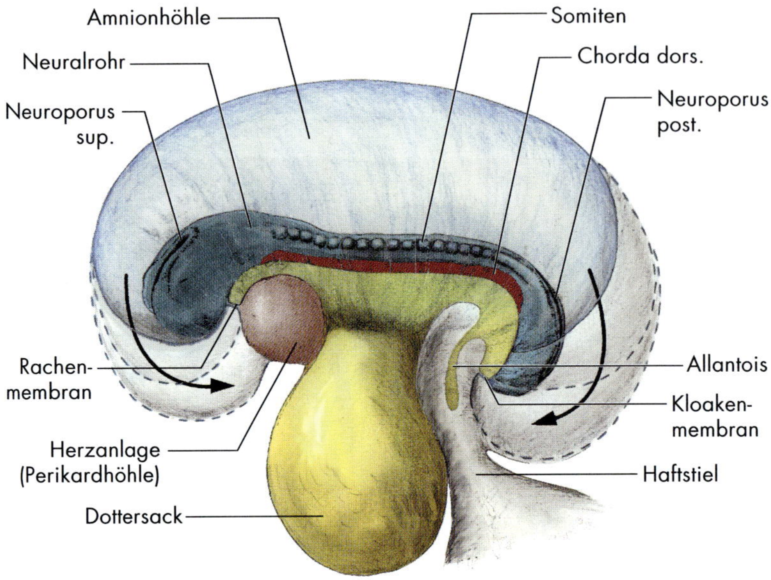

Abb. 23. Abfaltung der Keimscheibe vom Dottersack und Bildung eines Embryonalkörpers (Seitenansicht, etwa 23. Tag). Die kontinuierliche Vergrößerung der Amnionhöhle ist angedeutet (Pfeile). Durch die Abfaltung entsteht ein vorne und hinten blindes Darmrohr. Die abschließenden Membranen (Rachenmembran, Kloakenmembran) reißen später ein.

vitellinus, der später im Nabelstrang verläuft und ebenso wie der Dottersack selbst rückgebildet wird. Der in den Kopfbereich gelangte, vordere Abschnitt des Darmrohres, der Schlunddarm, endet vorne blind (entodermale Mundbucht) und gerät ohne dazwischentretendes Mesenchym mit der kranialen Ausbuchtung des Amnionepithels, der sog. ektodermalen Mundbucht, in direkten, membranösen Kontakt, wodurch die **Rachenmembran** (Membrana buccopharyngea) entsteht. Am hinteren, ebenfalls blind endenden Darmrohr bildet sich in ähnlicher Weise die **Kloakenmembran** (Abb. 23). Vorne entstehen schon frühzeitig 4–5 kleine Ausbuchtungen (Schlundtaschen) – Anlagen des embryonalen »Kiemenapparates«, zu dem auch die »Kiemenbögen« (Pharyngealbögen) und »Kiemenfurchen« (Pharyngealfurchen) gehören (s.u.). Am Vorderdarm bilden sich ventral zwei epitheliale Knospen, die Anlagen der Schilddrüse und des Atemtraktes (Trachea, Lungen usw.). Im mittleren Abschnitt des Darmrohres (Mitteldarm) entwickelt sich frühzeitig – ebenfalls als epitheliale Aussprossung – ein für das Wachstum des Embryonalkörpers äußerst wichtiges Organ, die Leber, die anfangs nahezu den gesamten verfügbaren Raum der Bauchhöhle ausfüllt. Am Hinterdarm wächst ein kleines Bläschen aus, die **Allantois,** eine Art embryonaler Harnblase, die sich später mit dem Dottersack zusammen in den Nabelstrang verlagert, beim Menschen aber keine größere Bedeutung erlangt und frühzeitig rückgebildet wird. Bei Eier legenden Säugetieren wird sie sehr groß und sammelt die aus dem Stoffwechsel stammenden Exkretionsprodukte (Harnsäure usw.).

Damit sind im Prinzip für alle elementaren Funktionsbereiche des embryonalen Organismus Anlagen entstanden (Abb. 22c). Die Gliederung in drei Keimblätter ist also nicht zufällig, sondern spiegelt die elementare Funktionsgliederung des späteren Organismus wieder (»Körpergrundgestalt« nach

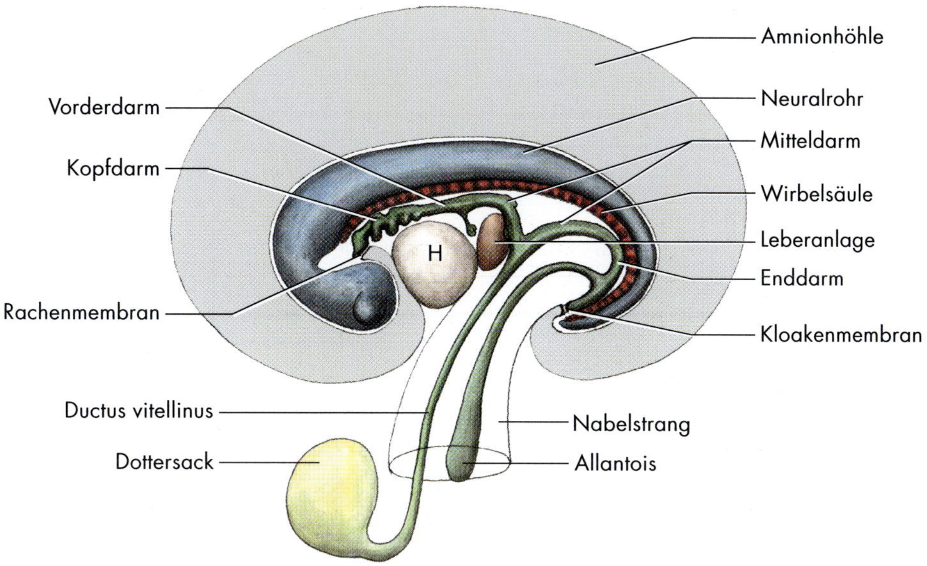

Abb. 24. Gliederung des frühen Embryonalkörpers in die Anlagen der drei großen elementaren Funktionssysteme: 1. Nervensystem (blau) (entsteht aus dem Ektoderm), 2. Darmsystem mit Dottersack und Allantois (grün) (aus dem Endoderm entstanden) sowie 3. die Bewegungs- und Zirkulationsorgane (Wirbelsäule, Muskulatur, Herz und Gefäße), die sich aus dem Mesoderm entwickeln. H = Herzanlage

Seidel). Das Ektoderm liefert die Anlagen für alles, was später mit Informationsprozessen zu tun hat (Nervensystem, Sinnesorgane usw.), das Entoderm stellt das Material für die Stoffwechselorgane, das Mesoderm für die inneren und äußeren Bewegungsprozesse (Zirkulation, Muskulatur, Bewegungsorgane usw.) zur Verfügung. Dies sind Elementarfunktionen, die schon im Trophoblasten vorhanden waren, sich jetzt aber in den Embryonalkörper verlagert und in drei große Bereiche getrennt haben, die auch im späteren Organismus als die großen Funktionsbereiche auftreten (Informationswechsel, Stoffwechsel und zirkulatorische, rhythmische Prozesse) (sog. funktionelle Dreigliederung). Die Bedeutung der Keimblätter und der aus ihnen hervorgehenden Organsysteme wird erst deutlich, wenn man sie von einer höheren Ebene aus betrachtet. Die Entwicklung vollzieht sich also **vom Ganzen in die Teile,** nicht umgekehrt (s. Tabelle S. 42).

2.2 Entwicklung des Embryonalkörpers

Die Entwicklung des Embryonalkörpers geht vom Rumpf aus, der – nachdem die Chorda die Abgliederung des Neuralrohres vom Ektoderm sowie die Bildung der Wirbel und Rückenmuskeln aus dem Mesenchym der Somiten induziert hat – zunächst dorsal konstituiert wird. Daran schließt sich die Entwicklung der Brust- und Bauchwand und damit der Körperhöhlen an, die dann den Raum für die großen Organsysteme schaffen (Darmsystem, Lungen, Urogenitalsystem usw.). Erst als letztes entwickeln sich an der ventralen Körperwand die Extremitäten. Damit stellt die Entwicklung des Embryonalkörpers, nachdem einmal die zur Körperlichkeit führende Mesenchymbildung in Gang gekommen ist, einen dreistufigen Gestaltungsprozess dar, ausgehend von den dorsalen Achsenorganen

Schrittweise Einengung der Entwicklungspotenzen von umfassenderen Funktionsbereichen bis zu den spezialisierten Zellen selbst.

Entwicklungs-stufen	Anlagen	Embryonale Strukturen
1.	Zygote	gesamter Organismus (potenziell)
2.	drei Keimblätter	drei elementare Funktionsbereiche (für Stoffwechsel, Informationswechsel usw.)
3.	Derivate der Keimblätter (z. B. Somiten, Seitenplatten usw.)	übergeordnete Funktionssysteme (z. B. Bewegungssystem, Urogenitalsystem, Gastropulmonalsystem usw.)
4.	z. B. Darmrohr, Neuralrohr, Zoelom	Organsysteme (z. B. Darm-, Nervensystem)
5.	z. B. Leber, Gehirn, Sinnesorgane	Organe
6.	z. B. Nervengewebe, Glia, Darmepithel, Drüsen	Gewebe
7.	z. B. Nervenzellen, Blutzellen Muskelzellen usw.	differenzierte Einzelzellen

nach ventral zur Körperwand und den Extremitäten (Abb. 24).

Das Gestaltungsprinzip des Rumpfes ist die Metamerie, d. h. die regelmäßige Wiederholung gleicher Formelemente (Segmente), und zwar nicht nur für Knochen und Muskeln, sondern auch für die zugehörigen Gefäße und Nerven. Embryonal tritt die Segmentation bereits in der Aufgliederung des paraxialen Mesoderms in Form der **Somiten** in Erscheinung. Auch wenn die Somiten sich auflösen und Mesenchym bilden, bleibt die Segmentgliederung erhalten, da sich die aus dem Mesenchym hervorgehenden Strukturen (Sklerotome, Dermatome und Myotome) letztlich auch wieder segmental anordnen. Als erstes bilden die Sklerotome um die Chorda herum die Anlagen der Wirbel, wodurch der Rumpf erstmalig eine strukturelle Grundlage erhält. Das Myotom- und Dermatommaterial hängt anfangs noch zusammen (Dermomyotom), liefert aber dann das Mesenchym für die genuine Rückenmuskulatur sowie für die Muskulatur von Brust- und Bauchwand, die größtenteils eine regelmäßige Segmentgliederung aufweist, was besonders deutlich bei der Interkostalmuskulatur zu erkennen ist. Das Bindegewebe von Brust- und Bauchwand wie auch das Brustbein (nicht die Rippen) stammen von der Somatopleura, die auch Bindegewebe und Knochen der Extremitätenanlagen liefert.

Die Extremitäten entwickeln sich an der ventralen Körperwandung, ausgehend von epithelialen Knospen, die zuerst die Endorgane (Hand und Fuß) veranlagen, in die aber dann mit einem proximodistalen Wachstumsgradienten Mesenchym, Muskulatur (Myoblasten) und Nerven von den angrenzenden Segmenten einwachsen. Da die Extremitäten zunehmend in die Länge wachsen, wird das Segmentationsprinzip mehr und mehr durch ein radiales Gestaltungsprinzip überformt. Das Rückenmark, das im Rumpfbereich für jedes Segment ein Spinalnervenpaar ausbildet, liefert zwar für die Haut- und Muskelsegmente der Gliedmaßen auch segmentbezogene Nerven; diese verflechten sich aber an den Extremitätenwurzeln so stark, dass Nervengeflechte (Plexus) entstehen und das Radialprinzip vorherrschend wird.

Das Neuralrohr ist im Rumpfbereich primär nicht segmental gegliedert. Die Segmentation, die in der regelmäßigen Anordnung der Spinalnervenwurzeln und Neuralleistenabschnitte zum Ausdruck kommt, wird vom paraxialen Mesoderm (Somiten und Somitenderivate) induziert. Ändert sich die Segmentgliederung in der Peripherie, ändert sich auch die Gliederung der zugehörigen Spinal- und Rückenmarkssegmente.

Wirbelsäule

Die Wirbelsäulenentwicklung beginnt – durch die Chorda dorsalis induziert – damit, dass die Sklerotomanteile sich aus den Somiten herauslösen und Mesenchymzellen bilden, die sich um die Chorda herum zu **Wirbelanlagen** verdichten (Abb. 25). Diese mesenchymalen Blasteme formen sich zuerst zu würfelförmigen Segmenten (spätere Wirbelkörper) um, in deren Zentrum der alle verbindende Achsenstab der Chorda liegt. Nach lateral und dorsal wachsen dann segmentweise Fortsätze aus, die das Neuralrohr umschließen (Wirbelbögen), bzw. seitlich Kontakte mit den Muskelanlagen (Myotomen) bekommen (Querfortsätze und Rippen).

Die elementare Segmentgliederung bleibt aber nur dorsal im Bereich der Wirbelbögen und Wirbelfortsätze erhalten. Mit Einsetzen der Verknöcherung der Wirbelkörper kommt es zu einer **Neugliederung der Wirbelsegmente.** Jeweils die kraniale Hälfte eines Segmentes verschmilzt mit der kaudalen Hälfte des nächsthöheren Segmentes zu einem Wirbelkörper, in dessen Bereich die Chorda degeneriert. Zwischen den neu gebildeten Wirbelkörpern differenziert sich das Mesenchym zur Zwischenwirbelscheibe und der Chordarest wird zum Nucleus pulposus (Abb. 25 b u. d). Die Verknöcherung der zunächst knorpelig angelegten Wirbel geht von drei (primären) Ossifikationszentren aus. Im Bereich der Wirbelkörper erfolgt die Verknöcherung nach dem Modus der enchondralen, im Bereich der Wirbelbögen nach dem der periostalen Ossifikation. Kranial und kaudal bleibt auf den Wirbelkörpern eine Knorpelscheibe erhalten, welche die Funktion einer Epiphysenscheibe erfüllt und damit das Längenwachstum der Wirbelsäule bis zum 20.–25. Lebensjahr ermöglicht. Der Verknöcherungsprozess beginnt in der Mitte der Wirbelsäule (Übergangsbereich von Brust- und Lendenwirbelsäule) und schreitet von dort nach kranial und kaudal fort. Da die Muskelsegmente bei der Neugliederung der Segmentgliederung der Wirbelkörper ihre ursprüngliche segmentale Gliederung beibehalten und auf diese Weise jeweils zwischen zwei Wirbeln zu liegen kommen, können sie an den Knochenelementen ansetzen und damit Bewegungsmöglichkeiten erschließen. Der funktionelle Sinn der Neugliederung der Wirbelsegmentation ist also die Schaffung von Bewegungsmöglichkeiten zwischen den Wirbeln, indem jeweils zwei benachbarte Wirbel mit den zugehörigen Muskelsegmenten und der Zwischenwirbelscheibe plus Nucleus pulposus zu einer Funktionseinheit (von Klinikern als Bewegungssegment bezeichnet) zusammengefasst werden (Abb. 25).

Brust- und Bauchwand

Mit der Abfaltung der Keimscheibe vom Dottersack gelangen Ektoderm und Seitenplatten aus der frontalen in die Sagittalebene und wachsen schließlich (mit Ausnahme des Nabelstrangbereiches) ventral zusammen (Abb. 26). Dadurch ist die **ventrolaterale Körperwandung** entstanden, von der auch die Entwicklung der Extremitäten ausgeht. Der neu geschaffene Innenraum wird von der Somatopleura, dem parietalen Blatt der Seitenplatten, ausgekleidet, die auch das Anlagematerial für das Brustbein **(Sternum)** und die vorderen Anteile der Rippen liefert. Das Sternum entsteht aus zwei Sternalleisten, die sich aufeinander zu bewegen und schließlich median miteinander verschmelzen (Abb. 27). Die Somatopleura schafft damit nicht nur einen geschlossenen Innenraum für die Entwicklung der inneren Organe, sondern liefert auch das Mesenchym

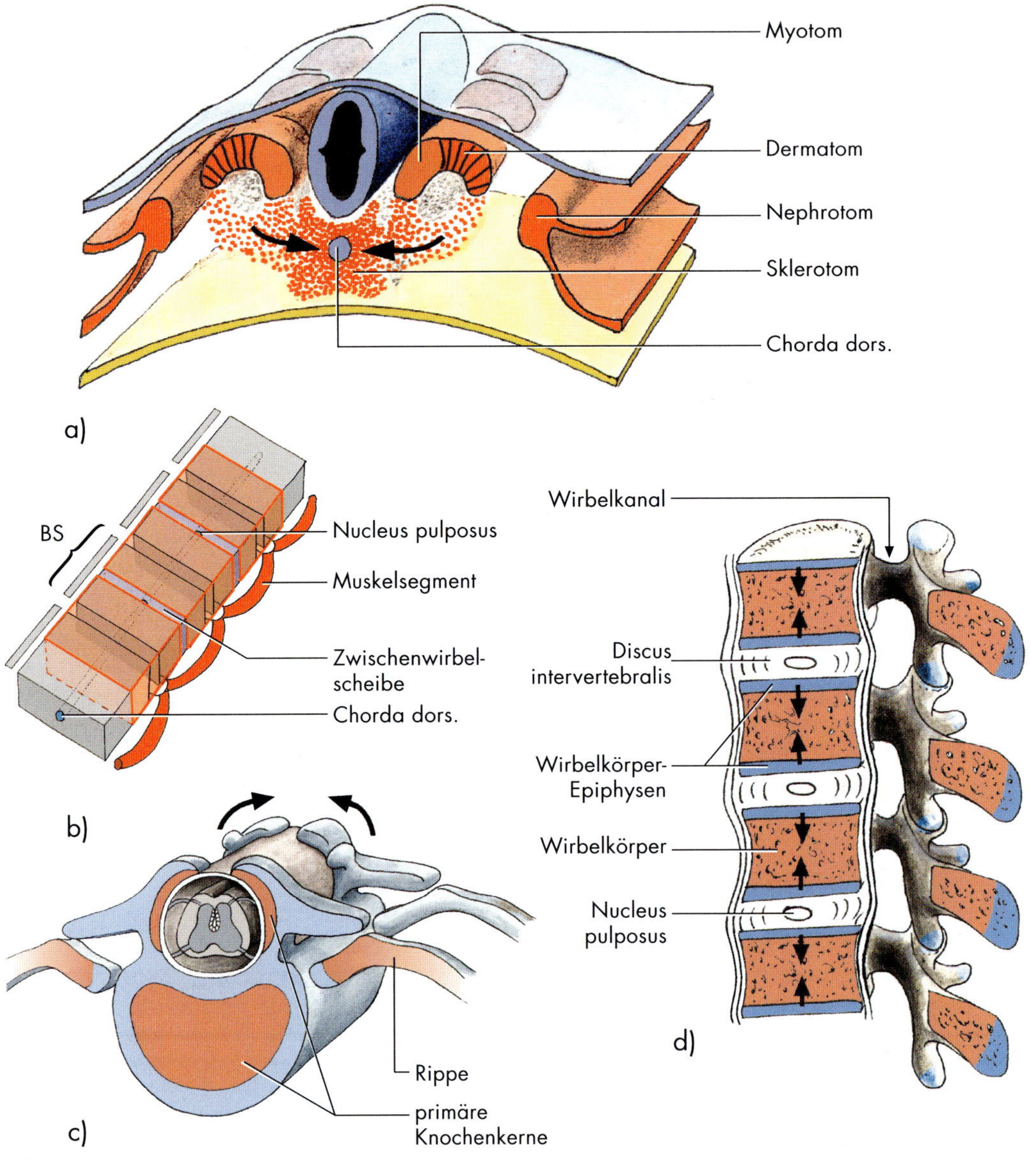

Abb. 25. Entwicklung der Wirbelsäule aus den Sklerotomen der Somiten.

a) Verdichtung des Sklerotommaterials um die Chorda dorsalis (Pfeile).

b) Neugliederung der Segmente bei der Verknöcherung der Wirbel. Dabei werden jeweils zwei halbe Somitensegmente zu einem Wirbelkörper (rot) zusammengefasst. Da sich die Myotome nicht verschieben, entstehen segmentübergreifende Muskelansätze und damit Bewegungsmöglichkeiten, d.h. Bewegungssegmente (BS). Die Chorda bleibt nur im Bereich der Zwischenwirbelscheiben (blau) als Nucleus pulposus erhalten.

c und d) Von den Anlagen der Wirbelkörper wachsen Fortsätze aus, die den Wirbelkanal mit Rückenmark und Hirnhäuten umschließen (Pfeile). Die Wirbelbögen verknöchern perichondral, während die Wirbelkörper von zentralen Knochenkernen aus enchondral verknöchern und dadurch das Längenwachstum unterhalten (Pfeile).

c) Ansicht von oben.

d) Längsschnitt mit Nucleus pulposus (Chordareste) und Wirbelkörperepiphysen (blau).

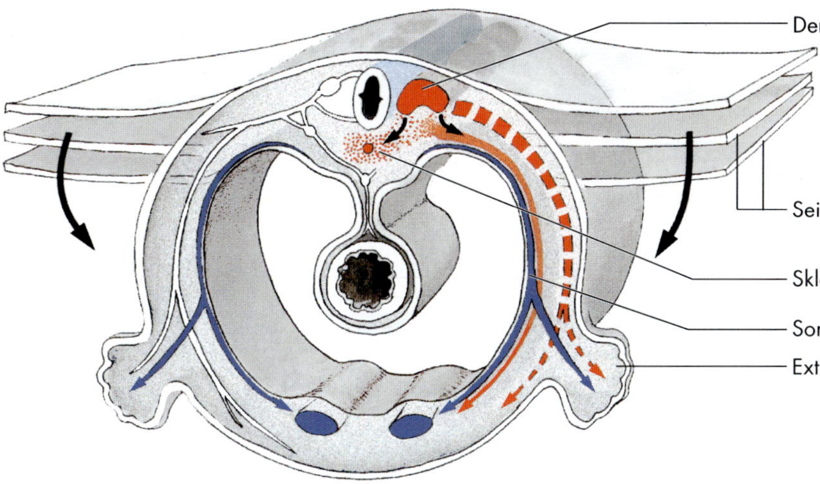

Abb. 26. Entwicklung der Rumpfwand aus dem Mesenchym der Somatopleura (blau) sowie der Sklerotome und Dermomyotome (rot). Beide Gewebsgruppen wandern auch in die Extremitätenanlagen ein, die an der ventralen Körperwand entstehen. Bei der Abfaltung des Embryonalkörpers (Pfeile) haben sich die Seitenplatten nach ventral verschoben und dabei Körperwand und Körperhöhle (Coelom) gebildet.

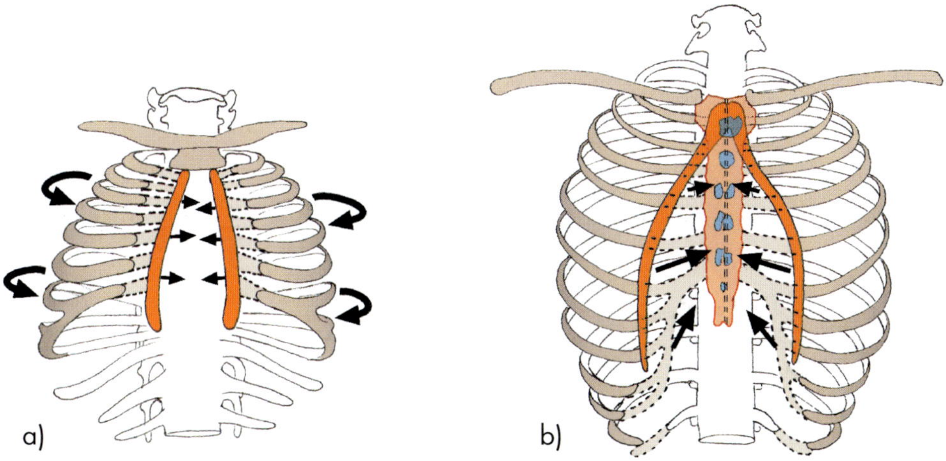

Abb. 27. Entwicklung des Sternums aus zwei aufeinander zuwachsenden Sternalleisten (rot).
a) Etwa 43. Tag.
b) Etwa 2. Monat.
Rosa = Brustbein des Neugeborenen mit paarig angelegten Ossifikationszentren (blau).

für die Körperwand selbst, das – wie man heute weiß – nicht nur Bindegewebe, Sehnen und Aponeurosen aus sich hervorgehen lässt, sondern auch an der Gestaltung der Skelett- und Muskelanlagen entscheidenden Anteil hat. Die **Rippen** entstehen aus einwachsendem Sklerotommaterial, die Muskelanlagen (Interkostalmuskulatur usw.) aus den Myotomen der Somiten. Die segmentale Architektur und die Strukturierung dieser Elemente wird aber letztlich vom Mesenchym der Somatopleura durch Exprimierung spezifischer Induktionsfaktoren bestimmt.

Letztlich wird also durch das von der Somatopleura gebildete Sternum zusammen mit den Rippen ein rhythmisch arbeitendes Bewegungsorgan geschaffen, das die Funktion der eingeschlossenen Innenorgane (Lungen usw.), vor allem die Atmung, ermöglicht. Dass die Somatopleura und nicht die Somiten das Sternum als ventralen Abschluss der Brustwand, d.h. als verbindende Klammer der von hinten einwachsenden Rippenanlagen, bildet, ist ein sprechendes Beispiel für die funktionelle Bedeutung der mit der Raum- bzw. Zölombildung zusammenhängenden Entwicklungsprozesse, die von den Seitenplatten ausgehen.

Auch bei der **Bauchwand** wird das Organisationsmuster der Muskelanlagen einschließlich der zugehörigen Aponeurosen vom Mesenchym der Somatopleura bestimmt. Allerdings mischt sich auch Mesenchym der Somiten mit hinein. Grundsätzlich laufen aber hier die gleichen Prozesse ab wie bei der Entwicklung der Brustwand, nur dass die Rippenanlagen im Lendenbereich nur noch als Processus costarii an den Lendenwirbeln in Erscheinung treten und die strenge Segmentation zugunsten großflächiger Muskelplatten aufgegeben wird.

2.3 Entwicklung von Rückenmark und autonomem Nervensystem

Das Neuralrohr enthält das Anlagematerial des gesamten zentralen und peripheren Nervensystems. Das Neuralrohr wird durch unterschiedliche Faktoren, die dorsal von der Epidermis, ventral von der Chorda dorsalis ausgehen, induziert. Der dadurch entstehende Gradient der Induktoren bewirkt innerhalb des Neuralrohres eine unterschiedliche Differenzierung der Neuronen, die ventral mehr motorische, dorsal mehr sensible Funktionen übernehmen. Bei der Abfaltung des Neuralrohres vom Ektoderm vollzieht sich außerdem ein in vieler Hinsicht bemerkenswerter Prozess, nämlich die Bildung der **Neuralleiste.** Im Bereich der Verschmelzungszone der Neuralwülste beginnen die Zellen, mobil zu werden und seitwärts auszuwandern (Abb. 28a). Dadurch entsteht dorsal neben dem Neuralrohr eine zunächst zusammenhängende Platte, die sich aber bald – von den Dermomyotomen induziert – in Segmente aufgliedert (Abb. 28a). Segmentweise sammeln sich die ausgewanderten Neuroblasten in kolbigen Verdickungen, aus denen dann die **Spinalganglien** werden. Die embryonalen Nervenzellen senden einen Fortsatz zurück ins Neuralrohr und einen Fortsatz peripherwärts zum sich bildenden Spinalnerven, so dass sie bipolar werden (Abb. 28c). Diese Zellen nehmen Verbindungen mit den Hautsegmenten der Dermatome sowie den Muskelanlagen der Myotome auf und werden so zu den wichtigsten afferent leitenden (sensiblen) Neuronen des peripheren Nervensystems.

Währenddessen hat sich innerhalb des Neuralrohres – ausgehend von den ventrikelnahen Zonen (ventrikuläre, mitosenreiche Matrixzone) – eine starke Vermehrung von zunächst nur Neuroblasten und später auch in einer zweiten Mitosewelle von Glioblasten (Spongioblasten) vollzogen. Im Bereich des **Rückenmarks** bleiben die neu gebildeten Zellen in der Umgebung des von einem epithelartigen Ependym ausgekleideten Ventrikels, des späteren Zentralkanals, liegen und bilden dadurch eine zellreiche Zone (Mantelschicht, Zona nuclearis oder Intermediärzone), die die Anlage der grauen Substanz darstellt. Die Fortsätze dieser Zellen wachsen nach lateral aus und lassen dadurch um die Mantelzone herum durch vielfache assoziative Verknüpfungen zwischen den Segmenten oder auch durch lange auf- und absteigende Bahnen eine zellfreie, hauptsächlich aus Nervenfasern bestehende Zone entstehen (Randschleier, Marginalzone). Nach Einsetzen der Myelinisierung (im Wesentlichen erst nach dem 4. Schwangerschaftsmonat) wird die Mar-

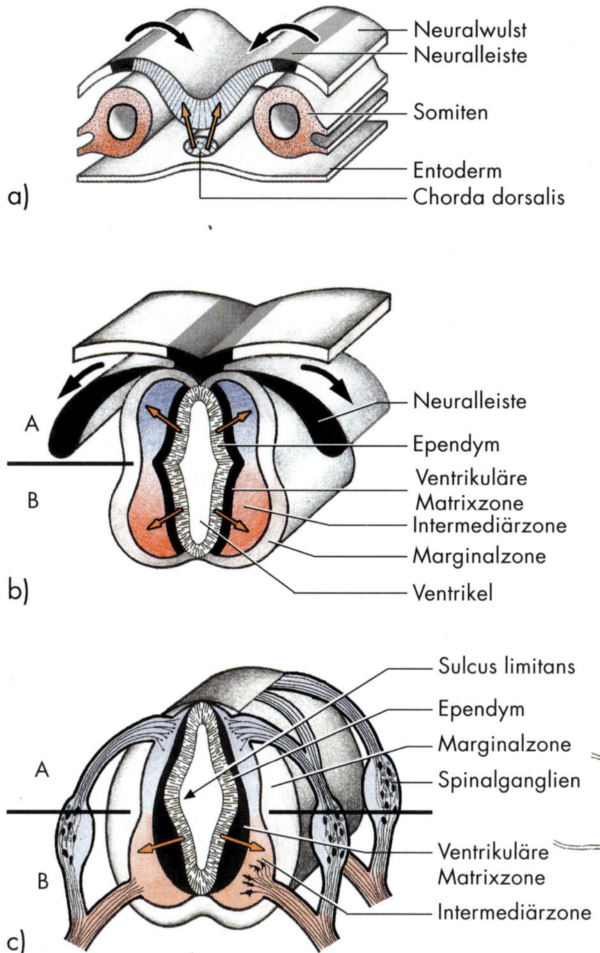

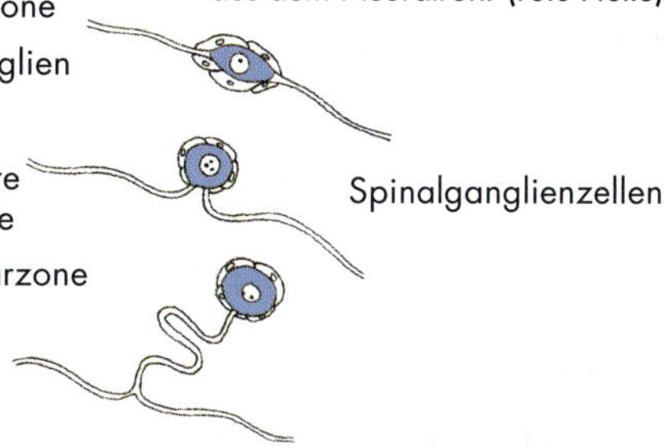

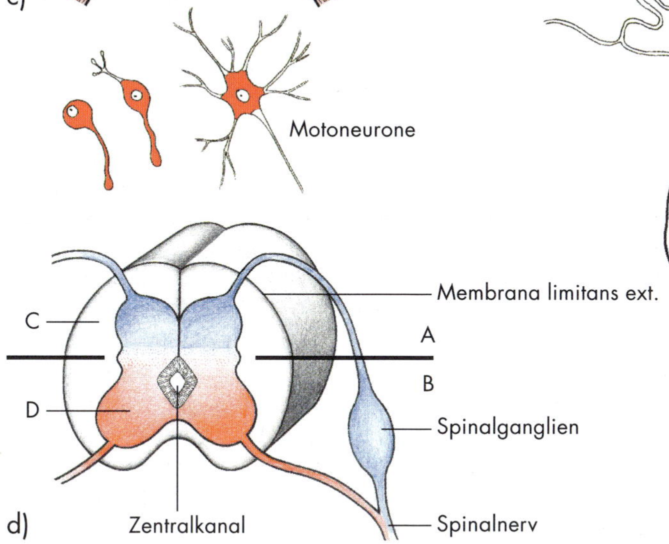

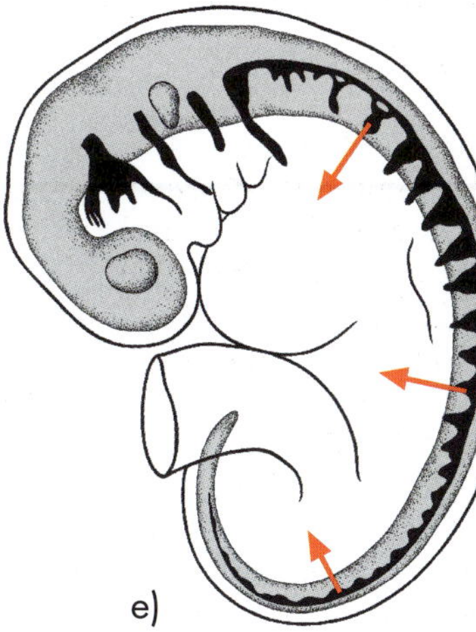

Abb. 28. Entwicklung von Rückenmark, Neuralleiste und Spinalnerven.
a) Abfaltung des Neuralrohres vom Ektoderm (Pfeile) unter dem induzierenden Einfluss der Chorda dors. (rote Pfeile).
b) Auswachsen der Neuralleiste (schwarze Pfeile) und Zellvermehrungen in der Umgebung des Ventrikels (rote Pfeile) (etwa 40. Tag)
A = Flügelplattenbereich; B = Grundplattenbereich.
c) Ausbildung einer Zonengliederung um den Ventrikel herum (Intermediärzone = spätere graue Substanz; Marginalzone = spätere weiße Substanz) sowie Entwicklung von Spinalganglien und Spinalnerven. Ventral entstehen multipolare Motoneurone (rot), dorsal dagegen aus den bipolaren Spinalganglienzellen pseudounipolare Ganglienzellen (blau) (etwa 43. Tag).
d) Funktionelle Gliederung des Rückenmarks in Flügelplatte (sensibel) (A) und Grundplatte (motorisch) (B) (etwa 2. Monat). C = weiße Substanz; D = graue Substanz des Rückenmarks.
e) Auswachsen der Neuralleiste (schwarz) aus dem Neuralrohr (rote Pfeile).

ginalzone zur weißen Substanz des Rückenmarks.

Außen abgeschlossen wird das embryonale Rückenmark durch eine gliöse Faserschicht, die Membrana limitans ext., die zunächst nur aus den Fortsätzen der Ependymzellen gebildet wird.

Die im ventralen Teil der Mantel- oder Intermediärzone gelegenen Neuroblasten bilden aber nicht nur Fortsätze (Dendriten), die im Rückenmark selbst verbleiben, sondern senden peripherwärts auch Fortsätze (Axone) aus, die das Rückenmark an der Ventralseite verlassen und Kontakt mit den embryonalen Muskelzellen der benachbarten Myotome bekommen. Sie differenzieren sich zu den motorischen Vorderhornzellen (Motoneurone). Ihre auswachsenden Axone vereinigen sich mit den von dorsal kommenden Axonen der Spinalganglienzellen zum Spinalnerven (Abb. 28c u. d).

Unter dem Einfluss der erwähnten Faktorengradienten von dorsal (Epidermis) und ventral (Chorda dors.) ist im embryonalen Rückenmark eine funktionelle Grundgliederung entstanden, nämlich in eine ventrale (motorische) Grundplatte und eine dorsale (sensible) Flügelplatte. Die Grenze zwischen beiden stellt der Sulcus limitans des Ventrikelraumes dar (Abb. 28b u. c). Grund- und Flügelplatte werden durch eine Bodenplatte (ventral) bzw. Deckplatte (dorsal) miteinander verbunden, die aber funktionell keine Bedeutung haben.

Die von der Neuralleiste ausgewanderten Zellen bleiben aber nicht nur in den Spinalganglien liegen, sondern wandern weiter nach peripher aus und werden zu Stammzellen für das gesamte autonome oder vegetative Nervensystem, deren Abkömmlinge nicht nur die in den Körperhöhlen untergebrachten Organe und deren Hüllen (Pleura, Peritoneum usw.) innervieren, sondern auch Paraganglien (z. B. Nebennierenmark), Melanozyten und verschiedene Spezialzellen bilden. Die Neuralleiste wird damit zu einem außerordentlich wichtigen, hochpotenten, neuralen Bildungsorgan (Abb. 28e).

Die von den Spinalganglien weiter peripherwärts ausgewanderten Neuralleistenzellen formieren sich zunächst beiderseits neben der embryonalen Wirbelsäule zu einem Strang, dem **Grenzstrang** (Truncus sympatheticus), der sich dann, ebenso wie die Spinalganglien, segmentweise in Ganglien und verbindende Nervenstränge aufgliedert (Abb. 29). Von hier aus wandern dann weitere Zellen aus, die sich aber nicht mehr bilateral symmetrisch in Segmenten, sondern median in zentralen Steuerungszentren, d.h. in den **prävertebralen Ganglienknoten** anordnen, z.B. an der Herzbasis (Plexus cardiacus) oder vor der Aorta um den Truncus coeliacus herum (Ganglion coeliacum, Ggl. mesentericum sup. und aorticorenale, zusammen auch als Sonnengeflecht bezeichnet, Plexus solaris) oder an der Wurzel der A. mesenterica inf. (Ggl. mesentericum inf.) oder im kleinen Becken (Plexus hypogastricus inf.) (Abb. 29).

Von den prävertebralen Geflechten wandern die Neuroblasten mit den zugehörigen Gliazellen auch in die Organe ein und differenzieren sich dort zu den **intramuralen Geflechten,** von denen die Innervation nicht nur des Parenchyms der Organe, der Schleimhäute oder der epithelialen Zellschichten, sondern auch die der zugehörigen Drüsen, Muskelschichten und Blutgefäße ausgeht. Die intramuralen Plexus bilden beim Darm z.B. das enterische Nervensystem.

Neuralleistenzellen, die an der dorsalen Bauchwand die Nebennierenanlage erreichen, differenzieren sich zum Nebennierenmark und bilden mit dieser zusammen die Nebenniere. Ähnliche **Paraganglien,** wie die Neuralleistenderivate genannt werden, entstehen embryonal auch vor der Aorta (Paraganglion aorticoabdominale, Zuckerkandl-Organ) oder an der Herzbasis (Paraganglion aortale). Die paraganglionären Zellen exprimieren verschiedene Neurotransmitter (Adrenalin, Noradrenalin, Acetylcholin), die vor allem für die Gefäßregulationen von Bedeutung sind.

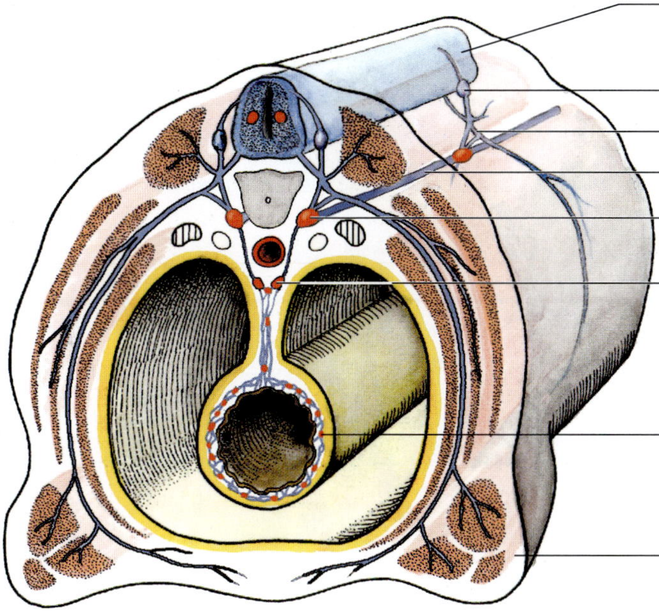

Abb. 29. Gangliengruppen des autonomen Nervensystems (rot), die von der Neuralleiste des Rückenmarks peripherwärts in die Organe eingewachsen sind. Muskelanlagen rötlich (punktiert).

Der **Grenzstrang des Sympathikus** erhält seine Zuflüsse im Wesentlichen nur aus den thorakalen und lumbalen Segmenten des Rückenmarks. Die autonome Innervation der kranialen und pelvinalen Abschnitte des Rumpfes wird ergänzt durch den **Parasympathikus,** d.h. durch die Äste einiger Hirnnerven, vor allem des N. vagus, der bis in die Magenanlage kaudalwärts auswächst und die prävertebralen Ganglien (Sonnengeflecht, Herz-Lungen-Geflechte usw.) mit parasympathischen Nerven versorgt. Im Beckenbereich bildet sich, vom Rückenmark ausgehend, ein eigener sakraler parasympathischer Funktionsbereich aus (Abb. 30).

Die intramuralen Geflechte und Ganglien, denen die im Wesentlichen antogonistisch arbeitenden Zentren des Sympathikus und Parasympathikus übergeordnet sind, bilden die morphologische Grundlage für die autonomen Regulationen der Funktionsabläufe der in den Körperhöhlen untergebrachten Organe.

2.4 Entwicklung der Extremitäten

Während die Kopfentwicklung der Rumpfbildung dramatisch vorauseilt, werden die Extremitäten erst relativ spät angelegt. Ihre endgültige Ausgestaltung erfahren sie erst viele Jahre nach der Geburt. Die ersten Anlagen für Arm und Bein gehen von einer ektodermalen Gliedmaßenleiste (Wolff-Leiste) an der lateralen Rumpfwand aus. Etwa am 26. Tag entsteht kranial eine flächenhafte Armknospe und etwas später (entsprechend dem kraniokaudalen Entwicklungsgradienten) in ähnlicher Form auch eine Beinknospe. Diese Knospen werden durch das Mesenchym der Somatopleura induziert, das durch spezifische Faktoren am distalen Ende der Extremitätenknospe eine leistenartige Ektodermverdickung hervorruft **(Randleiste),** die nun ihrerseits wieder durch Wachstumsfaktoren eine intensive Mesenchym-

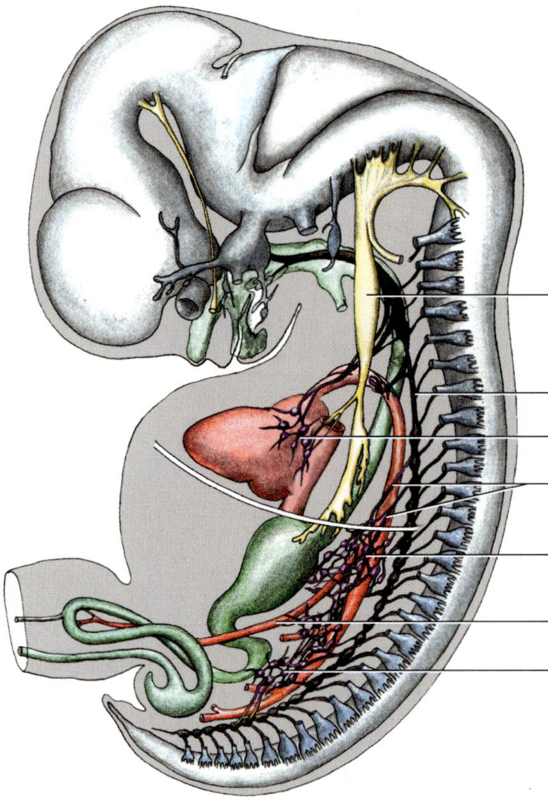

Abb. 30. Übersicht über die Gliederung des autonomen Nervensystems und die Lage der prävertebralen Ganglien bei einem etwa 44 Tage alten Embryo (modif. nach K. V. Hinrichsen).
Grün = Magen-Darm-Kanal; rot = Herz und Gefäße.

proliferation unterhält. Das aus der Somatopleura stammende Mesenchym liefert nicht nur das gesamte Binde- und Stützgewebe der Extremitäten, sondern auch Knochen und Gelenke. Nur die Muskelanlagen stammen aus dem Mesenchym der Somiten, d. h. aus den Myotomen (s. Abb. 26). Die Skelettelemente entstehen aus einer knorpeligen Vorstufe im Zentrum der Extremitätenanlagen. Um zu verhindern, dass das Mesenchym, ähnlich wie das Ektomesenchym des Kopfes, ein Außenskelett bildet, exprimiert das Ektoderm der Extremitätenanlage einen antichondrogenen Faktor, so dass Knorpel nur im Inneren der Gliedmaßen entsteht, d. h. im Gegensatz zum Kopf ein Innenskelett mit umgebenden Muskeln und kein Außenskelett angelegt wird.

Zuerst entstehen die funktionsbestimmenden Endorgane (Hand, Fuß) und dann die zugehörigen Gliedmaßenteile, die sich durch ein appositionelles Längenwachstum allmählich peripherwärts vorschieben. Dabei macht z. B. der Arm eine Wachstumsbewegung durch, die nach Blechschmidt gewissermaßen die spätere Greifbewegung vorwegnimmt. Die Ausgestaltung der Finger und Zehen geht von einer tellerförmigen Grundform aus (Abb. 31). Durch die ektodermale Randleiste induziert, proliferiert das Mesenchym in den Fingeranlagen stark, während es dazwischen im Wachstum zurückbleibt

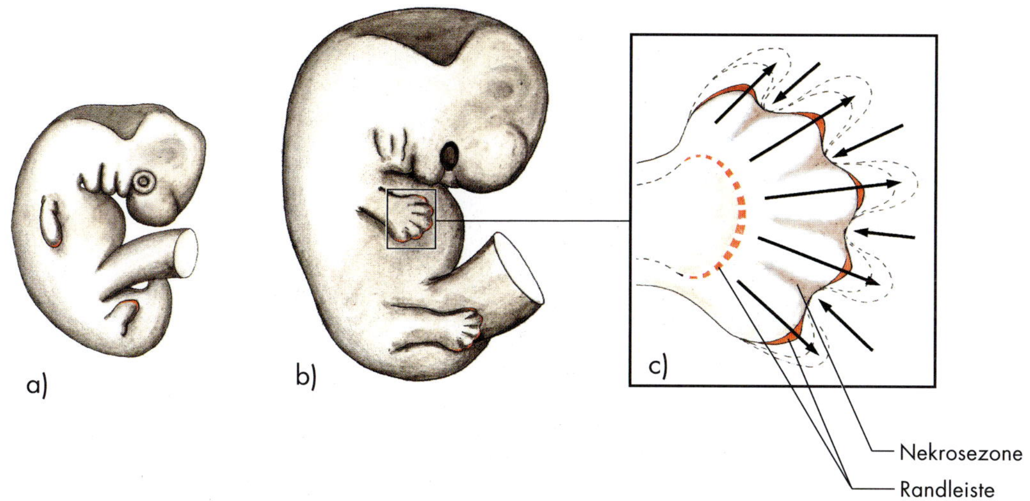

Abb. 31. Entwicklung der Hand, ausgehend von einer tellerförmigen Anlage, deren ektodermale Randverdickung (Randleiste) die Fingerentwicklung induziert. Die interdigitalen Nekrosezonen wurden markiert (keilförmige, rötliche Bereiche).

bzw. durch Zelldegenerationen apoptotisch zugrunde geht (sog. interdigitale Nekrosezonen). Dadurch werden die Finger – nochmals wie kleine Gliedmaßen – frei beweglich. Bleiben die Nekroseprozesse aus, entstehen schwimmhautartige Verbindungen zwischen den Fingern oder Zehen.

Knochenentwicklung

Das von der Somatopleura in die Extremitätenanlagen eingewanderte Mesenchym verdichtet sich im Zentrum zu länglichen Skelettelementen, die zunächst knorpelig sind. Zwischen diesen bleiben Zwischenräume, die zu Gelenken werden, bestehen. Die Skelettelemente werden wie ein Strumpf von einer gut vaskularisierten, entwicklungspotenten »Haut« überzogen, die im Bereich der Gelenke zur Gelenkkapsel, im Bereich der Knorpelstücke zum Perichondrium (später Periost) wird (Abb. 32). Dieses bildet zuerst in der Diaphyse eine unmittelbar aus dem Bindegewebe, also desmal, entstehende Knochenmanschette aus, die durch Apposition von außen dicker wird, also das Dickenwachstum der Röhrenknochen unterhält **(desmale Ossifikation).**

Im Innern des Knorpels treten nun entscheidende Strukturveränderungen auf. Die Knorpelzellen nehmen Wasser auf, werden blasig und degenerieren. In der Knorpelgrundsubstanz kommt es zur Ablagerung von Kalkkonkrementen. Daraufhin wachsen reich vaskularisierte Mesenchymknospen vom Periost ins Innere des Knorpelstückchens ein, lösen den degenerierenden Knorpel auf und bilden ein Mesenchymlager (primäres Knochenmark), aus dem sich kontinuierlich knorpelabbauende (Chondroklasten) sowie knochenbildende bzw. knochenabbauende Zellen (Osteoblasten und Osteoklasten) differenzieren. Beim Knorpelabbau bleiben zunächst kleine Bälkchen oder Spangen stehen, auf die sich Osteoblasten festsetzen und mit der Abscheidung zunächst unverkalkter Knochensubstanz (Osteoid) beginnen. Dieser im Inneren des Knorpels entstandene Knochen besteht daher zunächst nur aus einem feinen Bälkchengerüst (Spongiosa), das sich erst sekundär mit der mehr

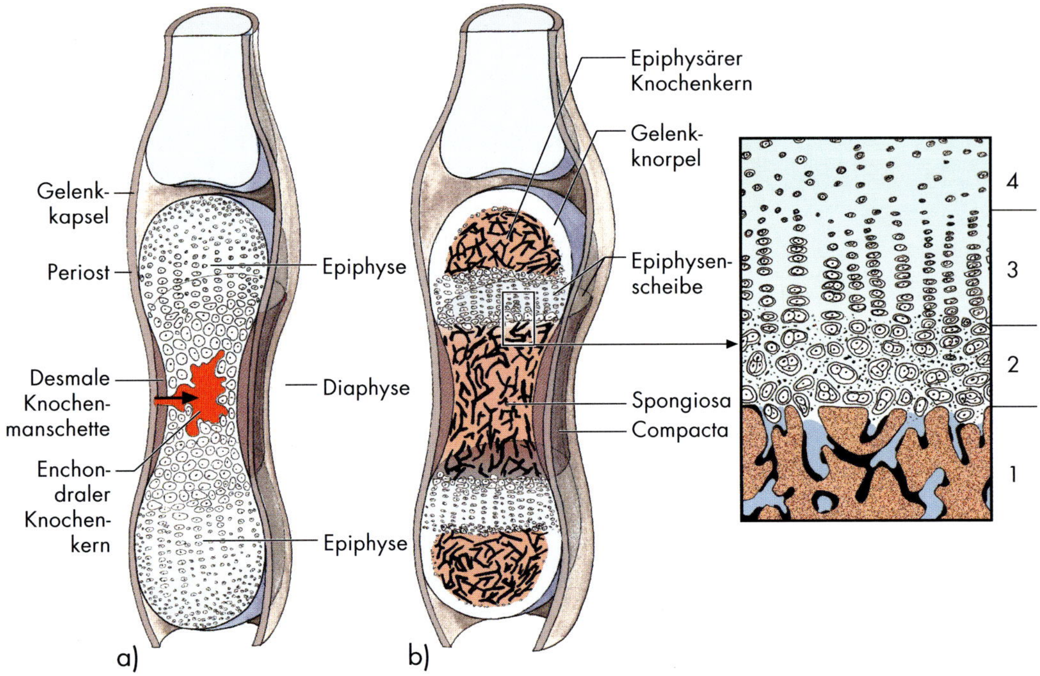

Abb. 32. Ossifikation der Röhrenknochen.
a) An der Diaphyse der Knorpelanlage lagert sich eine desmale Knochenmanschette ab (Grundlage des Dickenwachstums). Anschließend entsteht im Inneren durch einwachsendes Mesenchym (Pfeil) nach Knorpelauflösung ein diaphysärer Knochenkern.
b) Knochenkerne entstehen auch in der Epiphyse. Von den knorpeligen Epiphysenscheiben aus wird das enchondrale Längenwachstum unterhalten.
Ausschnittsvergrößerung: 1 = Resorptionszone; 2 = Blasenknorpelzone; 3 = Säulenknorpelzone; 4 = Proliferationszone.

kompakten periostalen Knochenmanschette (Compacta) verbindet. In den beiden Epiphysen findet ein lebhaftes Knorpelwachstum statt, so dass das Skelettelement nicht nur dicker, sondern auch länger wird. Der neu gebildete Knorpel schiebt sich in Form länglicher Säulen gegen die Resorptionszone vor (Säulenknorpel), wobei – ähnlich wie im Zentrum des Skelettelementes – zunächst auch eine Phase degenerativer Veränderungen mit Blasenknorpel, Kalkablagerungen usw. durchgemacht wird. Dadurch ergeben sich vier aufeinander folgende Zonen, nämlich:

1. Resorptions- oder Knorpeleröffnungszone,
2. Blasenknorpelzone,
3. Säulenknorpelzone und
4. Proliferationszone bzw. ruhender Knorpel (Abb. 32).

Im Gegensatz zur desmalen Ossifikation im Bereich der Diaphyse liegt hier eine **enchondrale,** vom Knochenmarkmesenchym ausgehende **Ossifikation** vor. Die desmale unterhält das Dickenwachstum, die enchondrale hauptsächlich das Längenwachstum.

Wenn schließlich in der Epiphyse auch noch ein Knochenkern auftritt (ebenfalls durch Einwachsen eines Mesenchymsprosses), wird der proliferierende Knorpel auf die **Epiphysenscheiben** (Epiphysenknorpel, Wachstumsplatten) beschränkt, die das Längenwachstum nach der Geburt nur noch so lange unterhalten, wie neue Knorpelzellen gebildet werden. Wenn die Epiphysenscheiben verknöchern (spätestens im 20.–24. Lebensjahr), hört das Längenwachstum auf. Vom embryonalen Knorpel bleibt an den

Epiphysen später nur noch der Gelenkknorpel übrig. Die Knochenkerne in den Epiphysen bilden sich größtenteils erst nach der Geburt. Regelmäßig vor der Geburt entsteht in der distalen Femurepiphyse ein Knochenkern, was als Reifezeichen gewertet wird.

Nach dem 5. Monat beginnt sich die Blutbildung von Leber und Milz (hepatolienale Periode) auf das **Knochenmark** zu verlagern (medulläre Phase); d.h., wenn die Markräume vergrößert und die Ossifikationsprozesse epiphysenwärts verlagert worden sind, beginnt das Mesenchym des Knochenmarks, Blutzellen zu bilden – ein Prozess der zeitlebens vonstatten geht, allerdings nicht im Knochenmark aller Röhrenknochen.

Skelettmuskulatur

Die Skelettmuskulatur der Gliedmaßen entwickelt sich von Myoblasten, die von den Somiten aus in die Extremitätenknospen eingewandert sind. Unter dem Einfluss myogener Determinationsfaktoren verlieren die Myoblasten ihre Teilungsfähigkeit, werden zu postmitotischen Zellen, die miteinander zu großen synzytialen mehrkernigen Myotuben verschmelzen. Die anfangs zentral liegenden Zellkerne werden durch die sich vermehrenden Myofibrillen an den Rand gedrängt. Nur am Rande der embryonalen Muskelfasern (d.h. unter der Basalmembran) bleiben proliferationsfähige Myoblasten (Satellitenzellen) liegen, die Stammzellen darstellen, von denen zeitlebens eine Muskelfaserregeneration ausgehen kann.

Die innere Architektur der Muskelgruppen sowie ihre funktionelle Gliederung innerhalb der Gliedmaßenanlagen wird auch hier wieder – wie bei der Körperwand selbst – vom Mesenchym der Somatopleura durch Exprimieren spezifischer Induktionsstoffe bestimmt.

Innervation der Extremitäten

Gliedmaßen und Körperwand werden erst funktionstüchtig, wenn sie Kontakt mit dem Nervensystem bekommen haben. Das embryonale Rückenmark hat primär keine metamere Gliederung wie die Rumpfwand. Diese wird ihm erst sekundär aufgeprägt, wenn die auswachsenden Nerven mit den Muskelanlagen und Hautsegmenten Verbindung bekommen haben. Nach der Abfaltung des Neuralrohres vom Ektoderm beginnen die im Verschmelzungsbereich der Neuralwülste liegenden Zellen der Neuralleiste, peripherwärts auszuwachsen und, wie dargestellt, Spinalganglien zu bilden (Abb. 28). Die dorsal eintretenden (sensiblen) wie auch die ventral austretenden (motorischen) Nervenfasern werden zu den Wurzelfäden (Fila radicularia) zusammengefasst, die ebenso wie das Rückenmark selbst primär keine segmentale Gliederung aufweisen. Sie sammeln sich aber segmentweise im **Spinalnerven,** der jeweils Muskeln und Hautareale eines speziellen Segmentes innerviert. Da die efferenten Axone schon zwischen dem 26. und 28. Tag auswachsen, also zu einem Zeitpunkt, an dem die Myotome noch in der Nähe des Neuralrohres liegen, ist die Distanz zwischen Nerven und Muskelanlagen noch sehr kurz. Die ersten Axone, die Kontakt mit Muskelzellen bekommen, heißen Pionierfasern. Sie dienen den nachfolgenden Axonen als Leitstruktur, so dass den jeweiligen Muskelgruppen zugeordnete Nervenfaserbündel entstehen (Prozess der **Faszikulation),** die sich dann mit den Muskeln zusammen peripherwärts verlagern. Daher kann man später leicht am Verlauf der Nerven die embryonalen Verschiebungen der Muskelanlagen und Segmente rekonstruieren (Abb. 33).

Im Bereich der unteren zervikalen und lumbosakralen Segmente, in dem die Extremitätenanlagen entstehen, bleibt die regelmäßige, transversal orientierte Segmentgliederung nicht erhalten. Mit dem Längenwachstum verschieben sich die Segmente in radialer Richtung gegeneinander und verlagern sich sogar teilweise ganz an das Gliedmaßenende. Dabei werden die zugehörigen Nerven mitgenommen, so dass sich an der

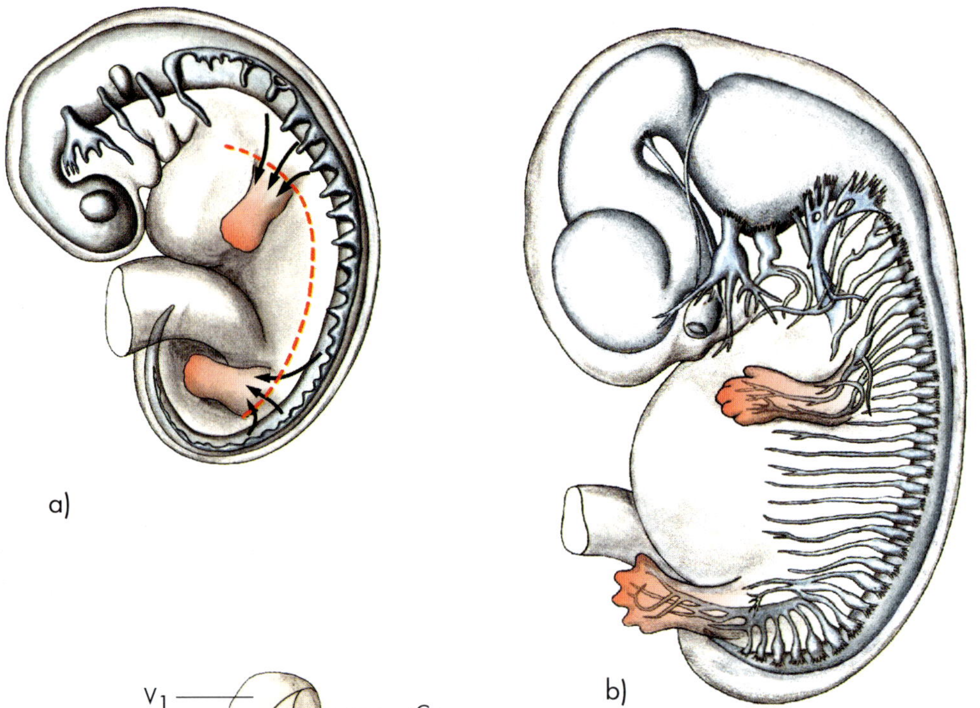

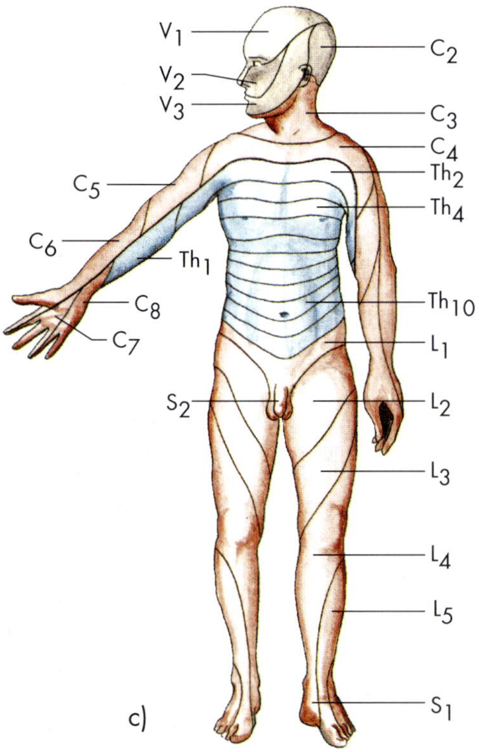

Abb. 33. Entwicklung der Extremitäten an der ventralen Körperwand und Einwachsen der zervikalen und lumbosakralen Spinalnerven in die Gliedmaßenanlagen (Pfeile).

a) Entstehung der Extremitätenknospen in Höhe der Extremitätenleiste (gestrichelte Linie) und Auswandern des Neuralleistenmaterials (blau) aus dem Rückenmark (etwa 37. Tag).

b) Segmentale Gliederung des Rückenmarks, Bildung der Spinalnerven (in der Körperwand in segmentaler Anordnung) und Einwachsen der Spinalnerven in die Extremitätenanlagen, wobei sich die Segmentgliederung in radialer Richtung verschiebt und Nervenplexus gebildet werden (etwa 50. Tag).

c) Segmentale Innervation von Rumpf und Extremitäten beim Erwachsenen. Die regelmäßige Segmentation des Rumpfes geht im Bereich der Extremitäten in eine mehr radiäre Anordnung über.

Wurzel der Spinalnerven in diesen Segmenten Nervengeflechte ergeben (Plexus brachialis, Plexus lumbosacralis), die die ursprüngliche Segmentgliederung nicht mehr unmittelbar erkennen lassen (Abb. 33). Dennoch bleiben die funktionellen Beziehungen zwischen den segmentzugehörigen Muskelgruppen und den Spinalnerven erhalten, folgen jedoch hier mehr einem radialen Ordnungsprinzip.

Wegen des mehrfach erwähnten kraniokaudalen Wachstumsgradienten entwickeln sich die lumbosakralen Rückenmarkssegmente später als die kranialen. Überhaupt bleibt das kaudale Ende des **Rückenmarks** im Wachstum zurück und geht schließlich sogar in einen undifferenzierten Strang über (Filum terminale). Die Neuralrohrbildung bezieht sich zunächst nur auf das Kopfgebiet sowie die zervikalen und thorakalen Abschnitte. Weiter kaudal sprosst das geschlossene Neuralrohr als kompakter Strang aus, bevor es sich im Einzelnen weiter strukturiert. Da der Rumpf später zunehmend in die Länge wächst, das Rückenmark aber im Wachstum zurückbleibt, verschiebt sich das konisch zulaufende, in das Filum terminale übergehende Ende des Rückenmarks **(Conus medullaris)** im Rückenmarkskanal mehr und mehr nach kranial, so dass die Fila radicularia immer länger werden. Bei drei Monate alten Embryonen liegt die Spitze des Conus medullaris noch in Höhe des 2. Sakralsegmentes, bei Neugeborenen in Höhe des 2. oder 3. Lumbalsegmentes und beim Erwachsenen schließlich bei Th_{12}/L_1.

Die endgültige Differenzierung der inneren Strukturen des Rückenmarks erfolgt eigentlich erst nach der Geburt. Obwohl erste Synapsen im Bereich der Grundplattenneurone schon am 33. Tag zu erkennen sind, werden die speziellen neuronalen Schaltsysteme doch in der Hauptsache erst nach der Geburt ausdifferenziert. Während der Embryonalzeit sind viele synaptische Verknüpfungen nur transitorisch. In manchen Bereichen (z.B. Hinterhorn) gehen auch zahlreiche Zellen durch Apoptose zugrunde. Viele ins Rückenmark eingewachsene Axone der Projektionssysteme gehen schon embryonal zugrunde, wenn sie ihre Zielzellen nicht erreicht haben. Zum Beispiel hat die Pyramidenbahn, die große efferente Bahn der Großhirnrinde, in der zweiten Hälfte der Schwangerschaft schon ihre endgültige Position im Rückenmark erreicht, bildet jedoch erst postnatal ihre synaptischen Verbindungen mit den motorischen Vorderhornzellen definitiv aus.

Auch die **Myelinisierung** der Nervenfasern beginnt embryonal relativ spät (Ende des 4. Monats). Dieser für die Funktion so wichtige Entwicklungsprozess geht noch lange nach der Geburt weiter. Dennoch scheinen primitive reflektorische Bewegungen, auch beim Menschen, schon lange vor der Geburt und vor Einsetzen der Myelinisierungsprozesse möglich zu sein.

2.5 Entwicklung des Hautorgans

Mit der Abfaltung der Keimscheibe vom Dottersack und der Entstehung eines dreidimensionalen Embryonalkörpers durch die von den Somiten ausgehende Mesenchymbildung gewinnt der Embryo eine allseitige ektodermale Körperhülle, die nur noch über den Nabelstrang mit dem Amnion in Verbindung steht. Die Epithelschicht dieser Hülle (Periderm) ist anfangs einschichtig und sehr dünn (Abb. 34). Sie ruht auf einer proteoglykanreichen, gefäßlosen Mesenchymschicht, die im Rumpfbereich aus den Dermatomsegmenten der Somiten, im Bereich der Extremitäten aus der Somatopleura und im Kopfbereich aus dem Ektomesenchym der Neuralleiste hervorgeht. Dieses Mesenchym induziert die weitere Differenzierung der ektodermalen Epidermisanlage in Richtung der für jede Körperregion typischen Strukturen. So bleibt z.B. die Epidermis der Bauchwand dünn und elastisch, während sie

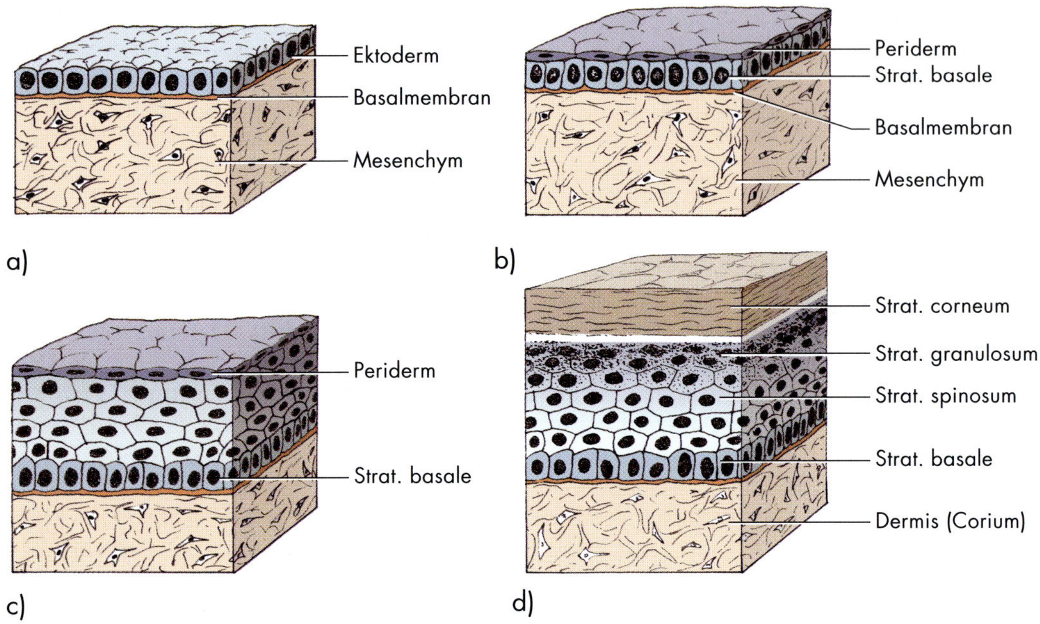

Abb. 34. Entwicklung des Hautorgans. Anfangs besteht die Haut nur aus dem einschichtigen Ektoderm und dem unterlagernden Mesenchym **(a)**. Dann bildet sich auf dem Zylinderepithel des Stratum basale eine dünne, einschichtige Lage von Periderm **(b)**. Erst vom 3. Monat an wird die Epidermis mehrschichtig **(c)** und beginnt schließlich zu verhornen **(d)**.
a) Etwa 1. Monat; **b)** etwa 2. Monat; **c)** etwa 3. Monat; **d)** ab 5. Monat.

an den Handflächen und Fußsohlen dicker und mechanisch belastbarer ausgebildet wird. Auch die Entwicklung der für jede Körperregion charakteristischen Behaarung, Pigmentierung und Drüsenverteilung wird vom Mesenchym der Dermis (Corium) durch Sekretion spezifischer Faktoren bestimmt.

Im 2. Monat wird die ektodermale Epidermis zweischichtig (Oberflächenepithel und Basalschicht). Die oberflächliche Zellschicht (Periderm) besteht aus dünnen, flächenhaft ausgebreiteten, teilungsfähigen Zellen, die einen lebhaften Stoffaustausch (Wasser, Elektrolyte, Glukose usw.) mit der Amnionflüssigkeit unterhalten. Die basale Zellschicht ruht auf einer Basalmembran und beginnt schon im 3. Monat so lebhaft zu proliferieren, dass die Epidermis dreischichtig und ab dem 5. Monat mehrschichtig wird. Im 5. Monat setzt dann auch der Prozess der Keratinisierung ein, d.h., es entsteht ein Stratum corneum, so dass dann das Periderm zugrunde geht.

Die Keratinozyten sezernieren mitosehemmende Faktoren (Chalone), die die Mitoserate der Basalzellen reduzieren, während die dermalen Mesenchymzellen Faktoren (z.B. den Epidermal Growth Factor, EGF) sezernieren, die die Teilungsrate des Epithels steigern. Auf diese Weise entsteht ein Regelkreis zwischen oberflächlichen und tiefen Schichten der embryonalen Haut, der einseitige und regional untypische Entwicklungsvorgänge verhindert.

Zu Beginn des 3. Monats treten in der Epidermis auch **Melanozyten** auf, die aus der Neuralleiste stammen, ihre Pigmentgranula (Melanosomen) aber nicht behalten, sondern an die basalen Epidermiszellen abgeben (Pigmenttransfer), wodurch die Haut ihre bräunliche Färbung erhält.

Die Entwicklung der **Anhangsorgane der Haut** wird vom Mesenchym der Dermis induziert. Schon in der 12. Woche beginnt sich die Epidermis stellenweise zu verdicken und epitheliale Haaranlagen auszubilden. Die epidermalen Knospen wachsen in die Tiefe und formen sich zu becherartigen Gebilden um, die das Mesenchym der Haarpapille aufnehmen. Hier entstehen durch spezifische Keratinisierungsprozesse die embryonalen Härchen (Lanugohärchen), die nach der Geburt durch kräftigere Terminalhaare ersetzt werden.

Aus der epidermalen Haaranlage entsteht auch die zugehörige **Talgdrüse,** deren Sekret die embryonale Haut mit einem dünnen Schmierfilm überzieht, der als Vernix caseosa bezeichnet wird.

Der Haaraufrichtemuskel (M. arrector pili), der sich aus glatten Muskelzellen zusammensetzt, entwickelt sich aus Mesenchymzellen der Dermis.

Das an die Epidermis angrenzende Mesenchym induziert auch die Entwicklung der verschiedenen **Hautdrüsen** (ekkrine Schweißdrüsen, apokrine Duftdrüsen, Milchdrüsen usw.), die jeweils von epidermalen Knospen ausgeht. Diese Knospen differenzieren sich zu Schläuchen, die in die Tiefe wachsen und sich dann zu den typischen Drüsen weiterdifferenzieren.

Damit ist letztlich – vom Mesenchym aus gesteuert – ein regional spezifisches, den jeweiligen Funktionen angepasstes Strukturmuster des Hautorgans entstanden. Nur im Kopfbereich liegen die Verhältnisse – wie oben charakterisiert – wiederum anders. Die Differenzierung der epidermalen Anlage des Hautorgans sowie auch der zugehörigen Anhangsorgane wird nicht vom Mesenchym der Myotome, sondern vom Mesektoderm (Ektomesenchym) der Neuralleiste des Kopfes induziert. Die Charakteristika des Hautorgans im Kopfbereich (Haare der Kopfhaut, Augenbrauen, Barthaare, Differenzierung der Hornhaut und Augenlider mit ihren spezifischen Drüsen, der mimischen Muskulatur u. v. a.) sind also das Ergebnis eines interaktiven Zusammenspiels zwischen dem embryonalen Ektoderm des Kopfes und des aus der Neuralleiste stammenden, also letztlich auch neurogenen Mesektoderms.

Über die Herkunft des Gefäßsystems im Kopfbereich herrscht noch keine vollkommene Klarheit. Wahrscheinlich werden die Gefäße vom prächordalen Mesenchym gebildet und wandern dann von unten in die Kopfanlage ein und vaskularisieren nicht nur das Gehirn, sondern auch das Hautorgan des Kopfes.

3 Körperhöhlen und Organsysteme

3.1 Perikardhöhle und Herzentwicklung

Das Kreislaufsystem ist das erste funktionierende Organsystem des Keimlings, dessen Bildung schon in der 2.–3. Woche beginnt und das schon am 20. Tag seine Funktion aufnimmt. Im Ultraschallbild können Herzaktionen schon am 23. Entwicklungstag nachgewiesen werden.

3.1.1 Gefäß- und Blutbildung

Die ersten Entwicklungsprozesse des Gefäßsystems setzen bereits unmittelbar nach den »Gastrulationsbewegungen« an der Keimscheibe ein (Primitivstreifen-, Mesodermbildung usw.), d.h., sofort nachdem die umfassende funktionale »Umstülpung« vom Umkreis (Trophoblast, Plazenta) zur Keimscheibe in Gang gekommen ist (18.–26. Tag). Die unterschiedlichen Funktionsprozesse im chorialen Umfeld und in der Keimscheibe führen wahrscheinlich zu prozessualen »Spannungen«, die Strömungsstraßen entstehen lassen, die dann zur Grundlage eines primitiven Gefäßsystems werden (Abb. 35). Auf dem Dottersack treten innerhalb des extraembryonalen Mesenchyms **Blutinseln** auf, deren große, kernhaltige Zellen (Hämangioblasten) Stammzellen darstellen, aus denen sich sowohl Angioblasten als auch Hämozytoblasten entwickeln (Abb. 37). Die außen liegenden Angioblasten bilden Endothelzellschläuche, die Hohlräume umschließen und dadurch zu ersten kapillarartigen Gefäßen werden. Die weiter innen lokalisierten Hämozytoblasten werden zu den Stammzellen des Blutes.

Blutinseln entstehen bald auch im extraembryonalen Mesenchym der Chorionhöhle, im Haftstiel und im Mesenchym der Trophoblastzotten und bilden durch Vernetzung ein erstes primitives, unregelmäßiges Gefäßnetz. Durch Verflüssigung der Zwischensubstanz und Bildung von Blutzellen kommt es zu ersten Flüssigkeitsbewegungen, die durch die vor dem Dottersack entstehende Herzanlage ein motorisches Zentrum erhalten, so dass schon am 20./21. Tag eine geordnete Zirkulation in Gang kommt (Abb. 35).

Die Gefäß- und Blutbildung im Bereich der Blutinseln wird vom Dottersackentoderm induziert und geht – wie experimentelle Befunde zeigten – erst sekundär auf das umgebende Chorion, den Trophoblastenund den Embryonalkörper über. Dadurch hat der Dottersack, der ja bei Säugern nach dem Übergang zur intrauterinen Entwicklung als Ernährungsorgan keine Rolle mehr spielt, eine neue funktionelle Bedeutung erlangt. Bei eierlegenden Wirbeltieren (Vögel, Reptilien) ist der Dottersack als Dotterspeicher noch ein die Länge der Embryonalzeit bestimmendes Ernährungsorgan. Indem der Dottersack bei Säugern aber schon frühzeitig die Bildung eines plazentaren Gefäßsystems induziert, das durch den Kontakt mit dem mütterlichen Blut in der Plazenta zu einem wesentlich effektiveren Ernährungsorgan wird als bei den Sauropsiden, kann erstmalig in der Evolution die Tragzeit so stark verlängert werden, dass eine exzessive Gehirnentwicklung möglich wird. Wiederum hat hier – wie auch beim »Kiemenapparat« – ein evolutiv bedeutsamer Funktionswechsel stattgefunden.

Die **Blutbildung** läuft während des Embryonallebens in drei Stufen ab (Abb. 36). Sie beginnt – wie auch beim Gefäßsystem – zu-

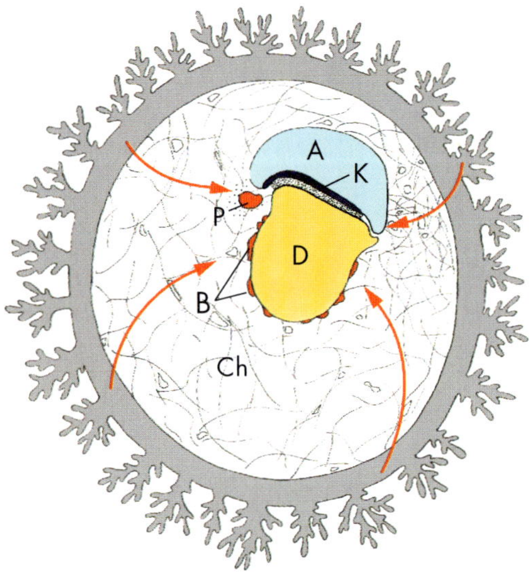

Abb. 35. Frühe menschliche Keimanlage (etwa 18. Tag). Zwischen dem zentrifugal auswachsenden Trophoblasten und dem in der Chorionhöhle liegenden Keim entwickeln sich Strömungsstraßen (Pfeile), die zur Grundlage des embryonalen Gefäßsystems werden. Auf dem Dottersack entstehen Blutinseln, deren Zellen sowohl Blutzellen als auch Gefäßwandzellen (Endothel) bilden. Im Zentrum des primitiven Gefäßsystems entwickelt sich das Herz in einer zunächst vor der Keimscheibe liegenden Perikardhöhle.
A = Amnionhöhle; B = Blutinseln; Ch = Chorionhöhle; D = Dottersack; K = Keimscheibe; P = Perikardhöhle.

erst extraembryonal. Die erste Stufe ist die **megaloblastische Erythropoese** in den Blutinseln des Dottersacks und des Chorions, die von großen, kernhaltigen Megaloblasten ausgeht, aber nur bis zur 6. Woche andauert.

Dann treten in der Leber und etwas später (ab 12. Woche) auch in der Milz (2. Stufe) Blutbildungsherde auf **(hepatolienale Periode).** Die aus dem Bereich der dorsalen Bauchwand in Leber und Milz eingewanderten Hämozytoblasten bilden bis zum 3. Monat noch kernhaltige, dann zunehmend kernlose embryonale bzw. fetale Erythrozyten, die während des ganzen Embryonallebens, aber auch noch einige Wochen nach der Geburt, im Kreislauf zirkulieren (Abb. 36). Die Hämozytoblasten sind auch die Stammzellen für alle anderen Blutzellen, also nicht nur für die Erythroblasten (Erythropoese), sondern auch für die Myeloblasten (Myelogenese) und die Megakaryoblasten. Leukozyten und Lymphozyten finden sich aber im fetalen Blut erst in der zweiten Hälfte der Schwangerschaft in größerer Zahl. Lymphozyten bekommen ihre immunologische Prägung erst nach der Geburt.

Die in Leber und Milz entstandenen embryonalen Erythrozyten sind hyperchrom, kernlos und enthalten ein an die intrauterinen Verhältnisse angepasstes Hämoglobin (Hb F). Die Zellen sind von relativ kurzer Lebensdauer (45–70 Tage). Der rasche Umsatz wird durch ein anfangs extrarenal gebildetes, später von der Niere sezerniertes Erythropoietin stimuliert.

Erst von der Mitte der Schwangerschaft an beginnt das Mesenchym des Knochenmarks, Blut zu bilden (3. Stufe der Blutbildung), so dass Leber und Milz als Blutbildungsherde mehr und mehr in den Hintergrund treten. Von der 28. Woche an dominiert die medulläre Blutbildung, die dann kontinuierlich in die postnatale Erythro- und Myelogenese übergeht (Abb. 36).

Allerdings stellt die Geburt, d.h. der Übergang vom intra- zum extraembryonalen Leben, einen dramatischen Einschnitt dar. Postnatal kommt es zu einem physiologischen Hämoglobinabfall, der sich über die ersten 6–8 Lebenswochen erstreckt. Der Embryo kommt – bildlich gesprochen – sozusagen aus einer Höhe von 10000 m, wo ganz andere Sauerstoffverhältnisse herrschen, auf die Erde. Die Sauerstoffsättigung, die intrauterin nur etwa 45% beträgt, steigt postnatal auf 95%. Dadurch fallen die hohen intrauterinen Erythropoietinspiegel im Blut auf nicht mehr messbare Werte ab, so dass nach der Geburt die Erythropoese im Knochenmark abrupt eingestellt wird. Es entsteht aber sofort eine neue Erythrozytengeneration mit einem den neuen Verhältnissen angepassten Hämoglobin (Hb A) und längeren Überlebenszeiten (100–120 Tage). Auch

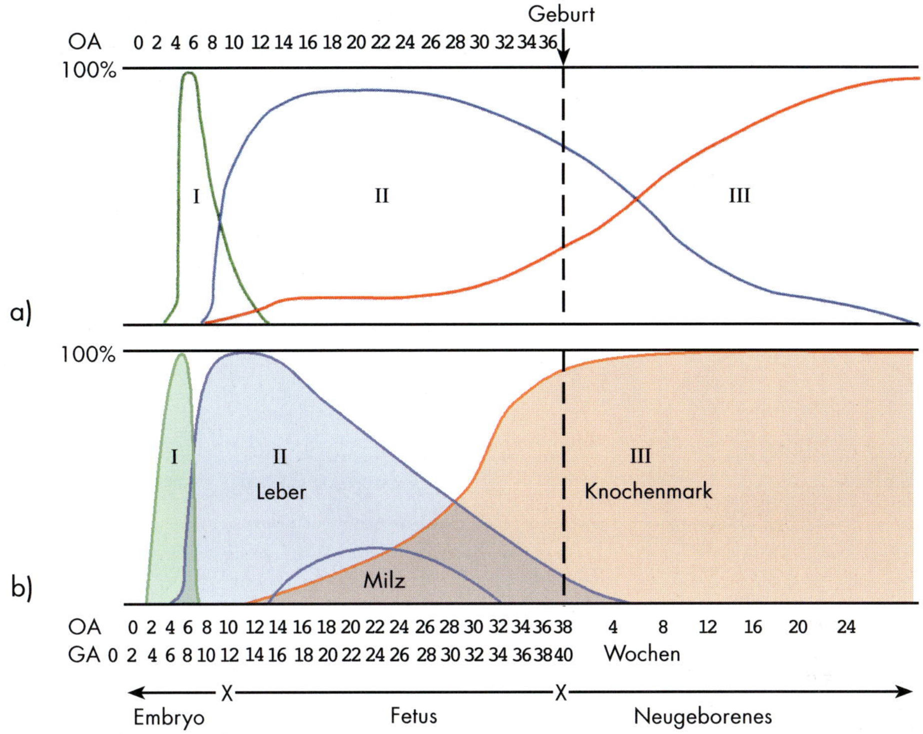

Abb. 36. Phasen der Hämoglobinbildung (**a**) und Erythropoese (**b**) während der Embryonalentwicklung des Menschen (nach Nathan und Oski (1981) aus K. V. Hinrichsen 1990).
a) Prozentualer Anteil am Gesamthämoglobin. I = embryonales Hämoglobin; II = fetales Hämoglobin; III = adultes Hämoglobin.
b) Prozentualer Anteil an der Gesamterythropoese. I = megaloblastische Periode (extraembryonale Blutbildung); II = hepatolienale Blutbildung; III = medulläre Blutbildung im Knochenmark.
OA = Ovulationsalter; GA = Gestationsalter (Menstruationsalter).

nehmen das Blutvolumen und die Bildungsrate neuer Blutzellen postnatal rasch zu. Durch den Zerfall der fetalen Blutzellen kommt es häufig zu einer Gelbsucht (Icterus neonatorum).

Die dreistufige Verinnerlichung der Blutbildungszentren, ausgehend von den extraembryonalen Blutinseln (Dottersack, Chorion), über die ersten großen Organe (Leber, Milz [hepatolienale Periode]) bis in das Innere des Knochensystems (medulläre Periode), ist ein weiteres, eindrucksvolles Beispiel für die »funktionelle Umstülpung« vom extraembryonalen Umkreis (Trophoblast, Plazenta) in das Innere des Embryonalkörpers. An der Steuerung der Vaskulogenese ist VEGF (vascular endothelial derived growth factor) wesentlich beteiligt. Dieser Wachstumsfaktor induziert wahrscheinlich das Auswachsen der Angioblasten zu lumenhaltigen Gefäßen. Für den weiteren Aufbau der Gefäßwand (Perizyten, stabilisiertes Bindegewebe) werden PDGF und TGFβ (platelet derived growth factor und transforming growth factor) benötigt. Diese Faktoren spielen auch bei der Angiogenese im Erwachsenenalter eine wesentliche Rolle.

3.1.2 Perikardhöhle und primitiver Herzschlauch

Nachdem zwischen Chorionzotten und Keimscheibe ein ausgedehntes, unregelmäßiges Gefäßnetz entstanden ist, in dem auch schon Blutströmungen zu beobachten sind, entwickelt sich am Kopfende der Keimscheibe, als ordnendes Zentrum dieses primitiven Gefäßnetzes, die **Herzanlage.** Diese wird erst nach und nach in den Embryonalkörper eingegliedert, in dem sie sich vom Kopfbereich über die Halsregion allmählich in die Brusthöhle nach kaudal verschiebt (Descensus cordis). Dabei kommt sie in

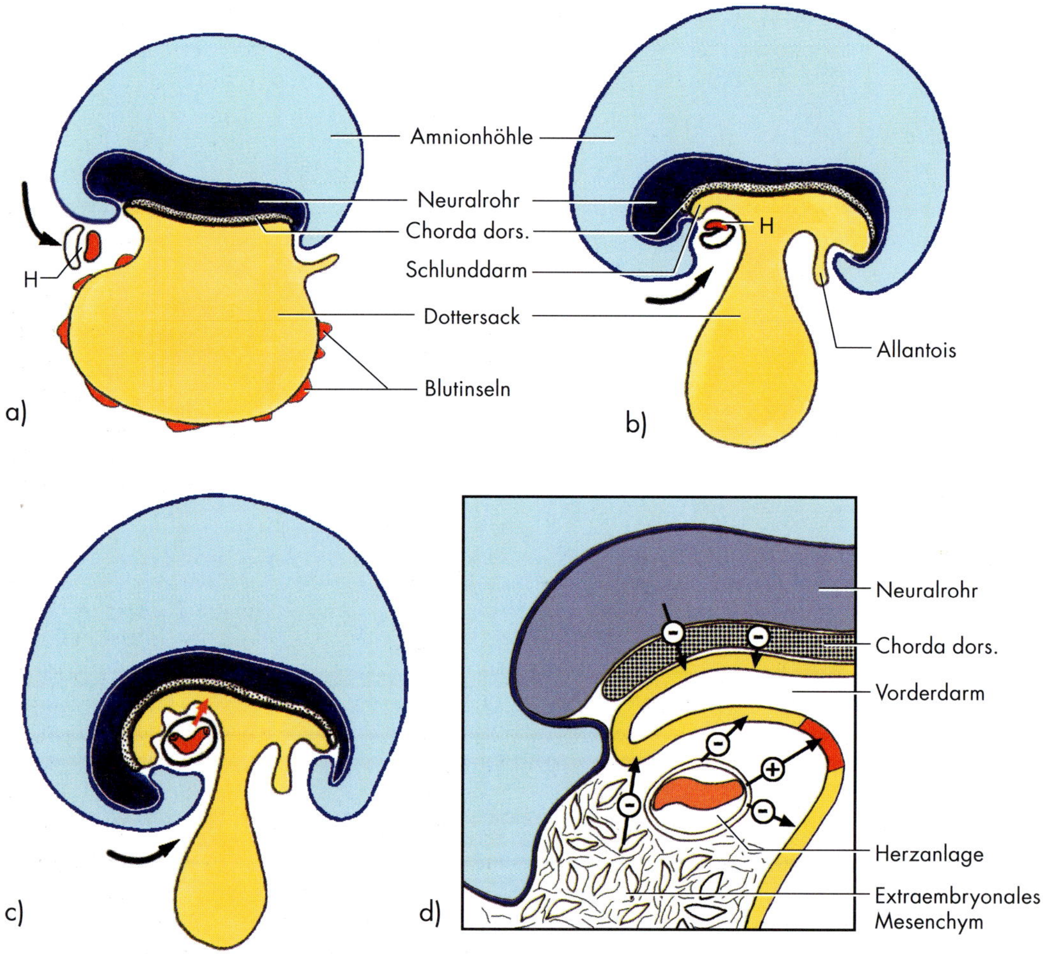

Abb. 37. Descensus der Herzanlage (H) (Pfeile).
a) Die am vorderen Ende der Keimscheibe im Mesenchym entstehende Perikardhöhle umschließt den anfangs paarigen Endokardschlauch, der sich aus den Dottersackgefäßen gebildet hat (21. Tag).
b) Die Herzanlage verschiebt sich bei der Abfaltung der Keimscheibe unter den Schlunddarm (26. Tag).
c) Descensus cordis bis in die Brusthöhle (28. Tag). Roter Pfeil: Induktion der Leberanlage vom Herzen aus.
d) Die Herzanlage induziert (+) im angrenzenden Darmabschnitt (rot) eine leberspezifische Gentranskription (wahrscheinlich durch FGF_1 und $_2$), jedoch nur, wenn von den umgebenden Geweben, vor allem von der Chorda dors. Hemmfaktoren (–) gebildet werden (nach Gualdi et al. 1996).

engen Kontakt mit dem Entodermrohr, in dem sie durch Blockierung hemmend wirkender Faktoren der Chorda und des Ektoderms und durch Exprimierung spezifischer Wachstumsfaktoren die Leberanlage induziert (Abb. 37). Die Herzanlage schafft sich damit schon frühzeitig ein den Embryonalkreislauf wirkungsvoll unterstützendes Organ, denn in der Leber findet nach der Rückbildung des Dottersacks sofort eine intensive Blutbildung statt. Es ist also das Herz selbst, das nicht nur frühzeitig die ungeordneten Strömungen der primitiven Gefäße von Dottersack, Chorion und Trophoblastumhüllung zu einer rhythmisch geordneten Zirkulation zusammenfasst, sondern zugleich dafür sorgt, und zwar durch die Induktion der Leberanlage, dass die für die Zirkulation entscheidende intraembryonale Blutbildung in Gang kommt. Damit wird das Blut-Kreislauf-System – mit dem Herzen als Zentrum – zum ersten funktionierenden Organsystem des Embryonalkörpers.

Die Herzentwicklung selbst hängt nun aber weitgehend davon ab, dass für dieses erste körpereigene Organ eine Körperhöhle ausgebildet wird. Diese Höhle wird die **Perikardhöhle,** die die von den Dottersackgefäßen gebildeten, anfangs paarigen Endothelschläuche umschließt und damit die Entwicklung eines Herzorgans ermöglicht. Die hufeisenförmig gestaltete, am vorderen Ende der Keimscheibe entstehende Perikardhöhle verlängert sich beiderseits des Neuralrohres in Form länglicher Gänge nach kaudal (Ductus pericardioperitoneales) und gewinnt dadurch Anschluss an die von den Seitenplatten des Mesoderms gebildete, allgemeine Körperhöhle (Coelom) (Abb. 38). Hier vollziehen sich dann auch die übrigen Organbildungsprozesse (Darm. Leber, Lungen usw.), wenn sich der Keim durch die Abfaltungsvorgänge von der Zweidimensionalität (Keimblätter) zu einem dreidimensionalen körperlichen Gebilde umgeformt hat.

Die Perikardhöhle bildet sich etwa am 18./19. Tag am »Kopfende« der Keimscheibe unterhalb der Rachenmembran innerhalb des hier gelegenen Mesenchyms, indem mehrere flüssigkeitsgefüllte Bläschen miteinander verschmelzen. Dieser relativ große, hufeisenförmige Hohlraum schließt dann die auf dem Dottersack beiderseits der vorderen Darmbucht gebildeten, wahrscheinlich paarigen Gefäßschläuche (dünnwandige Endothelrohre) ein (Abb. 38a). Mit der Abfaltung des Schlunddarmes vom Dottersack verschieben sich diese beiden Endothelschläuche zusammen mit den angrenzenden Schenkeln der Perikardhöhle nach medial, so dass eine einheitliche Perikardhöhle unter dem Kopfende des Embryos entsteht, in der die beiden Endothelrohre miteinander verschmelzen und damit den primitiven Endokardschlauch der Herzanlage bilden (Abb. 38c). Dorsal bleibt zunächst noch eine mesoartige Aufhängung des Herzschlauches bestehen, das **Mesocardium dorsale,** das sich aber bald wieder zurückbildet. Die an den Endokardschlauch angrenzende Wand der Perikardhöhle verdickt sich und bildet die sog. **kardiogene Platte** bzw. den **myoepikardialen Mantel,** aus dem Herzmuskel und primäres Epikard hervorgehen.

Die Perikardhöhle, die schon bald nur noch einen spaltförmigen Hohlraum darstellt, besteht also aus zwei Wandabschnitten mit unterschiedlicher Potenz. Das äußere Blatt wird zu einer festen bindegewebigen Struktur, dem späteren Herzbeutel (Perikard), das innere zum Myokard. Der Myokardschlauch liegt dem Endokardschlauch zunächst nicht direkt an, sondern wird durch ein lockermaschiges, zellfreies, gallertartiges Gewebe (»cardiac jelly«, Herzgallerte), wohl eine Art Platzhalter, von diesem getrennt. Es wird wahrscheinlich vom myoepikardialen Mantel selbst produziert (Abb. 38c).

An der Bildung des Myokardschlauches sind nicht nur Zellen der Perikardhöhlenwandung, sondern auch Zellen aus der Neuralleiste, die auch an der späteren Trennung der Ausstrombahn entscheidenden Anteil haben, beteiligt. Das definitive Epikard

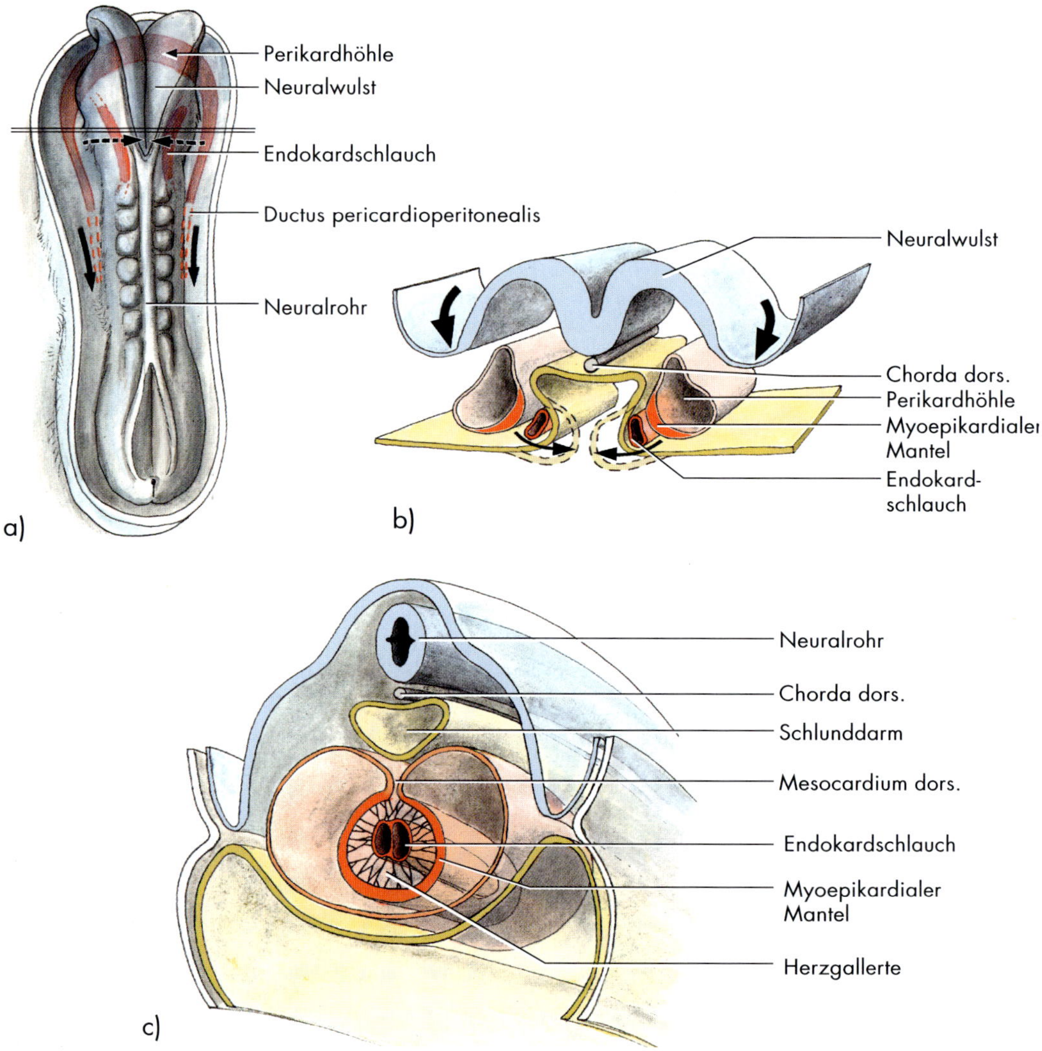

Abb. 38. Entwicklung der Perikardhöhle und des primitiven Herzschlauches.
a) Aufsicht auf die Keimscheibe. Das Neuralrohr ist vorne und hinten noch nicht geschlossen (etwa 20. Tag). Am vorderen Ende der Keimscheibe hat sich im Mesenchym die Perikardhöhle entwickelt (rot), deren hufeisenförmige Ausläufer sich kaudalwärts als Ductus pericardioperitoneales verlängern (Pfeile) und dort mit dem im Entstehen begriffenen Coelom verschmelzen.
b) Querschnitt durch die Keimscheibe (Schnittebene s. Abb. a). Durch die Abfaltung der Keimscheibe (dicke Pfeile) verschieben sich die paarigen Herzanlagen nach medial und kommen vor dem jetzt abgefalteten Schlunddarm zu liegen (dünne Pfeile).
c) Querschnitt durch den vorderen Teil des Embryonalkörpers (etwa 22. Tag). Der myoepikardiale Mantel des Perikardsäckchens hat sich geschlossen. Nach Rückbildung der Trennwand ist ein einheitlicher Endokardschlauch entstanden. Dorsal hat sich ein Mesokard gebildet.

stammt von Mesothelzellen der Splanchnopleura, die sich von unten über den Myokardschlauch ausbreiten. Damit ist die erste Phase der Herzentwicklung abgeschlossen. Die weiteren Gestaltungsprozesse laufen innerhalb der Herzbeutelhöhle ab.

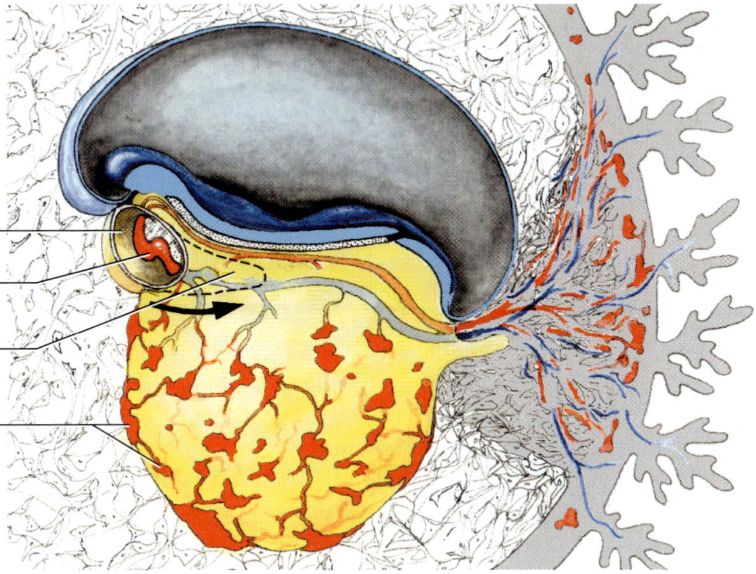

Abb. 38.d) Frühe menschliche Embryoanlage (etwa 22. Tag). Die Herzanlage (Perikardhöhle mit bereits einheitlichem Endokardschlauch) liegt noch unmittelbar unter der vorderen, blind endenden Darmbucht. Das Neuralrohr ist vorne noch nicht ganz geschlossen. Auf dem Dottersack, im Haftstiel und im Chorion haben sich Blutinseln und erste Gefäßstraßen gebildet, die mit der Herzanlage Kontakt bekommen und ein primitives Kreislaufsystem zu entwickeln beginnen.

3.1.3 Prozess der Zentralisation

Der anfangs fast gerade verlaufende, myoepikardiale Herzschlauch gewinnt außerhalb des Herzbeutels kaudal Anschluss an die Venen des Dottersackes (Vv. omphalomesentericae oder vitellinae) und später (nach Abgrenzung des Nabelstranges) auch Anschluss an die von den Chorionzotten bzw. von der Plazenta kommenden Venen (Vv. umbilicales). Kranial geht der Herzschlauch in kräftige, paarig angelegte Arterienbögen über, die eine Art »Kiemenapparat« darstellen. Diese sog. Pharyngealbogenarterien verlaufen zwischen den Schlundtaschen der entodermalen Darmbucht (Schlunddarm) und gehen kaudal in die unpaare Aorta dorsalis über (Abb. 44). Der innerhalb der Perikardhöhle gelegene, bereits etwas geschlängelt verlaufende Herzschlauch erhält also von unten venöse Zuflüsse von den Dottersackvenen (Einstrombahn) und geht oben in einen kräftigen Gefäßstamm (Truncus cordis) über (Ausstrombahn), der die Pharyngealbogenarterien des Schlunddarmes (»Kiemendarmes«) speist.

In diesem Entwicklungszustand gleicht das Herz-Kreislauf-System im Prinzip dem niederer, wasserlebender Wirbeltiere. Bei den Fischen z. B. ist das Herz ein einfacher Schlauch, der dem Kiemenapparat vorgeschaltet ist und nur von venösem Blut durchströmt wird. Mit dem Übergang zum Landleben und der Ausbildung eines Lungenkreislaufs strömt erstmalig auch arterielles Blut ins Herz. Das Herz wird zum Zentrum eines Kreislaufs, das die Umverteilung der Blutsorten (arteriell, venös) vornehmen muss, d. h., das aus dem Körper kommende, venöse Blut muss der Lunge und das durch Kontakt mit der Außenwelt arterialisierte

Blut von der Lunge dem Körper zugeführt werden. Die Blutströmungen müssen sich also im Herzen gewissermaßen kreuzen. Der Kreislauf hat dadurch eine lemniskatische (achterförmige) Struktur erhalten (Abb. 39). Das jetzt ins Zentrum des Kreislaufs gerückte Herz kann seine neue Aufgabe aber nur erfüllen, wenn es in der Lage ist, die Blutsorten zu trennen, d.h., wenn es durch Septen getrennte Räume ausbildet. Die Trennung des ursprünglich einheitlichen Herzschlauches in ein rechtes, funktionell zum Lungenkreislauf gehöriges und ein linkes, zum Körperkreislauf gehöriges Herz durch Septen ist ein Ergebnis der evolutiven Umstellung vom Kiemen- auf den Lungenkreislauf.

Die Herztrennung gelingt bei den niederen Wirbeltieren zunächst noch nicht vollständig, so dass immer noch gemischtes Blut zirkuliert. Erst bei Vögeln und Säugern wird sie komplett. In der menschlichen Herzentwicklung werden diese Zustände – entsprechend der biogenetischen Grundregel – zwar nicht im Einzelnen, aber doch im Prinzip wiederholt. Die komplizierten Septierungungsvorgänge des primitiven Herzschlauches werden erst verständlich, wenn man sie auf dem Hintergrund dieser evolutiven Entwicklungsschritte sieht.

Herztrennung

Die Umgestaltung des embryonalen Herzschlauches beginnt mit der Ausbildung der **Herzschleife** (Abb. 40). An dem zunächst einheitlichen Herzschlauch lassen sich von unten nach oben vier aufeinander folgende Abschnitte unterscheiden:

1. Sinus venosus, der das Blut der zuführenden Venen aufnimmt;
2. primitiver Vorhof (Atrium);
3. primitiver Ventrikel;
4. Bulbus cordis, an dem ein Konusabschnitt und ein aus dem Herzbeutel herausführender Truncus cordis unterschieden werden kann (Abb. 40).

Nun beginnt (21. und 22. Tag) ein Längenwachstum, das zur Schleifenbildung des Herzschlauches führt. Der Sinus venosus mit den zuführenden Venen verlagert sich nach oben, der Bulbus cordis nach unten, wodurch sich eine Abknickung des Herzschlauches ergibt (Abb. 40). Die jetzt einsetzende Septierung erfolgt im Bereich der Einstrombahn (Vorhof) *mit* dem Blutstrom, im Bereich der Ausstrombahn gewissermaßen *gegen* den Blutstrom. Am Übergang vom Sinus venosus in den Vorhof entstehen

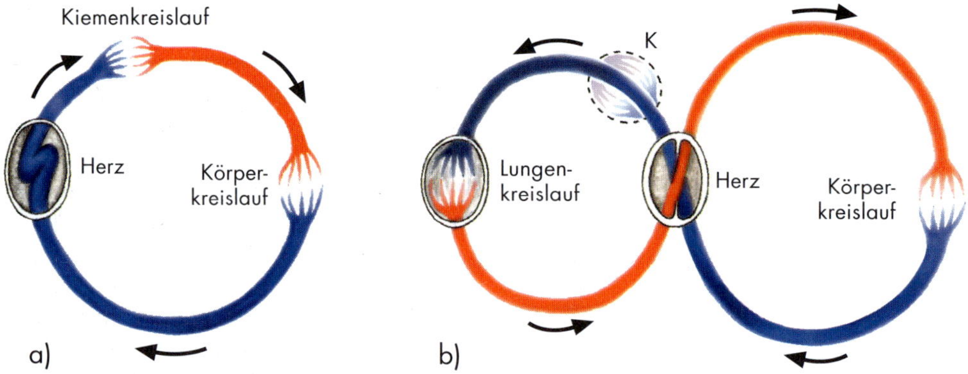

Abb. 39. Umwandlung des einfachen (»zirkulären«) Kreislaufs bei niederen Wirbeltieren mit Kiemenatmung **(a)** in einen »lemniskatischen« Kreislauf bei höheren Wirbeltieren mit Lungenatmung **(b)**, bei dem das Herz in das Zentrum des Kreislaufs gerückt und eine Septierung des Herzens zur Trennung der Blutsorten notwendig geworden ist (Prozess der Zentralisation). Der ehemalige Kiemenkreislauf (K) hat bei den höheren Wirbeltieren einen Funktionswandel durchgemacht.

zwei dünne Klappen, die später verstreichen. Am erwachsenen Herzen sind an der Einmündung der V. cava inf. und des Sinus coronarius oft noch klappenartige Vorsprünge als Reste der Sinusklappen erhalten.

Vorhofsepten und Septierung der Ausstrombahn

An der Hinterwand des Vorhofes entsteht nun ein Septum primum, das unten ein oder mehrere kleine Löcher bekommt (Foramen primum), die sich aber bald wieder verschließen. Stattdessen entsteht hinten-oben eine etwas größere ovale Öffnung **(Foramen secundum),** die von einem rechts vom Septum primum herunterwachsenden, jedoch unvollständig bleibenden **Septum secundum** bogenförmig überwachsen wird und so zum **Foramen ovale** wird, das bis zur Geburt bestehen bleibt (Abb. 42). Wenn nach der Geburt die Lungenatmung einsetzt und der Druck im linken Vorhof ansteigt, schlägt die vom Septum primum gebildete »Tür« zu und verklebt mit dem Septum secundum, so dass die Vorhöfe dann vollständig getrennt sind. Sollten kleine Dehiszenzen bestehen bleiben, sind sie in der Regel funktionell ohne Bedeutung.

Nun folgt ein Vorgang, der für die weitere Herztrennung von entscheidender Bedeutung ist, nämlich die Bildung von zwei Endokardkissen am Übergang vom Vorhof in die Kammer. Durch die beiden von ventral und dorsal vorwachsenden **Endokardkissen** wird der ursprünglich breite Atrioventrikularkanal (auch Ohrkanal oder Aurikularkanal genannt) eingeengt und schließlich nach deren Verwachsung mit dem Septum interventriculare in zwei Öffnungen, die Anlagen der beiden atrioventrikularen Ostien, unterteilt. Hier entstehen später die Trikuspidal- und Mitralklappen (Abb. 43).

Durch diesen Prozess wird wahrscheinlich die Blutströmung in der anschließenden Ausstrombahn, d. h. im Bulbus cordis (Conus und Truncus cordis), so verändert, dass zwei spiralig gedrehte Strömungen resultieren, die anschließend durch die schraubenförmige Septierung der Ausstrombahn und die Bildung zweier, voneinander getrennter Gefäße (Aorta und Truncus pulmonalis) auch morphologisch manifest werden. An der **Septierung der Ausstrombahn** beteiligen sich auch die Bulbuswülste (Konuswülste) (Anlagen der Taschenklappen), die Trunkuswülste und die zum **Septum aorticopulmonale** verschmelzenden Endothelkissen des großen Gefäßstammes, der auch als Aortenwurzel bezeichnet wird. Das Mesenchym dieser Wülste und Septen stammt aus der Neuralleiste des Rautenhirns und wandert über die 3., 4. und 6. Pharyngealbogenarterie in die Ausstrombahn des Herzens ein (Abb. 41). Das Mesektoderm des Kopfes ist damit entscheidend an der lemniskatischen Umgestaltung des Kreislaufs beteiligt.

Die Verschmelzung der Bulbuswülste erfolgt nicht in einer Ebene, sondern in einer sich spiralig drehenden Ebene, so dass die Aorta hinten in den linken Ventrikel, der Truncus pulmonalis dagegen mehr vorne in den rechten Ventrikel »eingeschraubt« wird (Abb. 43). Durch Verschmelzung der konotrunkalen Wülste mit dem Kammerseptum wird die Herztrennung vollständig (Abb. 43b).

Das gallertige, lockermaschige Gewebe der Bulbuswülste bildet sich nach der Septumbildung wieder zurück, nur die unteren Abschnitte bleiben erhalten und differenzieren sich zu festen Bindegewebsplatten, die zu den **Taschenklappen** werden. Die charakteristische Form der Taschenklappen mit ihren Y-förmigen Öffnungen weist noch auf diesen Entstehungsmodus hin (Abb. 43c und d).

Funktionelle Gesichtspunkte. Die Zentralisation des Herzens besteht aber nicht nur in der Septierung, sondern auch in der Änderung der Arbeitsweise und der räumlichen Verlagerung des Herzens zur Körpermitte hin. Der einfache, ungeteilte Herzschlauch zeigt anfangs noch eine Kontraktionsform, die einer peristaltischen Welle vergleichbar ist. Die Kontraktionswelle läuft vom Sinus venosus (unten) bis zum Truncus

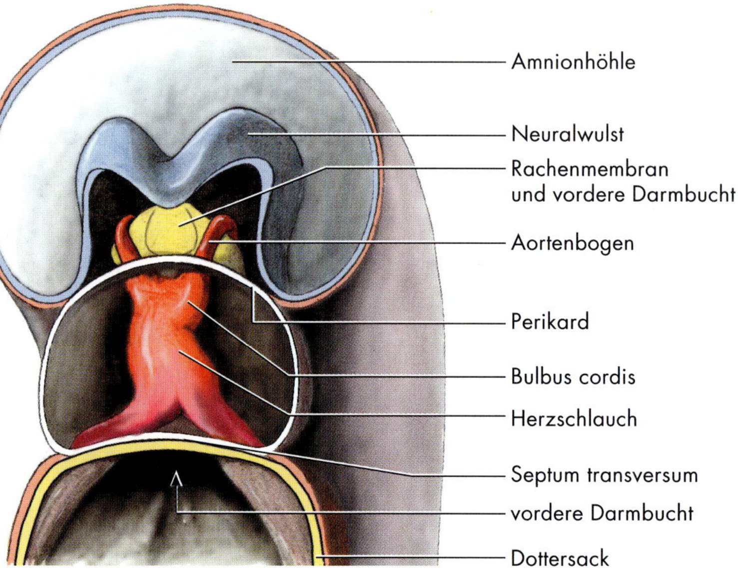
Amnionhöhle
Neuralwulst
Rachenmembran
und vordere Darmbucht
Aortenbogen
Perikard
Bulbus cordis
Herzschlauch
Septum transversum
vordere Darmbucht
Dottersack

a)

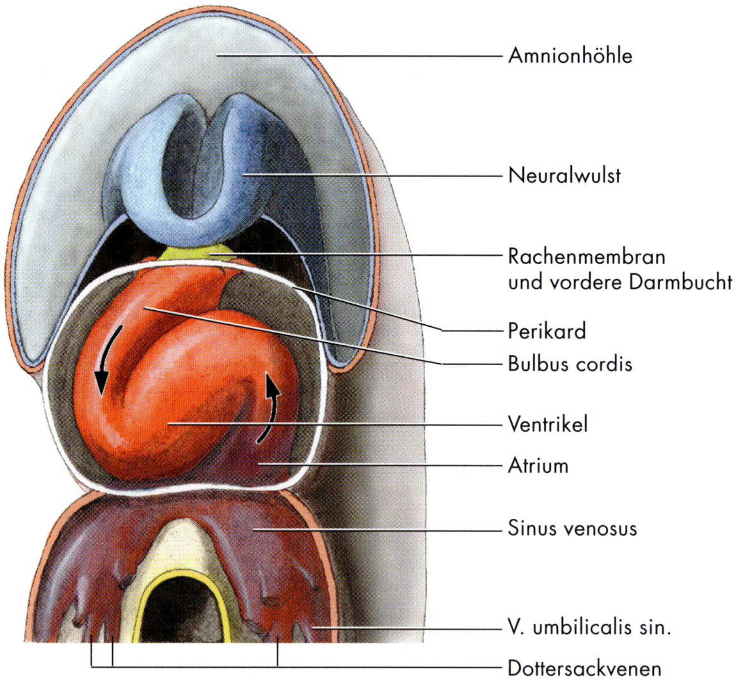
Amnionhöhle
Neuralwulst
Rachenmembran
und vordere Darmbucht
Perikard
Bulbus cordis
Ventrikel
Atrium
Sinus venosus
V. umbilicalis sin.
Dottersackvenen

b)

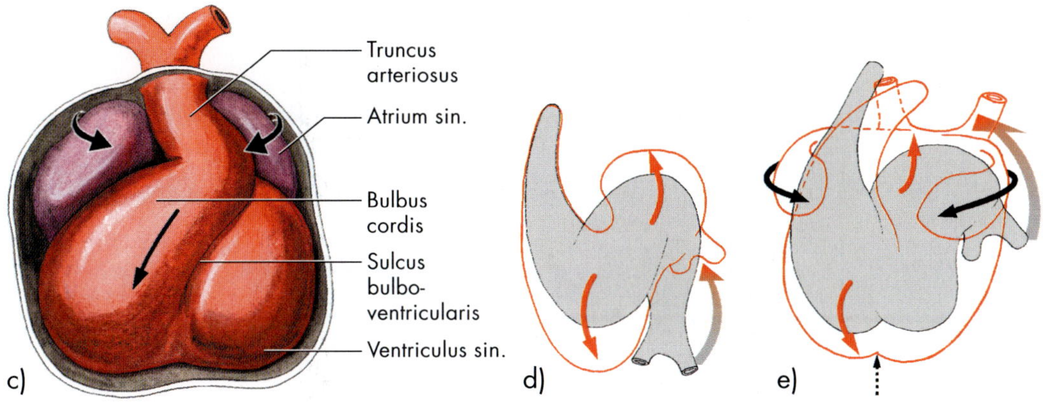

Abb. 40. **a)** Frühe Herzanlage (etwa 21. Tag). Amnionhöhle, Dottersack und Perikardhöhle wurden frontal angeschnitten. Das Neuralrohr hat sich kranial noch nicht geschlossen. Der leicht gekrümmte Endokardschlauch ist vom myoepikardialen Mantel (rot) umgeben.
b) Bildung der Herzschleife durch Kaudalverschiebung der Ausstrombahn (Bulbus cordis usw.) und Kranialverschiebung der Einstrombahn (Sinus venosus, Atrium) (Pfeile); (etwa 24. Tag).
c) Herzanlage von ventral. Perikardhöhle eröffnet (etwa 28. Tag). Die Vorhöfe haben sich vollständig nach oben und die Ventrikel nach unten verlagert. Die Septierung des Herzschlauches beginnt. Der Sulcus bulboventricularis deutet die Lage des Septum interventriculare zwischen dem rechten und linken Ventrikel an. Die Vorhöfe bilden in der Horizontalen um den Bulbus cordis Ausstülpungen (Pfeile), die späteren Herzohren.
d) Formveränderungen des Herzschlauches in der Frühphase der Herzentwicklung. Der Herzschlauch bildet eine Schleife (grau), indem sich die Ausstrombahn nach unten und die Einstrombahn nach oben verlagert (rote Pfeile).
e) Anschließende Formveränderungen der Herzschleife durch Verlagerung der Einstrombahn (Kardinalvenen, Sinus venosus usw.) nach hinten-oben (breiter blauroter Pfeil), beginnende Trennung der Ventrikel (punktierter Pfeil) und Ausbuchtung der beiden Vorhöfe in der Horizontalen.
Horizontale schwarze Pfeile: Wachstumsbewegung der Herzohren.
Rote Pfeile: Verlagerung der Herzräume.

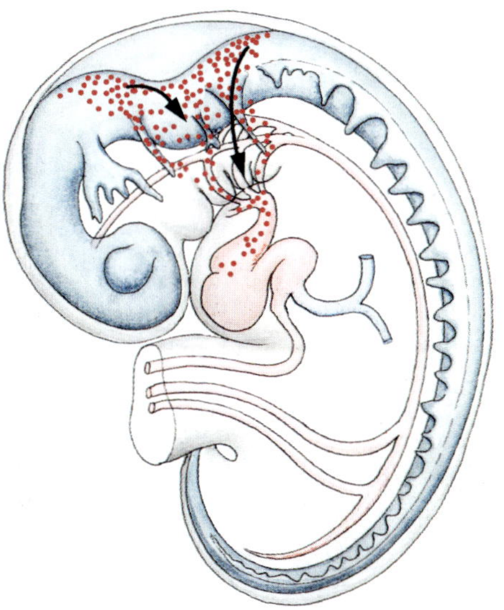

Abb. 41. Wanderung kardialer Zellen des Rautenhirns (rote Punkte) über die 4. und 6. Pharyngealbogenarterie in die Ausstrombahn des Herzens (etwa 5. Woche). Diese Neuralleistenzellen bilden das Septum aorticopulmonale und beteiligen sich entscheidend an der Herztrennung.

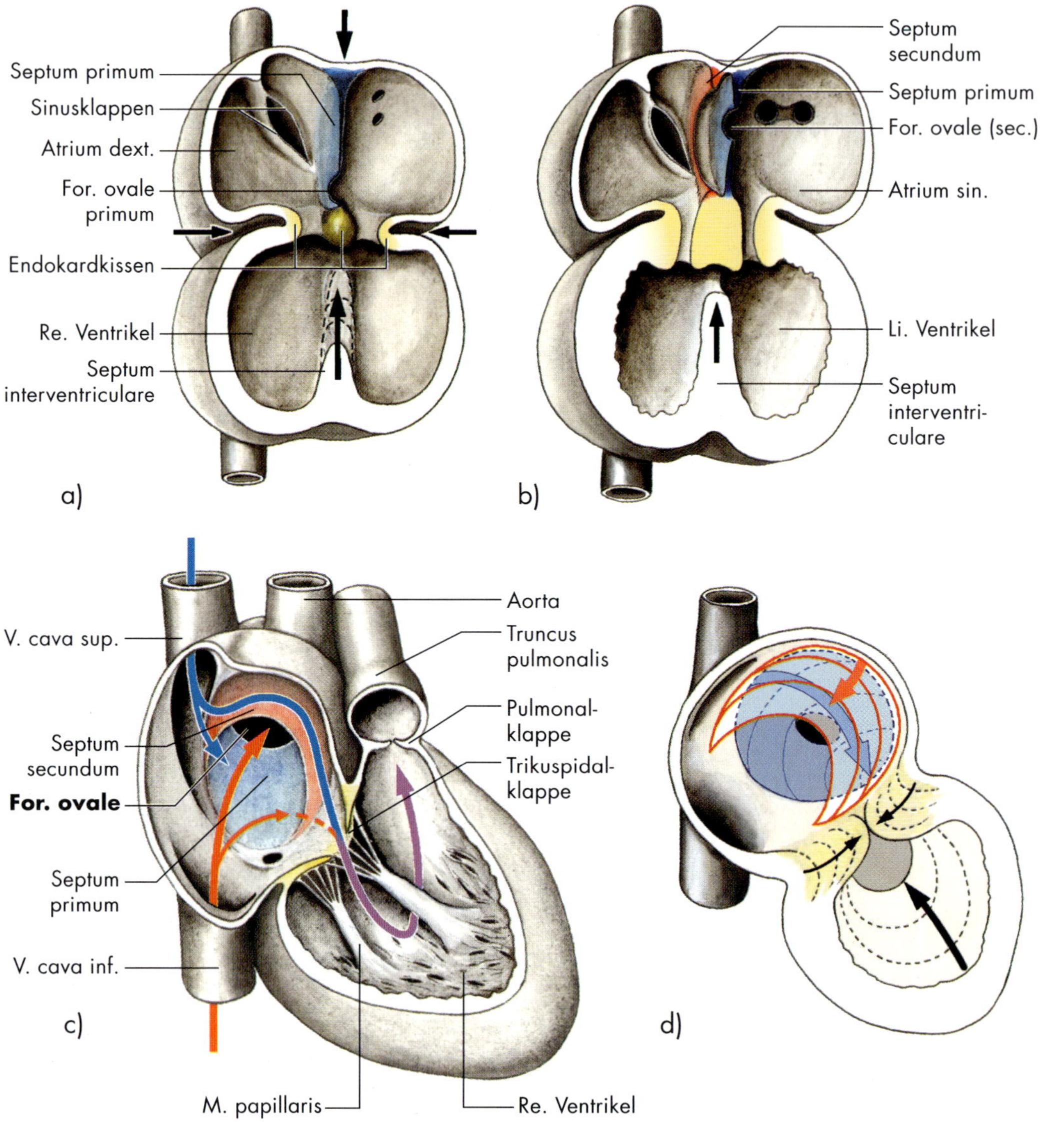

Abb. 42. Entstehung der Vorhofsepten (Frontalschnitte durch die Herzanlage):
a) etwa 28. Tag, **b)** etwa 36. Tag.
c) Längsschnitt durch das rechte Herz (etwa 8. Woche). Die beiden Vorhofsepten verschmelzen mit den Endokardkissen. Das For. ovale (secundum) bleibt bis zur Geburt offen.
Roter Pfeil = Richtung des arteriellen Blutstromes aus der Plazenta über die V. umbilicalis sin.; blauer Pfeil = Richtung des mehr venösen Blutes aus der oberen Körperhälfte.
d) Schema über die Wachstumsprozesse, die zur Herztrennung führen, und zwar im Vorhofbereich durch die Bildung des Septum primum (blau) und Septum secundum (rote Linien = Wachstumsphasen; roter Pfeil = Wachstumsrichtung), im Kammerbereich durch die Bildung des Septum interventriculare (breiter Pfeil) und im Bereich der späteren Ventilebene durch die Verschmelzung der Endokardkissen (gelb, dünne Pfeile).

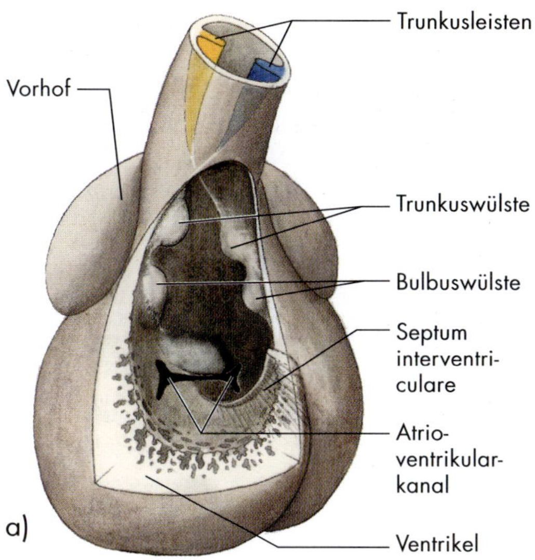

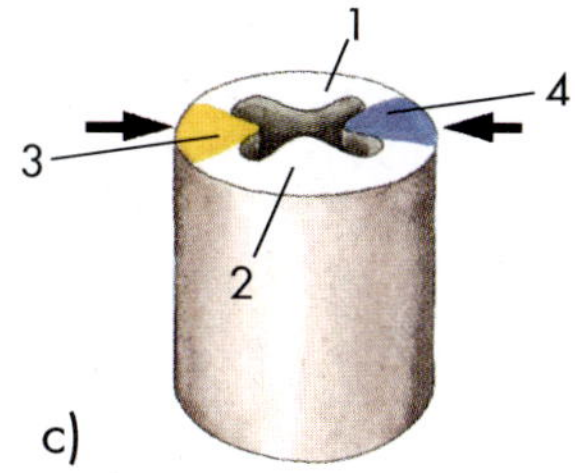

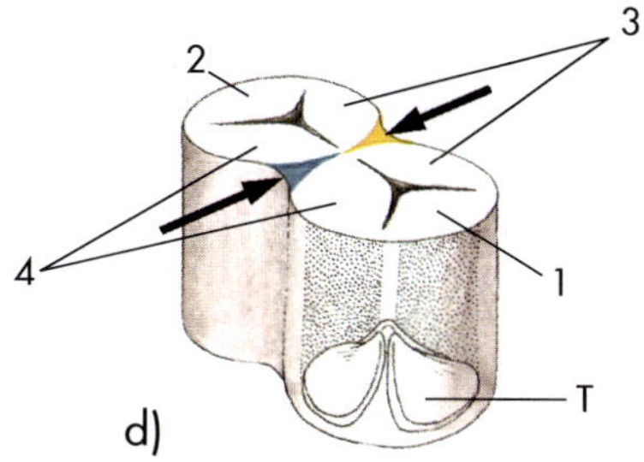

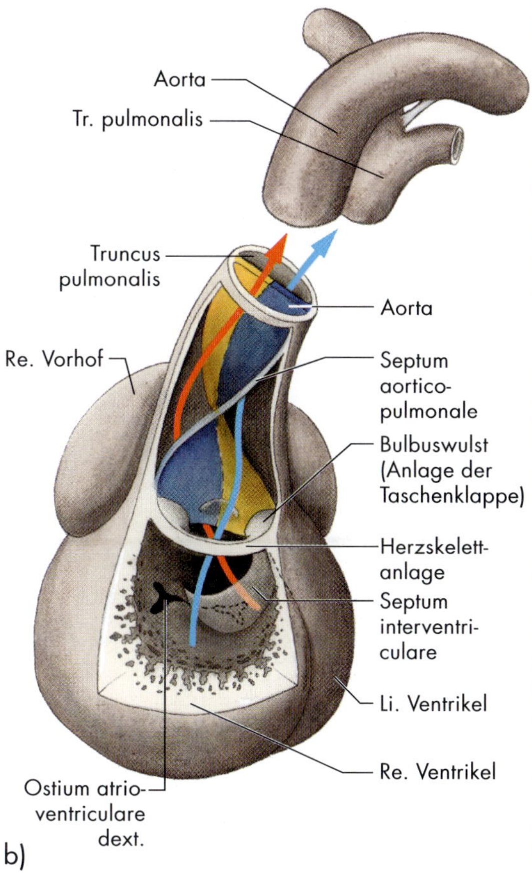

Abb. 43. Septierung der Ausstrombahn des Herzens:
a) etwa 5. Woche,
b) etwa 9. Woche. Im Truncus arteriosus bilden sich zwei Leisten (gelb und blau), die zum Septum aorticopulmonale in Richtung Ventrikel miteinander verschmelzen und dabei Kontakt mit den beiden Trunkuswülsten bekommen. Im Bereich des Bulbus cordis (Conus) entstehen ebenfalls mesenchymale Verdickungen (Bulbus- oder Konuswülste), die in den Septierungsprozess einbezogen werden, wobei sich der Bulbus verkürzt und in die Ventrikel eingliedert. Am unteren Ende der Bulbuswülste entstehen durch teilweise Rückbildung des Mesenchyms die sehnigen Taschenklappen (Abb. c u. d). Dadurch, dass die beiden Leisten des Septums in spiraliger Form miteinander verwachsen (Abb. b), kommt es zur Torquierung der dadurch entstandenen beiden großen Gefäße der Ausstrombahn (Aorta und Truncus pulmonalis), d. h. zur Einpflanzung der Aortenwurzel in den linken und der Pulmonaliswurzel in den rechten Ventrikel (Pfeile in Abb. b). Die Endokardpolster verwachsen mit dem Septum interventriculare (der weiter vorgewachsene Teil ist heller getönt), so dass der Atrioventrikularkanal in die beiden Atrioventrikularklappen (Segelklappen des rechten und linken Herzens) aufgeteilt wird.
c und d) Im Truncus arteriosus bilden sich außer den beiden zum Septum aorticopulmonale verschmelzenden Leisten (3 und 4) dorsal und ventral noch zwei weitere Leisten (1 und 2), so dass das Lumen nach Trennung der Ausstrombahn (Abb. d) Y-förmig umgestaltet wird. Am unteren Ende dieser Leisten verdichten sich diese Mesenchymwülste zu den Taschenklappen (T) (Abb. d), während die Leisten selbst zurückgebildet werden (punktierte Bereiche). Man beachte die Drehung der Septierungsebene (Pfeile).

cordis (oben) nacheinander über alle Herzräume hinweg. Mit der Abknickung des Herzschlauches und der Bildung einer Herzschleife (Abb. 40) ändern sich die Strömung und die Kontraktionsweise. Das Blut strömt jetzt von oben (von den Vorhöfen) in die Kammern (nach unten) zur Herzspitze. Dort erfolgt eine Strömungsumkehr, wiederum nach oben zur Ausstrombahn hin. In gewisser Hinsicht haben wir hier – ähnlich wie bei der Lunge – ein »Einwegsystem« vor uns – Einstrom und Ausstrom erfolgen sozusagen in derselben Richtung und rufen, durch das in den Ventrikeln erfolgende »Anhalten« der Strömung und durch die Strömungsumkehr, die rhythmische (sakkadierte) Kontraktionsform des Herzens hervor. Durch die geschilderte Verlagerung der Herzräume in der Oben-unten-Dimension und die Septierung gibt das Herz die gefäßähnliche, peristaltische Kontraktionsweise auf und wird zu einem rhythmisch arbeitenden Mittelpunktsorgan des Kreislaufs.

Die Verlagerung des Herzens von der Kopf- bzw. Halsregion in die Brusthöhle (Descensus cordis), in der auch das andere große, rhythmisch arbeitende Organ, nämlich die Lunge, untergebracht ist, kann daher nur als die letzte Konsequenz dieses »Zentralisationsvorganges« angesehen werden. Auch die Lungenanlage entsteht zunächst im Halsbereich und schiebt sich dann kaudalwärts bis in die Brusthöhle vor, die dadurch zum Zentrum des sog. rhythmischen Systems des Organismus wird.

Fehlbildungen

Vorhofseptumdefekte sind die am häufigsten auftretenden Herzfehlbildungen. Sie führen zu einem **Offenbleiben des Foramen ovale** secundum oder auch primum und dadurch gegebenenfalls (nicht automatisch) zu Kreislaufstörungen.

Eine **Transposition der großen Gefäße** liegt vor, wenn die Rotation des Septum aorticopulmonale unvollständig erfolgt ist, so dass die Aorta vor dem Truncus pulmonalis zu liegen kommt und aus dem rechten Ventrikel entspringt. Das Neugeborene kann nur überleben, wenn gleichzeitig ein Septumdefekt oder ein offener Ductus arteriosus (Botalli) vorhanden ist.

Bei einer **Pulmonalstenose** sind die pulmonalen Taschenklappen ganz oder teilweise miteinander verwachsen, was regelmäßig zu einer Hypertrophie des rechten Ventrikels führt.

Als **Fallot-Tetralogie** bezeichnet man ein Syndrom, bei dem die vier folgenden Fehlbildungen gleichzeitig auftreten:

1. Pulmonalstenose;
2. Ventrikelseptumdefekte;
3. reitende Aorta und
4. Hypertrophie des rechten Ventrikels.

Bei der **Aortenstenose** sind die Taschenklappen ganz oder teilweise miteinander verwachsen, so dass es zu einer

Stadium 9	20. Tag	gerader Herzschlauch wird gebildet
Stadium 10	22. Tag	Herzschleifenbildung beginnt
Stadium 11	24. Tag	deutliche Krümmungen Herz ist von der Kopfregion in die Halsregion gelangt
Stadium 16	37. Tag	Herzspitze liegt in Höhe des 1. Brustwirbels
Stadium 18	44. Tag	Herzspitze liegt in Höhe des 5. Brustwirbels
Neugeborenes		Herzspitze im Bereich des 3.–4. Interkostalraums
Erwachsener		Herzspitze im Bereich des 5. Interkostalraums

Hypertrophie des linken Ventrikels kommt.

Aortenisthmusstenosen entstehen dadurch, dass die Aorta im Bereich der Einmündung des Ductus arteriosus (Botalli) stark eingeengt wird. Meist entwickelt sich dann postnatal ein Kollateralkreislauf über die Brustwand (via A. subclavia und Aa. intercostales).

Asymmetrie der herznahen Gefäße

Mit der Zentralisation ist noch ein anderer Vorgang verbunden, ohne den die Herztrennung funktionell nicht effektiv werden würde, nämlich die Entwicklung einer Asymmetrie der großen, herznahen Gefäße sowohl bei der Einstrombahn (Sinus venosus, Venensystem) als auch bei der Ausstrombahn (Truncus cordis, Arteriensystem). Zunächst werden im arteriellen Schenkel sechs Paare von **Pharyngealbogenarterien** (»Kiemenapparat«), die beiderseits in eine dorsale Aorta übergehen, angelegt (Abb. 44 und 45). Der 4. dieser Arterienbögen wird beim Menschen auf der linken Seite zum Aortenbogen und zur Aorta descendens, während der rechte Bogen weitgehend zurückgebildet wird. Nur das Anfangsstück bleibt erhalten und geht in die Bildung der rechten A. subclavia mit ein. Bei Reptilien bleiben beide Aortenbögen erhalten und machen dadurch die schon weitgehend erreichte Herztrennung funktionell wieder unwirksam. Bei den Vögeln setzt sich dagegen die Asymmetrie der Gefäße erstmals in der Wirbeltierreihe durch. Hier bildet sich aber der linke Aortenbogen zurück und der rechte bleibt erhalten.

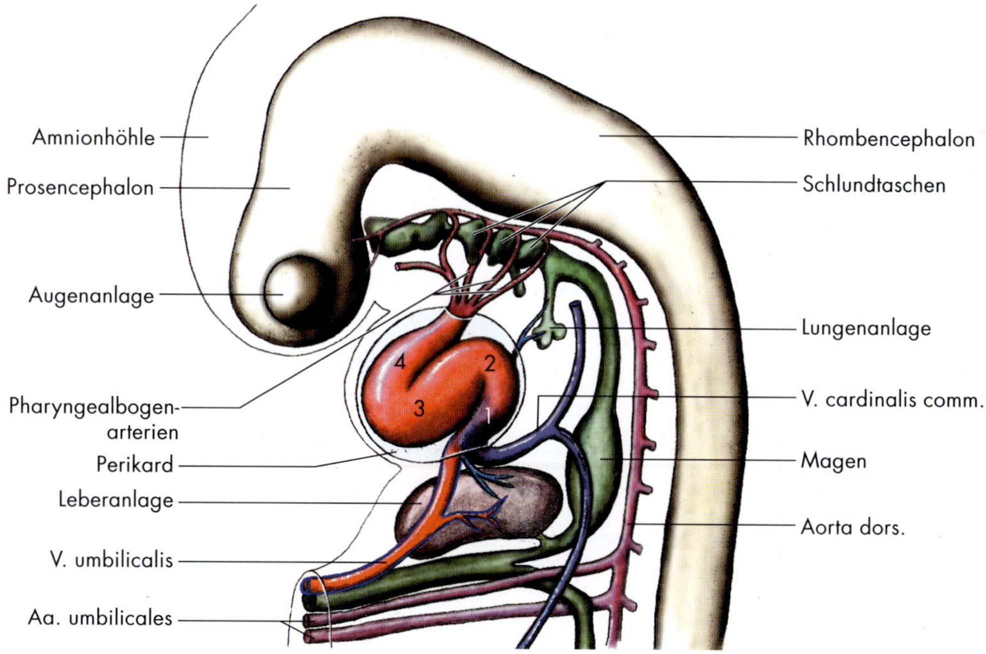

Abb. 44. Herzanlage mit Pharyngealbogenarterien bei einem menschlichen Embryo (etwa 26. Tag, modif. nach K. V. Hinrichsen). Der Herzschlauch beginnt eine schleifenförmige Krümmung mit 4 aufeinander folgenden Abschnitten (1–4) auszubilden. Er hat bereits die Leberentwicklung, die vom Duodenalabschnitt des Darmrohres ausgeht, induziert.
1 = Sinus venosus; 2 = Atrium; 3 = Ventrikel; 4 = Bulbus cordis (Übergang in den Truncus arteriosus und die Pharyngealbogenarterien).

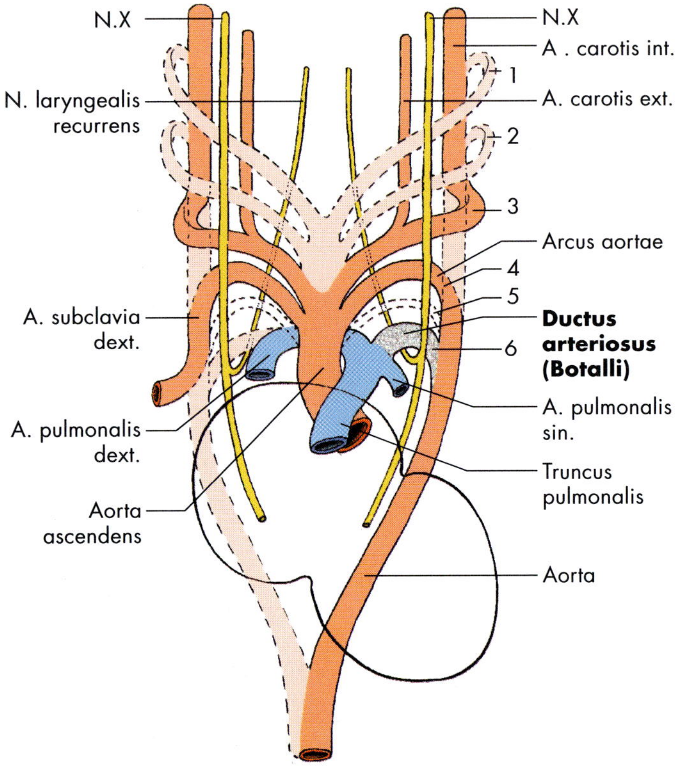

Abb. 45. Umgestaltung der Pharyngealbogenarterien zu den bleibenden Gefäßen, die etwa am 37. Tag beginnt. Obliterierende Gefäße gestrichelt. Der Ductus arteriosus (Botalli) schließt sich nach der Geburt und wird zum Lig. arteriosum. Das Ganze macht – zusammen mit dem Herzen – einen Descensus durch. Man beachte, dass der N. laryngealis recurrens, der beiderseits unterhalb der sechsten Pharyngealbogenarterie vom N. vagus (N.X) abzweigt, nach der Umgestaltung des Systems postnatal rechts um die A. subclavia, links aber um den Aortenbogen herumbiegt.
1–6 = erste bis sechste Pharyngealbogenarterie.

Vom 6. Pharyngealbogen gehen die Lungenarterien ab. Von den Verbindungen mit den beiden dorsalen Aorten bleibt nur die linke erhalten und wird zum **Ductus arteriosus** (Botalli), der die Umgehung des noch nicht funktionierenden Lungenkreislaufs ermöglicht und sich erst nach der Geburt zurückbildet. Er wird dann zum Lig. arteriosum (Botalli).

Die 5. Pharyngealbogenarterie wird oft gar nicht angelegt oder bildet sich frühzeitig zurück. Auch der 1. und 2. Bogen hat nur eine kurze Lebensdauer. Die Verbindungsstrecken werden zur A. carotis int. und ext. und versorgen den Kopf (Abb. 45).

Erfolgt die asymmetrische Verlagerung beim Aortensystem nach links, so die beim **Venensystem** nach rechts. Auch auf der venösen Seite ist anfangs noch eine bilateral symmetrische Architektur vorhanden. Der Sinus venosus zeigt mit den beiden Sinushörnern, die jederseits die Kardinalvenen (Vv. cardinales) mit dem aus dem Körper kommenden Blut aufnehmen, eine symmetrische, hufeisenförmige Gestalt. Das Verbindungsstück bildet der Ductus venosus (Cuvieri), in den die ebenfalls paarig angelegten Dottersackvenen (Vv. omphalomesentericae oder vitellinae) und die beiden Nabelvenen (Vv. umbilicales) einmünden (Abb. 46).

Mit der Septierung der Vorhöfe verlagert sich die venöse Einstrombahn nach rechts, nämlich zum rechten Vorhof hin. Aus dem rechten Sinushorn gehen die obere und untere Hohlvene hervor. Der Ductus venosus wird zum Sinus coronarius und das linke Sinushorn obliteriert. Nur die kleine, unbedeutende V. obliqua atrii sin. (Marshalli) erinnert noch an die früheren bilateral symmetrischen Verhältnisse. Gleichzeitig mit der Verlagerung der großen Körpervenen

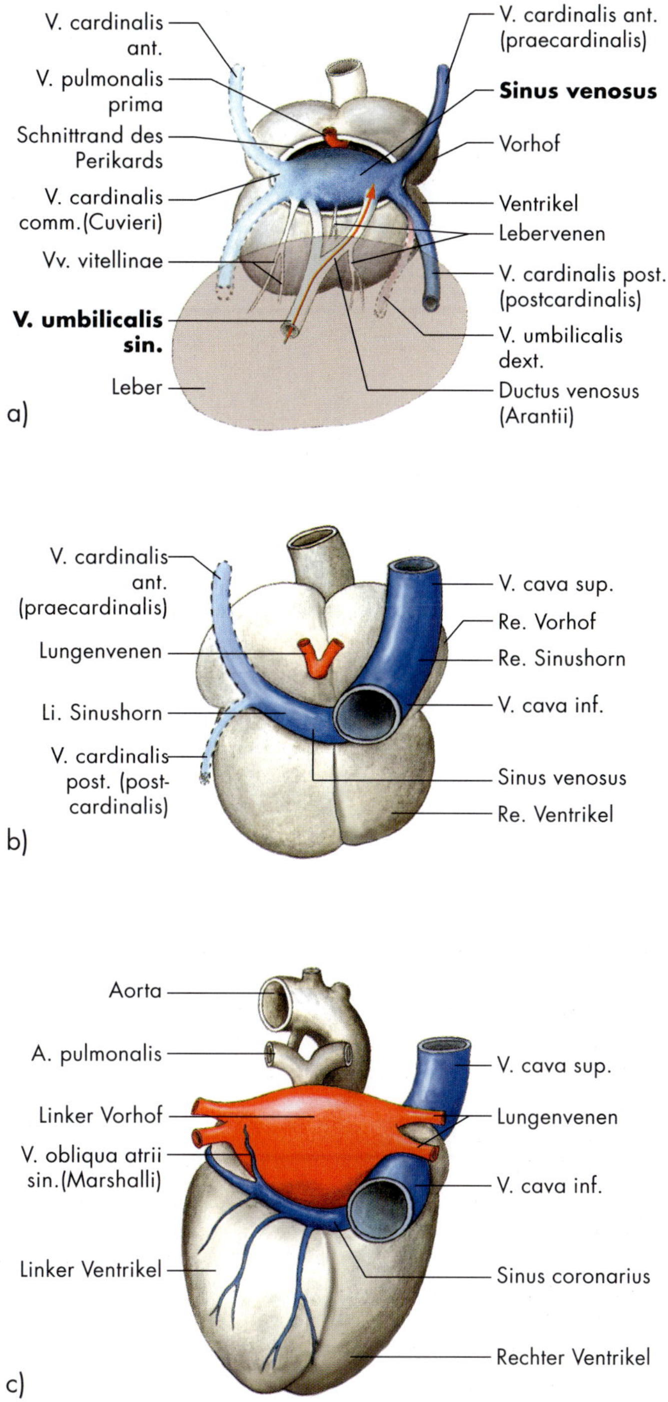

Abb. 46. Entwicklung der Asymmetrie im Bereich der Einstrombahn des Herzens.
a) Sinus venosus mit Kardinal-, Dottersack- und Lebervenen. Der hauptsächliche Zustrom arterialisierten Blutes erfolgt zunehmend über die linke Umbilikalvene und den Ductus venosus (Arantii) (roter Pfeil). Gestrichelt = in Rückbildung begriffene Venen (etwa 26. Tag) (nach K. V. Hinrichsen).
b) Sinus venosus und Kardinalvenen des Herzens bei einem etwa zwei Monate alten Embryo (von dorsal). Die linke Einstrombahn (Kardinalvenen und Sinushorn) ist schon in Rückbildung begriffen (gestrichelte Gefäßstrecken). Das rechte Sinushorn wird in den rechten Vorhof einbezogen; die beiden rechten Kardinalvenen weiten sich zur V. cava sup. und inf. aus (nach M. Clara).
c) Einstrombahn des erwachsenen Herzens (von dorsal). Der Sinus venosus ist in die Vorhöfe einbezogen worden. Von den linken Kardinalvenen und dem Sinusquerstück sind nur die V. obliqua und der Sinus coronarius übrig geblieben. Die venöse Einstrombahn hat sich ganz nach rechts verlagert. Links wurden die Mündungen der Lungenvenen weitgehend in den (linken) Vorhof aufgenommen (nach M. Clara).

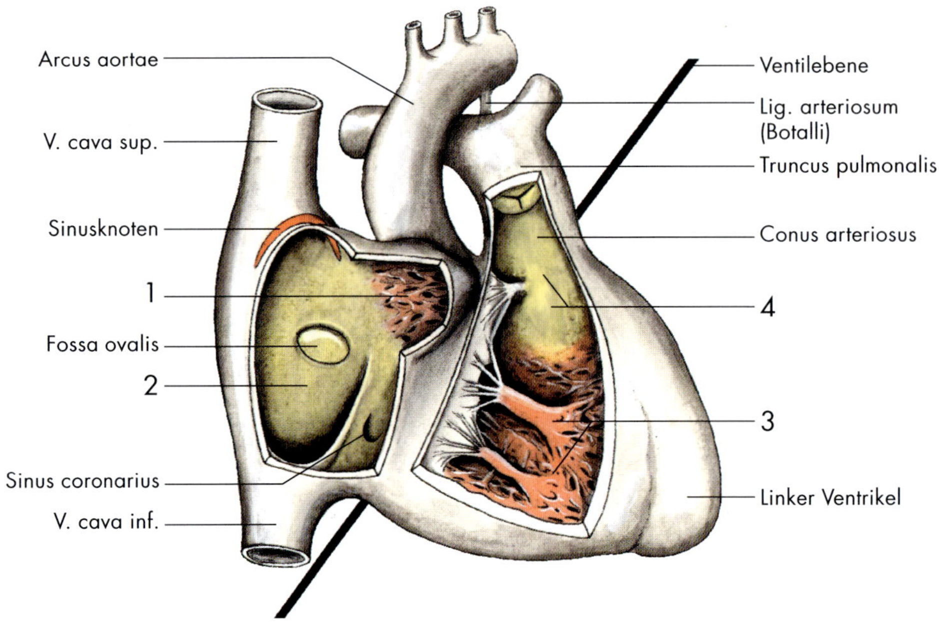

Abb. 47. Gliederung der Herzräume nach Ablauf des Konzentrationsprozesses. Vorhofabschnitt (1, rot) und Sinus-venosus-Abschnitt (2, gelb) des embryonalen Herzens bilden beim adulten Herzen die Vorhöfe. Ventrikel (3, rot) und Bulbus cordis (4, gelb) bilden die adulten Ventrikel.

nach rechts entwickeln sich links an der Hinterwand des Sinus venosus die Lungenvenen, deren Anfangsabschnitte später mehr und mehr in die linke Vorhofwand einbezogen werden. Die beiden Dottersackvenen verschwinden bald und von den Nabelvenen bleibt nur die linke V. umbilicalis erhalten. Damit ist auch an der venösen Seite die Asymmetrie komplett (Abb. 46).

3.1.4 Prozess der Konzentration

Neben der Zentralisation, d.h. der Umstellung des Kreislaufs auf eine lemniskatische Struktur mit Herztrennung, Descensus cordis usw., existiert aber noch ein zweiter Prozess von grundsätzlicher Bedeutung, den wir als Konzentration bezeichnen möchten. In der Stammesgeschichte vollzieht sich im Zusammenhang mit der Zunahme der Körpergröße auch ein Ausbau der Innenorganisation. Mit der Vergrößerung der inneren Oberflächen (man vergleiche nur die Zahl der Lungenalveolen oder der Nierenglomeruli bei niederen und höheren Wirbeltieren) nimmt auch die Anzahl der Kapillaren und damit der periphere Widerstand zu, den das Herz zu bewältigen hat. Im Verlauf der Stammesgeschichte vollzieht sich dadurch ein innerer Umbau des Herzens, der sich auch beim Menschen – im Prinzip, nicht im Detail – wiederholt. Im wesentlichen besteht dieser Umbau darin, dass die bisher hintereinander geschalteten vier Herzräume (Sinus, Vorhof, Kammer, Bulbus) jeweils zu zwei größeren Räumen zusammengefasst werden, d.h., der Sinus venosus wird in den Vorhof, der Bulbus bzw. der Konusteil in die Kammer aufgenommen, wodurch die »Förderleistung« des Herzens (Minutenvolumen usw.) bedeutend größer wird. Durch diesen Konzentrationsvorgang liegen die vier Herzklappen jetzt alle in einer Ebene, d.h. in der **Ventilebene,** woraus sich eine bedeutende Ökonomisierung der Herzarbeit ergibt. Noch am Herzen des Erwachsenen kann man die ursprünglichen vier Abschnitte erkennen. Der in den Vorhof einbezogene Sinus-venosus-Teil ist glattwandig, der alte Atriumabschnitt (im Wesentlichen das Herzohr) ist trabekulär strukturiert. An der Grenze beider befindet sich (als Rest der ursprünglichen Grenzfurche bzw. der Konturfasern) die Crista terminalis, in der der Sinusknoten liegt (Abb. 47).

Ein weiterer entscheidender Vorgang der Konzentration ist die Verstärkung und Umstrukturierung der Kammermuskulatur. Bei niederen Wirbeltieren ist die Kammermuskulatur noch ein unregelmäßiges, schwammartiges Netzwerk, das keine eigenen Gefäße besitzt, sondern aus dem Blutstrom selbst ernährt wird (Abb. 48a). Später bilden sich Septen heraus mit einem rechtwinklig kreuzenden, dreidimensionalen Muskelsystem (Abb. 48b). Erst nach der vollständigen Herztrennung weiten sich die Innenräume aus, die Septen und Trabekel werden gewissermaßen an die Wand gedrückt, nur die Papillarmuskeln und das Septum interventriculare bleiben stehen (Abb. 48c). An den atrioventrikulären Ostien wandeln sich die Muskelbündel in bindegewebige Platten um und werden zu den Segelklappen, d.h., die Klappen werden mechanisiert und erhalten an den umgebenden Sehnenringen des

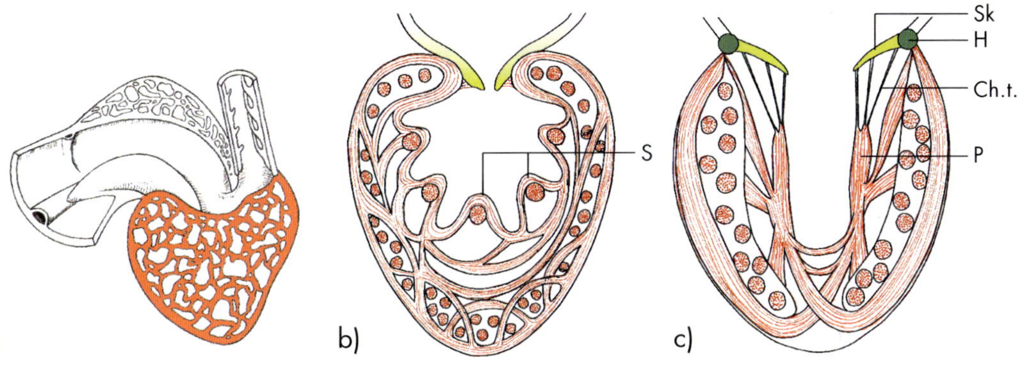

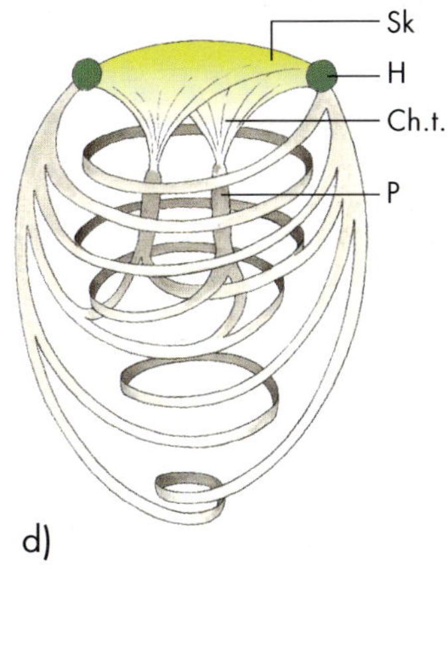

Abb. 48. Phylogenetische Umgestaltung der Herzmuskulatur von einem ungegliederten Schwammwerk bei Fischen **(a)** zu einem dreidimensionalrechtwinklig kreuzenden Muskelsystem mit ins Lumen vorspringenden Septen bei Amphibien **(b)** bis zu einem kompakten, spiralig geordneten Muskelsystem mit bindegewebigen, muskelfreien Segelklappen bei Primaten **(c u. d).**

a) Längsschnitt durch das Herz eines Lungenfisches (Ventrikelmuskulatur rot).

b) Schnitt durch den Ventrikel eines Amphibienherzens mit rechtwinklig kreuzenden Muskelbündeln.

c) Muskelarchitektur des menschlichen Herzens. Die Muskelbündel bilden Spiralen mit einer mittleren Ring- sowie einer äußeren und inneren Längsschicht.

d) Schema der Spiralarchitektur der Ventrikelmuskulatur beim Menschen.

Ch.t. = Chordae tendineae; H = Herzskelett (Anulus fibrosus); P = Papillarmuskel; Sk = Segelklappe; S = Septen.

Herzskeletts eine stabile Fixation (Abb. 48c u. d). Die Ventilebene wird zum Zentrum der Herzmechanik. Die Muskelbündel des Myokards geben ihre dreidimensional kreuzende Architektur auf und werden zu spiraligen Muskelsystemen umstrukturiert, wodurch sich eine schraubig-gedrehte Kontraktionsform ergibt, so dass der Blutstrom im Ausflusskanal einen leichten Rechtsdrall erhält.

Die verdickte Kammermuskulatur kann jetzt nicht mehr wie bei niederen Wirbeltieren aus dem Blutstrom ernährt werden. Aus dem das Herz umgebenden Kapillarnetz entwickelt sich daher ein eigenes Gefäßsystem, das (sekundär) mit der Aorta Kontakt bekommt und so das koronare Arteriensystem ausbildet. Die Herzvenen entstehen aus dem Sinus venosus und Sinus coronarius, dessen Entwicklung oben bereits geschildert wurde.

Mit der Entwicklung der sakkadierten Arbeitsweise des Herzens, bei der sich Vorhof- und Kammermuskulatur wechselseitig kontrahieren (Systole–Diastole), muss schließlich auch eine autonome Steuerung geschaffen werden, um Arrhythmien zu vermeiden. Daher entwickelt sich bei den höheren Wirbeltieren (Vögel, Säuger) nicht nur ein koronares Gefäßsystem für den Herzmuskel selbst, sondern auch ein **Reizleitungssystem,** das eine Spezialmuskulatur darstellt und die Koordination der rhythmischen Kontraktionsabläufe zwischen Vorhöfen und Kammern – auch in Anpassung an die Erfordernisse der Peripherie – bewirkt. Ein Erregungsleitungssystem gibt es bei niederen Wirbeltieren nicht.

3.1.5 Blut- und Lymphgefäßsystem

Blutgefäßsystem

Die Blutinseln des Dottersacks liefern nicht nur die Stammzellen für die erste Generation der Blutzellen (Hämozytoblasten), sondern bilden auch Angioblasten, aus denen die Gefäßendothelien hervorgehen. Die Angioblasten wandern in den Embryonalkörper und die Organanlagen ein, wobei zunächst plexusartige Gefäßnetze entstehen, in denen sich – funktionell bedingt – allmählich bevorzugte Strömungsstraßen entwickeln. Die Angioblasten sind die Stammzellen *aller* Endothelzellen der embryonalen Gefäße. Sobald sich ein strukturiertes Gefäßsystem herausgebildet hat, differenzieren sich die benachbarten Mesenchymzellen zu den Gefäßwandzellen (Perizyten, Muskelzellen usw.), so dass auch dickwandigere Gefäße entstehen (Vaskulogenese). Anfangs stellen jedoch alle embryonalen Gefäße lediglich dünnwandige Endothelrohre dar.

Welche Faktoren die Migration der Angioblasten zu den Organanlagen veranlassen, ist noch nicht vollständig geklärt. Sicher ist, dass jedes Organ gewissermaßen »seine« Gefäße »ruft«, wobei die »Pionierangioblasten« spezifische Faktoren exprimieren (z. B. Fibronectin, VEDGF u. a.), die für die Migration und Gefäßdifferenzierung von Bedeutung sind. Entscheidend ist darüber hinaus auch der Einfluss hämodynamischer Faktoren, die dann für die Strukturierung der anfänglich ungeordneten Gefäßgeflechte (Plexus) zu permanenten Strömungsstraßen verantwortlich sind.

Arterien. Charakteristisch für die primäre Architektur des embryonalen Gefäßsystems im Rumpfbereich sind die bilaterale Symmetrie sowie die metamere Gliederung, die schon bei der Darstellung der Pharyngealbogenarterien deutlich geworden ist. Die Pharyngealbogenarterien des 4. Segmentes, die die zunächst paarig angelegten **Aorten** darstellen, gehen beiderseits in einen weitlumigen Gefäßstamm über (Aorta communis), der kaudalwärts dem Neuralrohr bis zum Haftstiel folgt (Abb. 45). Durch die Abfaltung der Keimscheibe vom Dottersack und die Bildung des Darmrohres vergrößert sich der Abstand der beiden Aorten zum

Neuralrohr, so dass diese in der Mittellinie – zuerst im oberen Thorakalbereich – miteinander verschmelzen (etwa 26. Tag). Die ursprünglich zum Dottersack verlaufenden Äste der beiden Aorten (Aa. vitellinae) bilden sich mit der Schrumpfung des Dottersacks und der Entstehung der Körperhöhle zurück. Stattdessen gehen jetzt von der fusionierten Aorta medial neue, kräftige, unpaare Gefäßstämme aus, die die innerhalb der Körperhöhlen entstehenden Organe versorgen (Truncus coeliacus, A. mesenterica sup. u. inf.). Die lateral abgehenden Äste zur Körperwand behalten jedoch ihre segmentale, bilateral symmetrische Anordnung bei (Aa. intercostales, Aa. lumbales). Auch die dritte Gruppe der Aortenäste, nämlich die nach dorsal ziehenden Arterien für die Rückenmuskulatur, für Wirbelsäule und Rückenmark, sind paarig und segmental angeordnet. Lediglich die zur Urniere ziehenden Äste zeigen keine strenge Metamerie, da auch das Urnierenblastem frühzeitig den Bezug zur Segmentgliederung aufgibt. Da die bleibende Niere (Metanephros) einen Ascensus durchmacht, wechseln die versorgenden Arterien von Segment zu Segment. Alte Gefäße obliterieren, neue treten hinzu. Die Gefäßversorgung der Nachniere »klettert« sozusagen an den Urnierenarterien nach oben. Daraus erklären sich auch die zahlreichen Variationen der Nierengefäße, die als einzige Organgruppe der Bauchhöhle ihre bilaterale Symmetrie beibehalten.

Venen

Die Ausbildung der Körpervenen (Vv. cardinales) erfolgt unmittelbar nach Bildung der Nabel- und Dottersackvenen, etwa am 24. Tag, und zwar unmittelbar nachdem ein dreidimensionaler Embryonalkörper mit einer intraembryonalen Zirkulation entstanden ist. Auch das Venensystem ist zunächst bilateral symmetrisch gegliedert.

Anfangs fließt das gesamte Venenblut des Embryonalkörpers über die **Kardinalvenen** zum Herzen. Vom Kopf mit dem rasch wachsenden Gehirn kommt die V. cardinalis sup. (ant.), von unten die V. cardinals inf. (post.), die ihr Blut über die gemeinsame V. cardinalis communis (sog. Ductus Cuvieri) zum rechten bzw. linken Sinushorn und damit zum Sinus venosus des Herzens ableiten (etwa 3.–4. Woche) (Abb. 49a). Mit der Entwicklung der Urnieren (etwa 6. Woche) bildet sich dann an der dorsalen Rumpfwand eine zweite Generation von Venen aus, nämlich die Vv. subcardinales, die ebenfalls paarig angelegt werden und funktionell dem Urogenitalsystem zuzuordnen sind (Abb. 49b). Die Subkardinalvenen repräsentieren in gewisser Hinsicht eine Entwicklungsstufe niederer Wirbeltiere, deren Nieren noch ein Pfortadersystem besitzen (z. B. Vögel). Erst mit der dritten Venengeneration, den **Vv. supracardinales,** bildet sich die Asymmetrie des definitiven Venensystems heraus (Abb. 49 c). Die suprakardinalen Venen verlaufen an der dorsalen Körperwand anfangs in regelmäßiger, den Segmenten zugeordneter Anordnung, beiderseits neben dem Grenzstrang des Sympathikus. Sie sind funktionell der Körperwand zuzuordnen, d. h. sie bilden die Vv. intercostales, Vv. lumbales usw. Mit der Ausbildung der Asymmetrie im Venensystem (etwa ab der 8. Woche) verschiebt sich der Abfluss der suprakardinalen Venen nach rechts, so dass das aus ihnen hervorgehende Azygossystem dann rechts über die V. azygos in die obere Hohlvene abfließt. Links bleiben nur die V. hemiazygos und hemiazygos accessoria erhalten. Teile der subkardinalen und suprakardinalen Venen sowie auch ein kleiner Abschnitt der rechten Dottersackvene beteiligen sich an der Bildung der V. cava inf. (Abb. 49c).

Im Gegensatz zu den Vv. cardinales post. (inf.), die sich weitgehend zurückbilden, bleiben die oberen Kardinalvenen größtenteils erhalten und gehen in die Entwicklung der Vv. jugulares int., Vv. brachiocephalicae und – asymmetrisch nach rechts verschoben – in die der V. cava sup. mit ein.

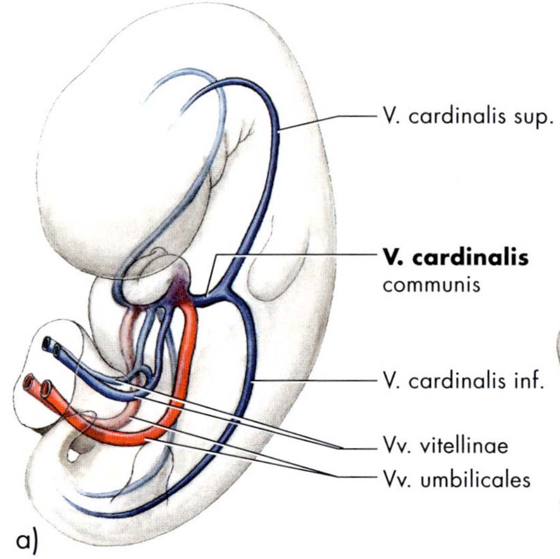

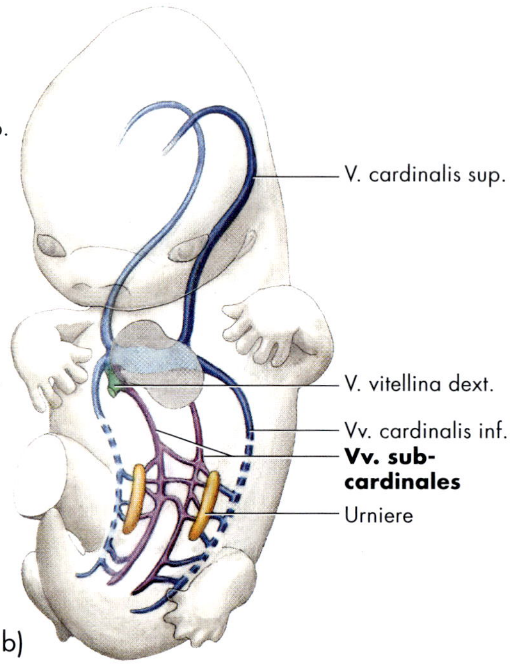

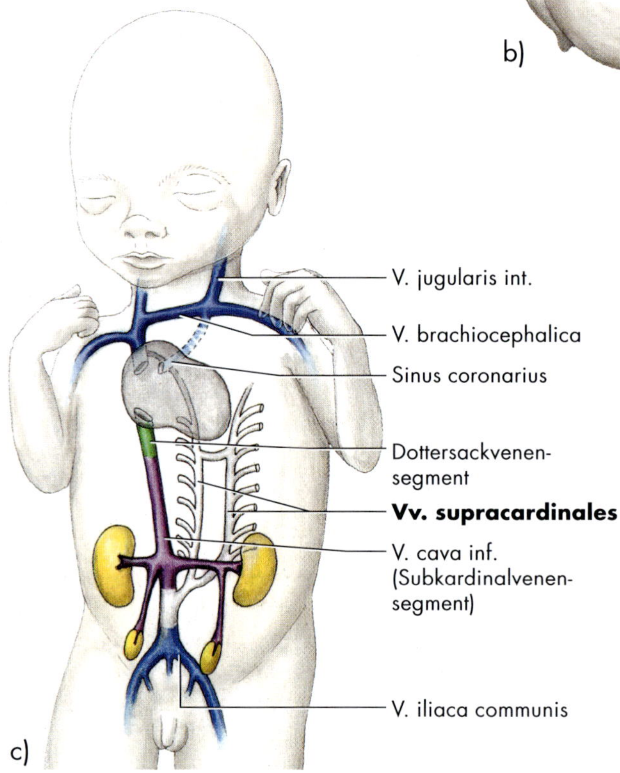

Abb. 49. Entwicklung des Venensystems.
a) Die Körpervenen (Kardinalvenen) zeigen noch eine bilaterale Symmetrie. Auch die Dottersack- und Umbilikalvenen sind anfangs paarig (etwa 28. Tag).
b) Während sich die Kardinalvenen allmählig zurückbilden, entstehen mit der Entwicklung des Urogenitalsystems (Urnieren usw.) die zuerst auch paarigen Subkardinalvenen (violett) (etwa 50. Tag).
c) Letzte Phase der Venenentwicklung (etwa 7. Monat). Die bilaterale Symmetrie wird aufgegeben zugunsten des rechtsseitigen Kavasystems. An der dorsalen Rumpfwand hat sich das System der suprakardinalen Venen (hell) entwickelt, aus dem u. a. die Azygosvenen hervorgehen.

Lymphgefäßsystem

Ein zusammenhängendes Lymphgefäßsystem entwickelt sich erst relativ spät (in der Regel zwei Wochen später als das Blutgefäßsystem des Rumpfes). Zuerst entstehen an der hinteren Rumpfwand einzelne Lymphsäckchen (juguläre, retroperitoneale, iliakale Lymphsäckchen und die Cisterna chyli), von denen dann Lymphgefäße – hauptsächlich entlang den großen Venenstämmen – in die Organe einwachsen. Die Lymphsäckchen werden durch zwei größere Lymphgefäßstämme miteinander verbunden, die zunächst paarig neben der Wirbelsäule verlaufen (rechter und linker Ductus thoracicus), dann aber – wie das Blutgefäßsystem auch – asymmetrisch werden. Der bleibende Ductus thoracicus entsteht aus dem kaudalen Abschnitt des primären rechten und dem kranialen Abschnitt des primären linken Ductus thoracicus sowie einer Anastomose zwischen beiden (Abb. 50). Daraus erklären sich die zahlreichen Variationen dieser Gefäße beim Erwachsenen.

Die primären Lymphsäckchen differenzieren sich in Lymphknotengruppen um, in welche die im Knochenmark gebildeten B-Lymphozyten einwandern. Später besiedeln auch die T-Lymphozyten des Thymus die Lymphknoten. Typische Lymphfollikel mit Keimzentren treten jedoch erst perinatal auf.

Die endgültige Ausreifung der Organe des Immunsystems, d.h. der Lymphknoten und der Milz sowie der lymphatischen Organe in den Schleimhäuten, erfolgt erst nach der Geburt, wenn das Neugeborene erstmalig mit den Antigenen der Umwelt in Berührung gekommen ist.

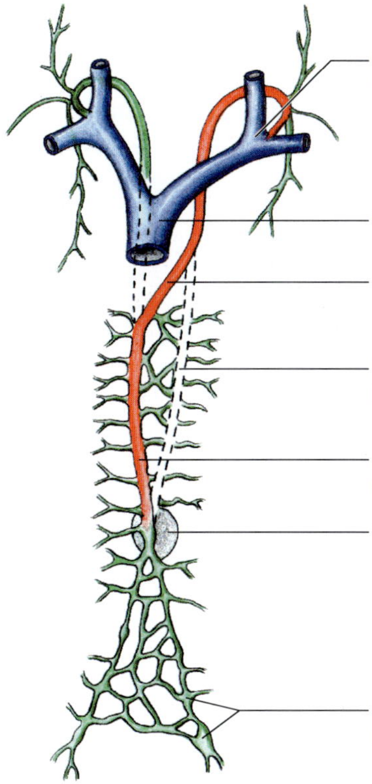

Abb. 50. Embryonales Lymphgefäßsystem im Bereich der hinteren Bauchwand (von vorne). Der Verlauf des definitiven Ductus thoracicus, der im linken Venenwinkel endet, ist rot markiert. Die obliterierenden Abschnitte der ursprünglich bilateral symmetrisch angelegten Gänge sind gestrichelt dargestellt.

3.1.6 Fetalkreislauf

Die Trennung der Herzräume führt beim Embryo noch nicht zur vollständigen Trennung der Blutsorten. Das zirkulierende Blut ist während der ganzen Embryonalentwicklung gemischt. Das Blut wird in den Chorionzotten bzw. in der Plazenta arterialisiert und durch die Nabelvenen (Vv. umbilicales) dem Keim zugeführt. Hier erreicht es als erstes die Leber, die als zentrales Organ des Stoffwechsels für den substanziellen Aufbau des Embryos eine große Rolle spielt. Die Leber ist daher anfangs sehr groß und absorbiert einen Großteil des arterialisierten Nabelvenenblutes. Bald aber bildet sich ein venöser Kurzschluss (Ductus venosus, Arantii) zwischen der linken V. umbilicalis (die rechte ist bereits obliteriert) und der V. cava inf., so dass die Leber nur noch im Nebenschluss von der Nabelvene aus arteriell versorgt wird (hauptsächlich der linke Leberlappen). Hinzu kommt, dass sich jetzt auch das Pfortadersystem, das venöses Blut aus dem Darmgebiet in die Leber bringt, etabliert hat. Die rasante Entwicklung der Leber wird dadurch jetzt etwas gebremst. Dafür rückt aber der Kopfkreislauf (für die schnell wachsenden Kopforgane [Gehirn, Sinnesorgane usw.]) mehr und mehr in den Vordergrund. Das über den Leberkurzschluss in die untere Hohlvene gelangte, sauerstoffreiche Blut der Nabelvene fließt vom rechten Vorhof aus durch das **For. ovale** in den linken Vorhof, die linke Kammer und nach der Septierung der Ausstrombahn in die Aorta (Abb. 51). Das vom Kopf kommende venöse Blut wird durch die obere Hohlvene zwar auch in den rechten Vorhof geleitet, fließt aber über den Limbuswulst des Septum secundum weitgehend am For. ovale vorbei, ohne sich sehr mit dem arteriellen, von der V. cava inf. kommenden Blut zu mischen (Abb. 42c). Das durch die obere Hohlvene in den Vorhof einströmende venöse Blut gelangt daher weitgehend in den rechten Ventrikel und damit in den Truncus pulmonalis. Da die Lungen als Atmungsorgane aber noch nicht funktionieren, strömt dieses Blut hauptsächlich über den zweiten Kurzschluss des Lungenkreislaufs, den **Ductus arteriosus (Botalli)**, in die Aorta, die daher von hier ab stark gemischtes Blut führt. Da die aus den Pharyngealbogenarterien entstandenen Karotiden zum Kopf aber *vor* Einmündung des Ductus Botalli vom Aortenbogen abgehen, bekommen diese relativ sauerstoffreiches Blut.

Somit hat sich embryonal ein **Sauerstoffgradient** zwischen Kopf und Rumpf herausgebildet, der wesentlich dazu beiträgt, dass die Differenzierung des Gehirns rasch vorankommt, die Entwicklung von Rumpf und Gliedmaßen aber zurückbleibt. Durch das Zurückbleiben des Extremitätenwachstums wird die Austreibung der Frucht durch den Geburtskanal erleichtert, während auf der anderen Seite das raschere Wachstum des Gehirns die Entwicklung derjenigen Reflexmechanismen ermöglicht, die für den Neugeborenen lebenswichtig sind.

Das gemischte Blut der Aorta descendens fließt über die beiden Nabelarterien (Aa. umbilicales) zur Plazenta zurück, wo es erneut arterialisiert wird.

Nach der Geburt tritt der Lungenkreislauf schlagartig in Funktion, der Druck im linken Vorhof steigt an und die Klappe des Septum primum schlägt zu, so dass das For. ovale geschlossen wird. Auch der Ductus arteriosus (Botalli), der eine auf vasokonstriktorische Substanzen ansprechende, spiralig angeordnete Muskulatur besitzt, schnurrt zusammen und obliteriert zu einem Ligament (Lig. arteriosum). Die beiden Kreisläufe sind jetzt endgültig getrennt, die Zentralisation des Herzens ist vollendet.

Erst nach der Geburt differenzieren sich die Unterschiede in Muskeldicke und Anordnung zwischen rechtem und linkem Ventrikel heraus. Embryonal sind beide Kammern noch relativ gleich dick und gleich strukturiert. Auch die Unterschiede im Aufbau der Herzmuskeln und Blutgefäße erreichen erst nach der Geburt und der endgültigen Konstituierung der verschiedenen Kreislaufsysteme ihre endgültige Form.

3.2 Pleurahöhle und Lungenentwicklung

Die Lungenentwicklung geht vom embryonalen Darmrohr aus und gehört evolutiv zum Schlunddarm. Durch die Abfaltung der Keimscheibe vom Dottersack und die durch die Mesenchymbildung zustande gekommene Ausbildung eines Embryonalkörpers ist ein vorne und hinten blind endendes Rohr entstanden, das entodermale Darmrohr, das erst nach Rückbildung der Rachenmembran (vorne) und der Kloakenmembran (hinten) Kontakt mit der umgebenden Amnionflüssigkeit bekommt. (In späteren Entwicklungsstadien wird tatsächlich vom Embryo

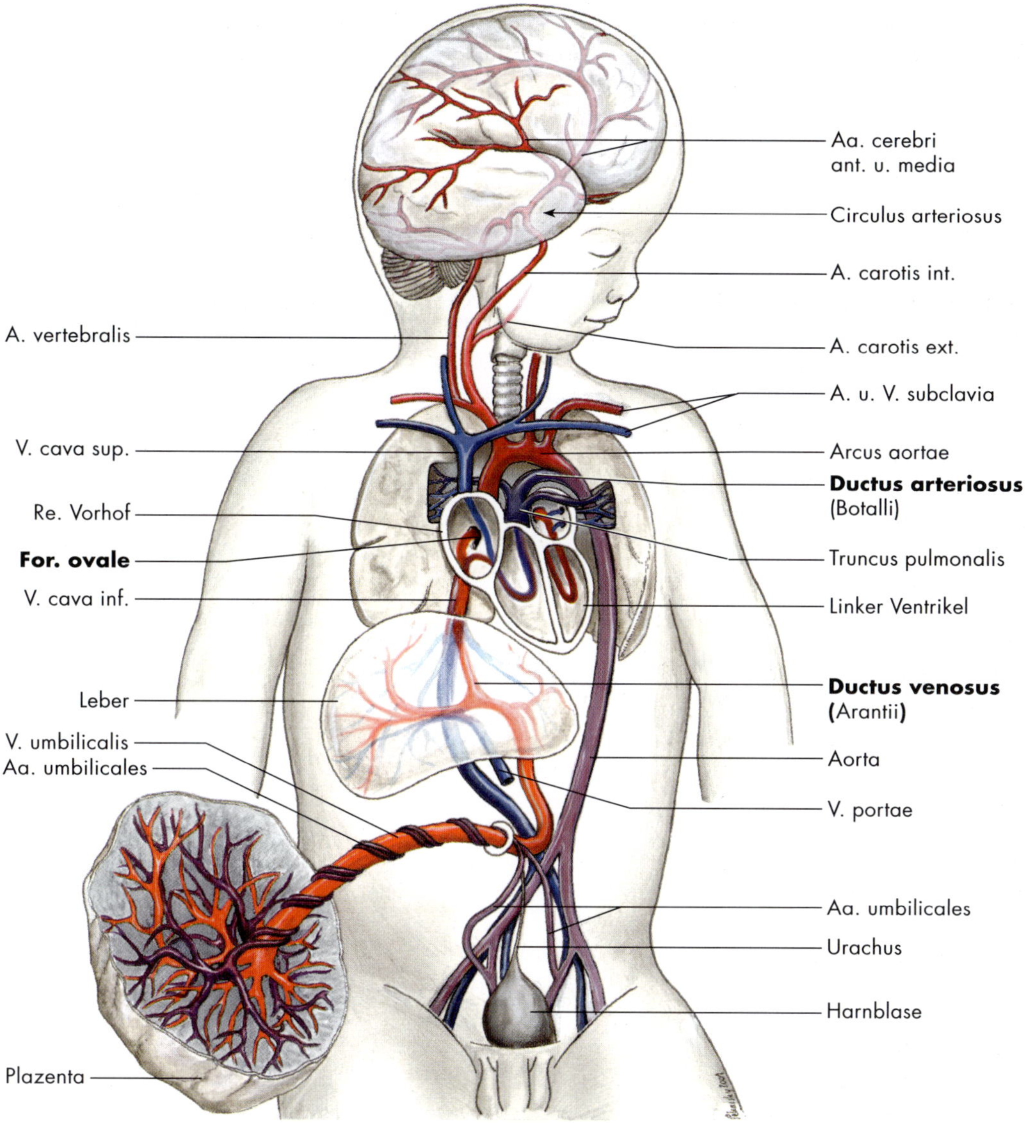

Abb. 51. Schema des Fetalkreislaufs. Man beachte den Sauerstoffgradienten zwischen der Versorgung des Gehirns (stark arterialisiertes Blut) und des Rumpfes (stark gemischtes Blut), der durch die drei fetalen Kurzschlüsse (Ductus venosus, For. ovale und Ductus arteriosus) zustande kommt.

Kurzschlüsse im Fetalkreislauf		
1. Ductus venosus (Arantii)	Verbindung V. umbilicalis mit V. cava inf.	Umgehung des Leberkreislaufs
2. Foramen ovale	Verbindung vom rechten zum linken Vorhof	1. Kurzschluss zur Umgehung des Lungenkreislaufs
3. Ductus arteriosus (Botalli)	Verbindung Tr. pulmonalis mit Aorta	2. Kurzschluss zur Umgehung des Lungenkreislaufs

Amnionflüssigkeit geschluckt, die den Darmkanal passiert und teilweise auch wieder ausgeschieden wird.)

Am embryonalen Darmrohr unterscheidet man vier Abschnitte, die unterschiedliche Funktionen und Entwicklungsschicksale besitzen (Abb. 52). Der Kopfdarm, der die Schleimhaut von Mund- und Nasenhöhle bildet, entwickelt seitliche, taschenförmige Ausbuchtungen (Schlundtaschen), aus denen bei wasserlebenden Wirbeltieren der Kiemenapparat, d. h. ein Atmungsorgan, entsteht. Da nach dem Übergang zum Landleben eine Kiemenatmung nicht mehr möglich ist, machen die Anlagen des Kiemenapparates bei den höheren Wirbeltieren einen Funktionswandel durch, der direkt oder indirekt mit dem Atmungsgeschehen (Schallerzeugung, Schallleitung) oder mit endokrinen Funktionen in Zusammenhang steht (branchiogene Organe) (Näheres s. S. 114 ff.). Die Lunge wird dann dasjenige Organ, das die Atmungsfunktion übernimmt.

Der Vorderarm, aus dem im wesentlichen Pharynx, Oesophagus und Magen hervorgehen, verbindet den Schlunddarm mit dem

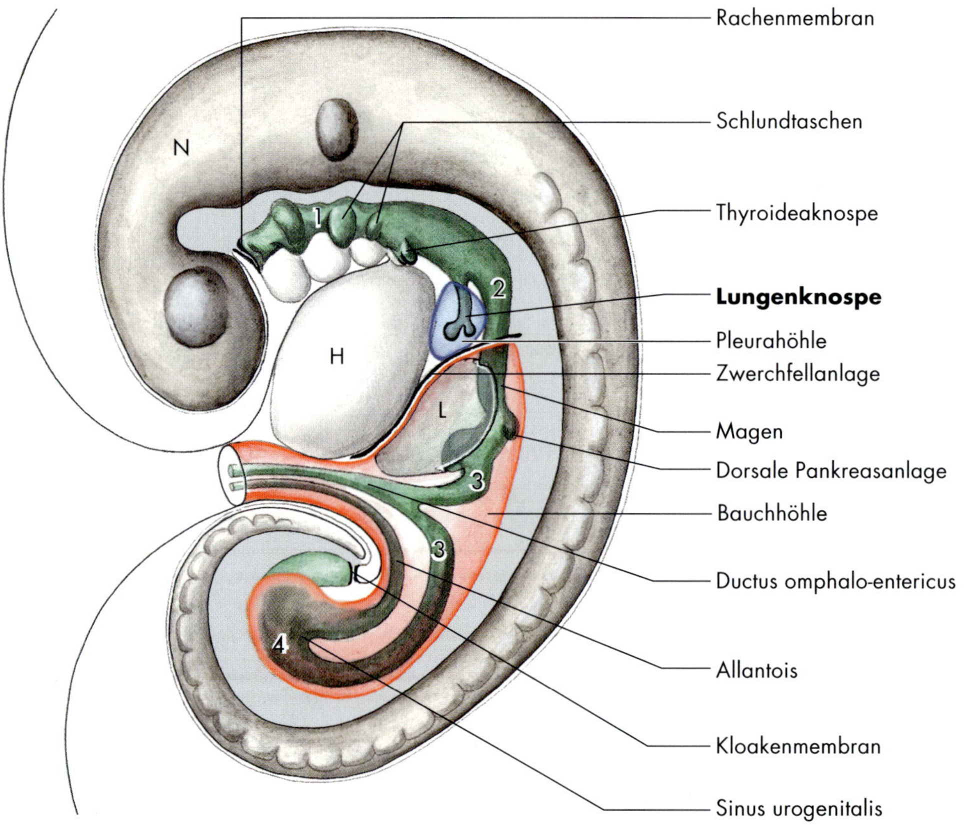

Abb. 52. Primitives Darmrohr bei einem etwa 28 Tage alten Embryo. Herzbeutel (H), Neuralrohr (N) und Leber (L) sind nur als Umrisse wiedergegeben. 1 = Kopfdarm (Schlunddarm usw.); 2 = Vorderdarm, aus dem Pharynx, Lungen, Magen und oberes Duodenum hervorgehen; 3 = Mitteldarm der von der dorsalen Pankreasanlage bis zur hinteren Darmbucht reicht und die Nabelschleife ausbildet; 4 = Hinterdarm, der Colon descendens, Kloake und Enddarm mit Allantois umfasst. Die mit Peritoneum ausgekleidete Bauchhöhle ist rot, die Pleurahöhle blau markiert (modif. nach K. V. Hinrichsen).

Mitteldarm, der noch über den Dottergang (Ductus omphalo-entericus/vitellinus) mit dem Dottersack in Verbindung steht und den größten Teil von Dünn- und Dickdarm ausbildet. Der vierte und letzte Abschnitt des Darmrohres ist schließlich der Hinterdarm, der vom Querkolon bis zum Analkanal reicht und von dem die Allantois ausgeht (Abb. 52). Die Differenzierung dieser Darmabschnitte (vom Oesophagus bis zum Enddarm) setzt die Existenz einer intraembryonalen, vom Peritoneum ausgekleideten Leibeshöhle (Coelon) voraus (rot in Abb. 52).

In ähnlicher Weise benötigt die Lunge, um als Atmungsorgan funktionieren zu können, eine Serosa-ausgekleidete Zölomhöhle, deren Entwicklung interessanterweise von der Perikardhöhle ausgeht. Herz und Lungen sind ja die einzigen rhythmisch arbeitenden Organe, die auf diese Weise auch durch ihre Körperhöhlen im mittleren Rumpfbereich funktionell miteinander verbunden sind.

Nachdem sich das Herz mit seiner Perikardhöhle mehr und mehr kaudalwärts unter das Kopfende des Embryos verschoben hat, sprossen von der Perikardhöhle nach hinten zwei Zölomschläuche aus (Ductus pericardioperitoneales) (Abb. 53a), die sich im Bereich des Mitteldarms mit der aus dem Seitenplattenmesoderm hervorgegangenen, allgemeinen Körperhöhle vereinigen (Abb. 53). Auf diese Weise ist eine große, hufeisenförmige Zölomhöhle entstanden, deren Schenkel durch lockermaschiges Mesenchym voneinander getrennt sind (späteres Mediastinum). Hier verläuft der Vorderdarm (Anlage von Pharynx, Oesophagus usw.). Hier findet auch die Lungenknospe Entfaltungsmöglichkeiten.

Zwischen der mächtigen, vom Duodenum aussprossenden Leberanlage und der Perikardhöhle entwickelt sich eine breitere Mesenchymplatte (Septum transversum), die – durch zusätzliche Gewebsgruppen von der dorsalen und lateralen Leibeshöhlenwand verstärkt – zur Anlage des Zwerchfells wird. Da die **Zwerchfellanlage** wie die Herzanlage noch in Höhe der Zervikalsegmente liegt, kommt der das Zwerchfell innervierende Nerv (N. phrenicus) aus dem Halsgeflecht (Plexus cervicalis) (C_4) und verlängert sich später, ebenso wie die Herznerven des Sympathikus und Parasympathikus, mit dem weiteren Descensus cordis kaudalwärts. Durch die Ausbildung des Zwerchfells werden Brust- und Bauchhöhle voneinander getrennt. Innerhalb der Brusthöhle bilden sich dann, ausgehend von den voluminösen Kardinalvenen (Ductus Cuvieri), an der Einstrombahn des Herzens seitlich zwei Falten (Membranae pericardiopleurales), die aufeinander zuwachsen und schließlich miteinander verschmelzen (Abb. 53). Damit ist, zunächst hinter dem Herzen, später auch – nach Bildung des Brustkorbes – seitlich und oberhalb des Herzens, eine eigene Zölomhöhle entstanden, in der sich die Lunge, das zweite große, rhythmisch arbeitende

Kopfdarm	Mund- und Nasenhöhle Schlundtaschen	Zunge, Sinus paranasales, Tube, Mittelohr, branchiogene Organe, Gl. thyroidea
Vorderdarm (Truncus coeliacus)	Pharynx, Oesophagus, Magen, Duodenum (oberer Teil)	Lungen, Trachea, Bronchien, Leber, Pankreas
Mitteldarm (A. mesenterica sup.)	Duodenum (unterer Teil) Jejunum, Ileum, Colon ascendens und transversum ($^2/_3$)	Brunner-Drüsen Peyer-Plaques Appendix vermiformis
Hinterdarm (A. mesenterica inf.)	Colon transversum ($^1/_3$) und Colon descendens Enddarm (Sigmoid, Rectum	– Allantois, Sinus urogenitalis

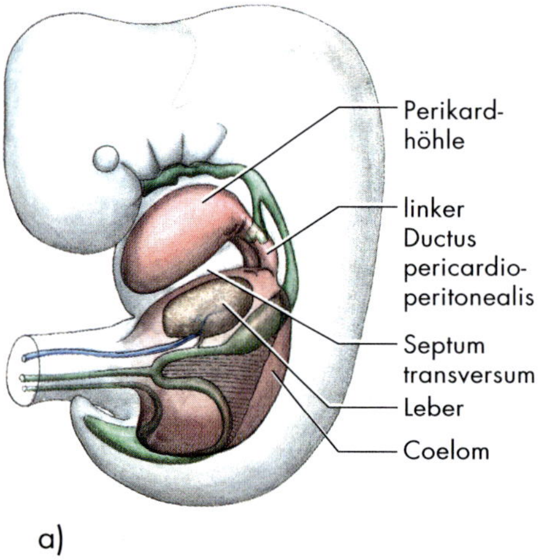

Abb. 53. Entwicklung der Körperhöhlen (Coelom).
a) Von der Perikardhöhle wächst beiderseits ein Gang aus (Ductus pericardioperitonealis), der sich mit der Serosa der Bauchhöhle, die aus dem Seitenplattenmesoderm entstanden ist, verbindet (etwa 24. Tag).
b) Abgliederung der Pleurahöhle von der Perikardhöhle durch die Membrana pericardiopleuralis. Bauch- und Brusthöhle werden jetzt durch die Membrana pleuroperitonealis getrennt, die sich mit dem Septum transversum verbindet (Zwerchfellanlage) (etwa 44. Tag).
c) Definitive Ausbildung der Pleurahöhle mit Lungenanlage und Brustkorb (etwa 52. Tag). Der noch weiträumige Nabelstrang enthält Dünndarmschlingen (embryonaler Nabelbruch) (nach J. Kollmann, modif.).

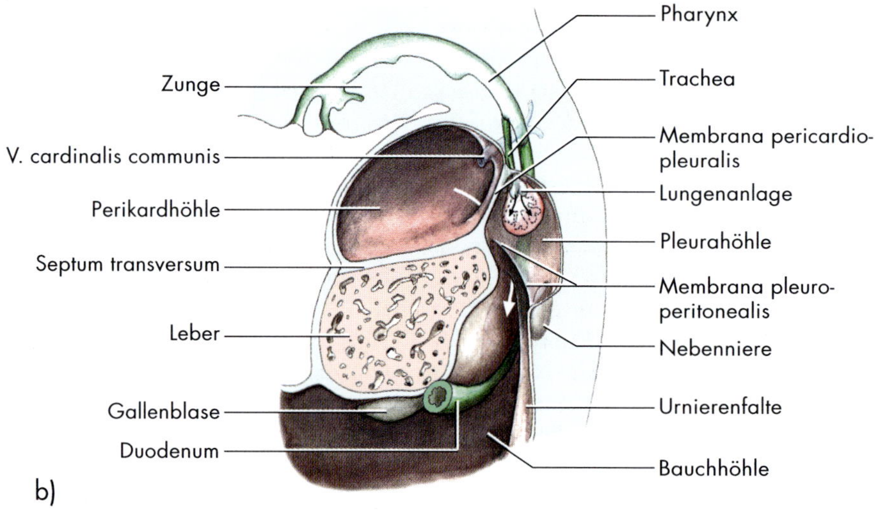

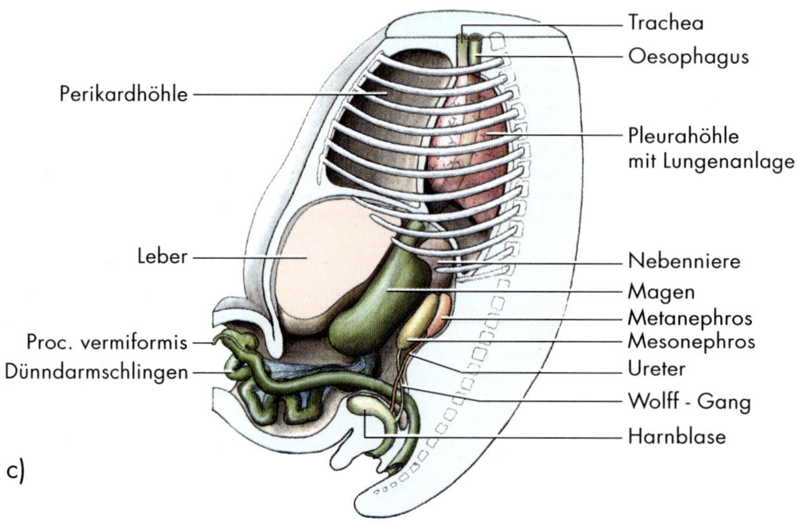

Organ im mittleren Bereich des Rumpfes, entwickeln kann (Abb. 53).

Lungen und zugehörige **Atemwege** entwickeln sich wie eine exokrine Drüse, nur dass die Endstücke, von denen das eigentliche proliferative Wachstum ausgeht, nicht Sekrete absondern, sondern hohl werden und mit dem angrenzenden Gefäßsystem zusammen den Gasaustausch ermöglichen. Das Gangsystem dieser gewissermaßen »modifizierten Drüse« wird zum Bronchialbaum, zur Trachea und zum Kehlkopf und übernimmt später die Luftleitung und Sprachbildung.

Die **Lungenentwicklung** vollzieht sich in vier Phasen. Die erste (frühembryonale Phase) reicht von der 4. bis zur 6. Woche und beginnt mit der Abfaltung der Lungenanlage vom Vorderdarm (späterer Oesophagus) durch die Laryngo-Trachealrinne an der Ventralseite des Vorderdarms (Abb. 53). Es bildet sich zunächst eine Knospe, die sich aber rasch – induziert durch das umgebende Mesenchym – dichotom in zwei Knospen aufteilt, wobei von vornherein eine Asymmetrie erkennbar wird (Abb. 54a). Die rechte Knospe ist nicht nur etwas kräftiger und mehr kaudalwärts gerichtet, sondern teilt sich auch etwas früher als die linke weiter auf. Die spätere Asymmetrie der rechten und linken Lunge mit ihrer unterschiedlichen Lappen- und Segmentgliederung ist damit bereits von Anfang an determiniert. Das Sprossungswachstum erfolgt nach dem Modell ungleichmäßiger dichotomer Teilungen, wobei sich die Endknospen – unter dem Einfluss von fördernden Wachstumsfaktoren des Mesenchyms – zunächst allseitig vergrößern, dann aber in der Mitte – diesmal durch entsprechende Hemmfaktoren induziert – im Wachstum zurückbleiben und sich zu Gangepithelien differenzieren (Abb. 54b und c). Auf diese Weise entstehen zunächst die Hauptbronchien, dann die Lappenbronchien (rechts drei, links zwei), schließlich, am Ende der frühembryonalen Phase, auch noch die Segmentbronchien (rechts 10, links 9).

Die anschließende **pseudoglanduläre Phase,** die bis zur 16. Woche reicht, führt zur Bildung zahlreicher kleiner Läppchen (Acini), ähnlich wie bei einer tubuloalveolären Drüse (daher der Name dieser Phase). Durch weiteres Aussprossen und Aufteilen entwickelt sich schließlich der gesamte spätere, luftleitende Teil des Bronchialbaumes bis zu den Bronchioli terminales (mindestens 15–20 Teilungsgenerationen).

Die dritte **(kanalikuläre) Phase** (16.–28. Woche) umfasst dann die Ausbildung des respiratorischen Anteils des Bronchialbaumes (Bronchioli respiratorii und Anlagen der Ductus alveolares), der von kleinen, kanälchenartigen Strukturen (Canaliculi) ausgeht (Abb. 55).

Die vierte und letzte Phase **(alveoläre Phase)** beginnt schon in der 26.–28. Woche mit der Bildung der zunächst noch primitiven Alveolen. Das bis dahin kubische Epithel der Canaliculi fängt an, sich langsam auszudünnen (Differenzierung von Typ-I-Pneumozyten) und mit den angrenzenden Kapillaren, die sich plötzlich sprunghaft vermehren und dichte Netze um die entstehenden Sacci alveolares herum ausbilden, Kontakt aufzunehmen. Gleichzeitig differenzieren sich auch Typ-II-Pneumozyten, die »Surfactant« zur Reduktion der Oberflächenspannung produzieren. Jedoch beginnt die definitive Ausgestaltung der Lungenalveolen erst kurz vor der Geburt (Abb. 55).

Dennoch ist die Lunge bereits zwei Monate vor der Geburt zu einem atmungsfähigen Organ geworden, so dass Frühgeborene (mit ärztlicher Hilfe) Überlebenschancen besitzen. Allerdings ist die Lunge bei der Geburt noch nicht voll ausgereift. Ähnlich wie beim Herzen ist der Übergang vom intra- zum extrauterinen Leben für dieses Organ ein dramatischer Moment. Nicht nur dass die Alveolen und Atemwege vorzeitig von Flüssigkeit freigepumpt und durch die Absonderung von Surfactant für die Luftbewegungen funktionsfähig gemacht werden müssten, müssten auch die noch relativ kurzen und dünnen alveolären Endabschnit-

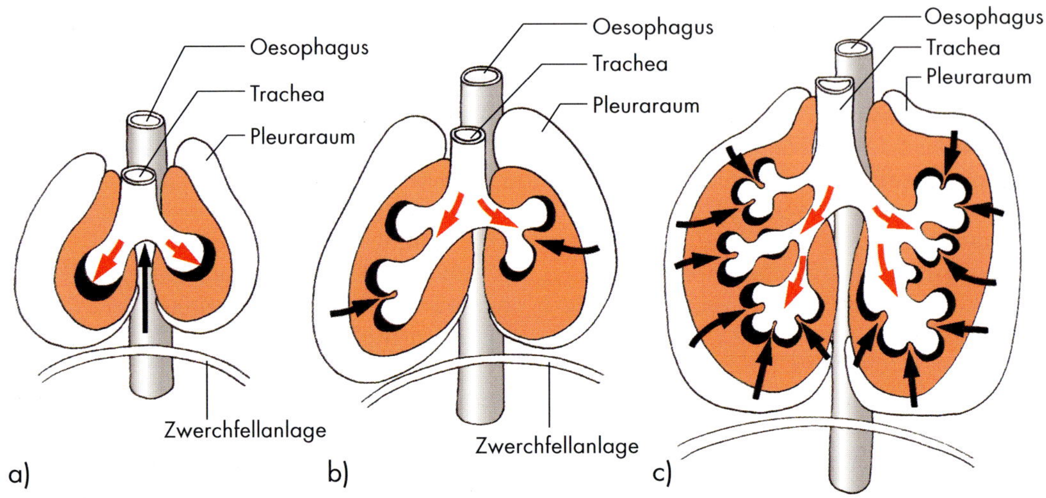

Abb. 54. Entwicklung von Bronchialbaum und Lungen. Nach der Abfaltung der Lungenknospen vom Vorderdarm (Oesophagus) findet ein drüsenähnliches Sprossungswachstum statt, wobei durch dichotome, proliferationshemmende Aufteilung der Endknospen (schwarze Pfeile) und longitudinale, auf Zellvermehrung beruhende Aussprossungen (rote Pfeile) ein bäumchenartiges Kanalsystem entsteht. Die proliferierenden Endknospen (schwarze Halbmonde) werden erst in der alveolären Phase (24.–25. Woche) zu Alveolen ausdifferenziert. Das umgebende Mesenchym (rot) hat durch Bildung spezifischer Faktoren entscheidenden Einfluss auf die Ausgestaltung der Lungenanlage. Man beachte die von vornherein angelegte Asymmetrie der rechten und linken Lungenlappen.
a) Etwa 28. Tag; **b)** etwa 32. Tag; **c)** etwa 42. Tag.

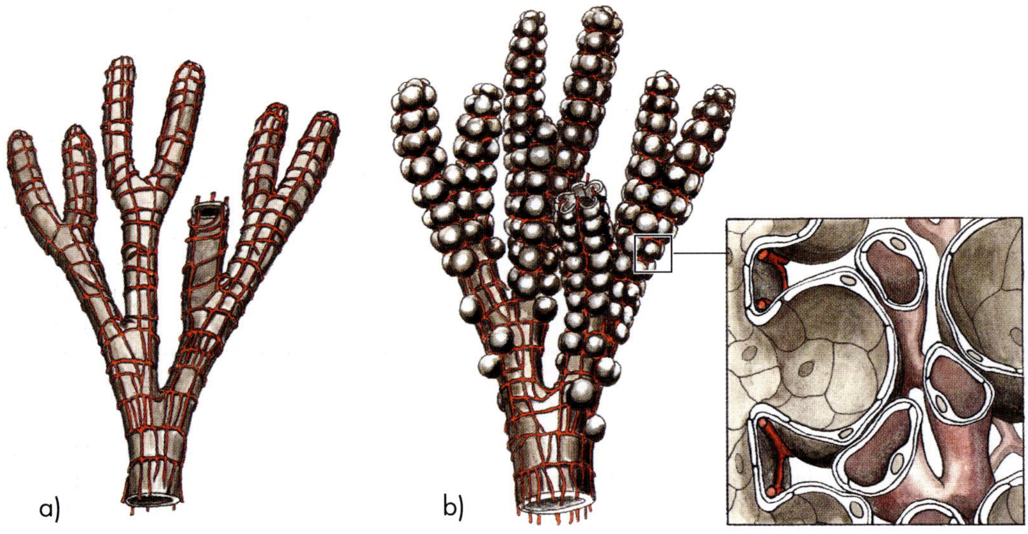

Abb. 55. Entstehungsmechanismus der Lungenalveolen. **a)** Um die zunächst langgestreckten, dichotom auswachsenden Canaliculi bilden sich zirkuläre, elastische Netze (rot).
b) In der alveolären Phase der Lungenentwicklung buchten sich die Alveolen zwischen den elastischen Netzen nach außen aus und bekommen Kontakt mit den umgebenden Kapillargeflechten (im Ausschnitt rötlich dargestellt) (modif. nach K. V. Hinrichsen).

te (∅ etwa 1/4 des adulten Zustandes) die gesamte Atemkapazität übernehmen.

Wann die **Pleurablätter** in der Fetalzeit sich so aneinander lagern, dass die Atemmechanik effektiv werden kann, ist nicht sicher bekannt. In der Fetalzeit besteht zunächst noch kein direkter Kontakt zwischen Pleura parietalis und visceralis. Die Lungen liegen frei im Pleuraraum und füllen ihn nur zur Hälfte aus. Wahrscheinlich wird die Adhäsion zwischen den Pleurablättern manifest, wenn die elastischen Ringe um die Alveolareingänge sich differenzieren, so dass die Alveolen sich in der Wand der zunächst noch gestreckten Sacculi alveolares seitlich ausbuchten können und das gesamte elastische Bindegewebsgerüst an der Pleura Fixationspunkte gewinnt. Das wäre etwa zwischen der 26. und 28. Woche, wo auch das Kapillarnetz und die Epithelien sich sprunghaft ausdifferenzieren und vielleicht auch erste Atembewegungen stattfinden.

Zur Zeit der Geburt sind die Interalveolarsepten aber immer noch nicht voll ausdifferenziert. Die Alveolen sind noch von einem doppelten Kapillarnetz umgeben. Die definitive Ausgestaltung und feinstrukturelle Differenzierung der Lungen als voll funktionsfähiges Atmungsorgan nimmt noch rund 3–4 Jahre nach der Geburt in Anspruch.

3.3 Bauchhöhle und Darmentwicklung

Wie oben dargestellt, bildet das Seitenplattenmesoderm im Kopfbereich zwei schlauchförmige Zölomhöhlen (Ductus pericardioperitoneales), die mit der Perikardhöhle zu einem hufeisenförmigen Hohlraum verschmelzen. Nach der Abtrennung der Brusthöhle von der Bauchhöhle durch das Zwerchfell (Septum transversum usw.) werden die kaudalen Schenkel dieser beiden Gänge zur peritonealen Auskleidung der Bauchhöhle verwendet, die daher im Oberbauchbereich paarig strukturiert ist und mit dem Darmrohr, d.h. dem Magen, jeweils ein dorsales und ventrales Meso ausbildet (Abb. 56a). Da das Seitenplattenmesoderm aber im Nabelbereich den Zusammenhang mit dem extraembryonalen Zölom bzw. Mesenchym noch nicht aufgegeben hat, besitzt der untere Teil der Bauchhöhle, in dem sich vor allem Dünn- und Dickdarm entwickeln, eine einheitliche peritoneale Auskleidung und eine breite Verbindung mit dem Nabelstrangzölom, wodurch der rasch wachsende Dünndarm zusätzlichen Entfaltungsraum gewinnt und sich trotz der noch viel zu kleinen Bauchhöhle weiterentwickeln und durch Schleifenbildungen und Drehungen formal ausdifferenzieren kann (Abb. 56b).

Wie bei der Herz- und Lungenentwicklung spielt die Gestaltung der Zölomhöhle auch hier für die Organentwicklung innerhalb des bereitgestellten Hohlraumes eine entscheidende Rolle.

3.3.1 Oberbauchorgane

Nach dem Zwerchfelldurchtritt des Ösophagus erweitert sich das durch ein dorsales und ventrales Meso gehaltene entodermale Darmrohr zum **Magen,** der anfangs die Form einer länglichen Spindel hat (Abb. 56a). Das dorsale Meso (Mesogastrium dors.) kommt von der dorsalen Rumpfwand, das ventrale (Mesogastrium ventr.) verbindet den Magen mit der rasch wachsenden und viel Raum einnehmenden Leber. Die Leber hängt vorne noch breitflächig mit der Bauchwand zusammen, so dass hier anfangs noch kein Meso existiert. Später bildet sich hier das Mesohepaticum ventrale. Hinten wird die Leber zum Teil durch ein kleines »Nebengekröse« mit der dorsalen Rumpfwand verbunden, verklebt aber an dieser Stelle später breitflächig mit der Rumpfwand, wodurch die Pars affixa oder Area nuda entsteht. Nun beginnt die linke Magenwand stärker zu

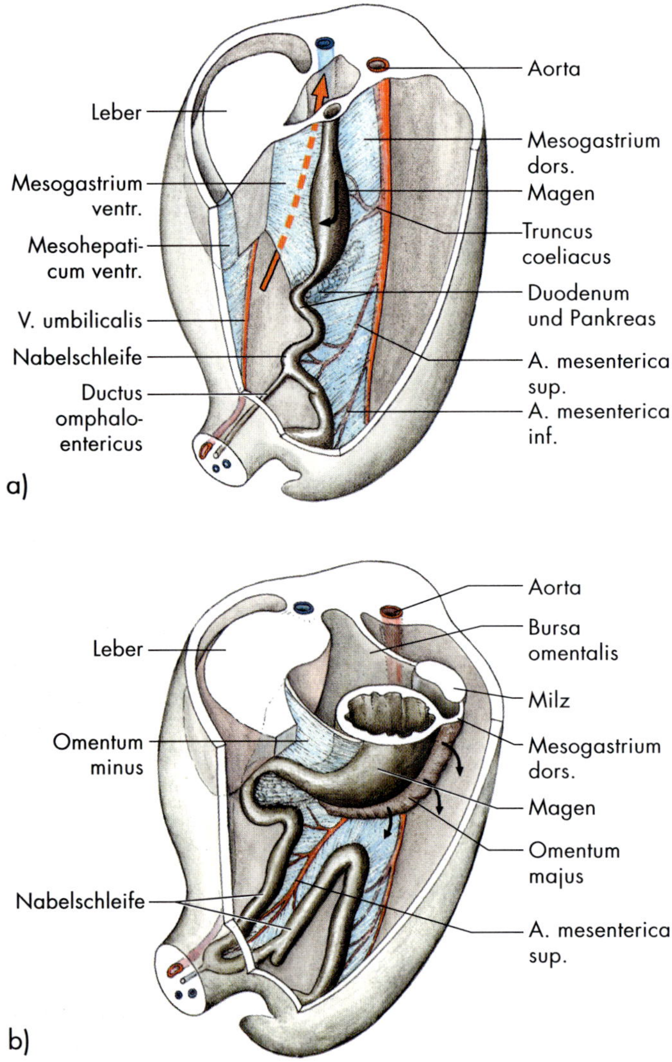

Abb. 56. Entstehung der Bursa omentalis.
a) Durch Drehung und Senkung des Magens (Pfeil) vergrößert sich der Recessus hepato-entericus (roter Pfeil) zur Bursa omentalis (etwa 37. Tag). Die Leber verlagert sich nach rechts, so dass das Mesohepaticum dors. (Teil des Mesogastrium ventr.) eine frontale Lage erhält und zum Omentum minus wird.
b) Späteres Stadium (etwa 45. Tag). Die Magendrehung ist vollzogen. Die Bursa omentalis hat sich konstituiert. Vom Mesogastrium dors. wächst das Omentum majus aus und schiebt sich kaudalwärts über das Darmkonvolut (Pfeile).

wachsen und sich stark auszubuchten, so dass der Magen eine »Drehung« um 90° ausführt und die große Kurvatur nach links, die kleine nach rechts verlagert wird (Abb. 56b). Dadurch erhält das anfangs sagittal eingestellte ventrale Mesogastrium eine frontale Stellung, während das dorsale sich nach links verlagert und durch die sich darin entwickelnde Milz eine taschenförmige Ausbuchtung erhält, die zusammen mit dem hinter dem Magen entstandenen Spaltraum zur Bursa omentalis wird (Abb. 56b). Gleichzeitig verlagert sich durch unterschiedliche Wachstumsgeschwindigkeiten im entodermalen Darmrohr der nachfolgende Darmabschnitt, das **Duodenum,** an die dorsale Bauchwand und bekommt eine (sekundär) retroperitoneale Lage.

Auch bei der Entwicklung des Magen-Darm-Kanals spielt der kranio-kaudale Wachstumsgradient eine wichtige Rolle. Lag der **Magen** am 32. Tag noch in Höhe von C_7

bis Th_4, deszendiert er etwa am 41. Tag auf die Höhe von Th_6 und Th_{11} und erreicht erst etwa am 50. Tag seine definitive Lage zwischen Th_{11} und L_3. Durch diesen »Descensus« und die gleichzeitige Retroperitonealverschiebung der C-förmigen Duodenumschleife in Höhe des zweiten Lendenwirbels wird der Magen schließlich mehr und mehr nach links und mit dem Pylorusteil in die Horizontale verlagert (Abb. 56). Vom absteigenden, rechts der Wirbelsäule gelegenen Duodenalabschnitt sprossen dann die beiden großen Drüsen des Oberbauches aus, nämlich Leber und Pankreas.

Pankreasentwicklung

Das **exokrine Pankreas** bildet sich aus zwei Anlagen, einer ventralen und einer dorsalen. Zuerst entsteht eine dorsale Ausknospung der Duodenalwand (etwa 26. Tag), die den größten Teil des Pankreaskörpers bildet und sich horizontal an der dorsalen Bauchwand bis zur Milz vorschiebt. Kurz darauf (28. Tag) kommt dann noch eine ventrale Pankreasanlage hinzu, die etwas unterhalb des Leber- und Gallengangsdivertikels aus der Duodenalwand aussprosst. Durch ungleiche Wachstumsgeschwindigkeiten in der Zirkumferenz der Darmwand verschiebt sich dann die ventrale Anlage nach dorsal und medial, wobei ihr Ausführungsgang mit dem Gallengang, dem späteren Ductus choledochus, verwächst (Abb. 57). Anschließend verschmelzen beide Pankreasanlagen vollständig miteinander. Nur das Ausführungsgangsystem weist später noch auf die unterschiedliche Herkunft beider Anlagen hin. Die ventrale Anlage liefert die hinteren Abschnitte des Pankreaskopfes, den Processus uncinatus und den Endabschnitt des Ductus pancreaticus, während die dorsale Anlage den vorderen Teil des Pankreaskopfes, Körper und Schwanz sowie den Hauptteil des Ausführungsgangsystems bildet. Der inkonstante Ductus pancreaticus accessorius stammt aus der dorsalen Anlage (Abb. 57).

Fehlbildungen

Wenn die ventrale Pankreasanlage zwei Lappen bildet, die nicht nur nach dorsal, sondern auch nach ventral wandern, bildet sich ein Drüsenring um das Duodenum, der zu Einengungen und Dysfunktionen führen kann (**Pancreas anulare**).

Endokrines Pankreas. In der 9. Woche wachsen aus dem Epithel der Pankreasgänge Zellen aus, die endokrine Funktionen übernehmen und sich zu den **Langerhans-Inseln** weiterdifferenzieren. Während das exokrine Pankreasgewebe in der Fetalzeit noch keine funktionelle Bedeutung hat, bildet das **Inselorgan** bereits frühzeitig Hormone. Im fetalen Pankreas macht die Inselmasse fast 5% des gesamten Pankreasgewebes aus (beim Erwachsenen 1,5%) und besteht hauptsächlich aus Insulin produzierenden B-Zellen. Diese Tatsache erklärt sich wahrscheinlich daraus, dass Insulin und die verwandten Hormone (z. B. Somatomedin I und II usw.) wachstumsfördernd wirken. Somit wäre das Pankreas zusammen mit der Leber das funktionell wichtigste Organ für den embryonalen Stoffwechsel.

Leberentwicklung

Die Leber erfährt schon sehr frühzeitig eine ungewöhnlich rasche und wachstumsintensive Entwicklung, was auf eine für die Keimesentwicklung besonders wichtige Funktion schließen lässt. In einem eng umgrenzten ventralen Abschnitt des Entodermrohres (dem späteren Duodenum) wird schon am 25./26. Tag die Leberanlage von der angrenzenden Herzanlage als primäres, intraembryonales Organ für die Blutbildung und damit für den gesamten Embryonalkreislauf induziert. Das Herz schafft sich damit frühzeitig sein »Zulieferungsorgan«, denn ohne Blut könnte es seine Funktion nicht erfüllen (Abb. 37).

Die Leberanlage entwickelt sich wie eine exokrine Drüse, ausgehend von einer epithe-

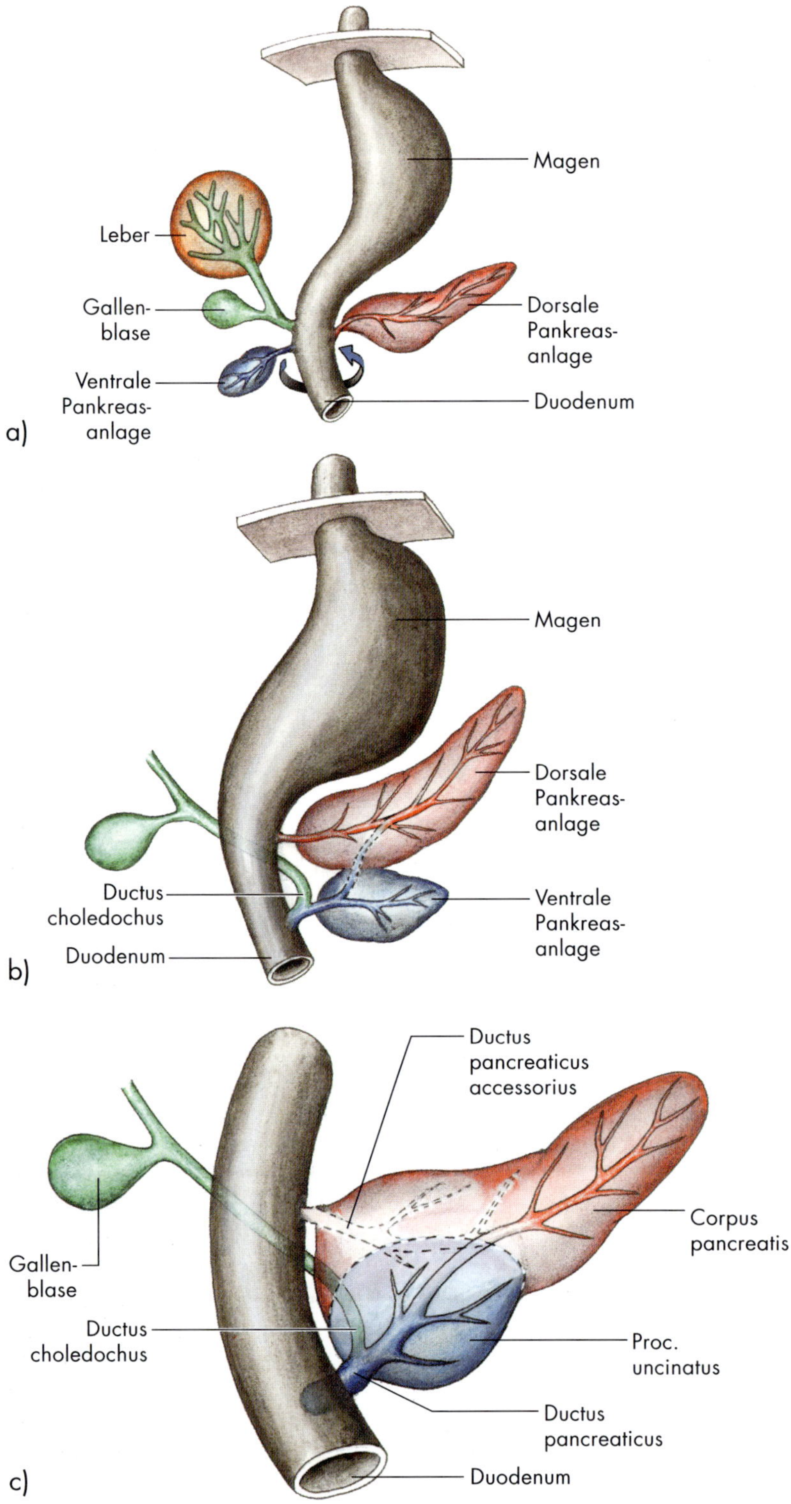

Abb. 57. Entwicklung des Pankreas durch Aussprossung einer ventralen und dorsalen Anlage aus dem Duodenum.
a) Ventrale (blau) und dorsale (rot) Pankreasanlagen haben sich gebildet (26.–28. Tag). Die ventrale Anlage verlagert sich nach dorsal (Pfeil). Ihr Ausführungsgang vereinigt sich mit dem Gallengang (vgl. Abb. b).
b) Dorsale und ventrale Pankreasanlagen verschmelzen miteinander. Der Ausführungsgang der dorsalen Anlage bekommt eine Verbindung mit dem Ausführungsgang der ventralen Anlage (gestrichelte Linien) (etwa 35. Tag).
c) Vollständige Verschmelzung der beiden Pankreasanlagen und Neugliederung des Ausführungsgangsystems (etwa 42. Tag).

lialen Knospe, aus der die **Leberzellstränge** hervorgehen, und einem epithelialen Ausführungsgangsystem, das sich zum System der Gallengänge differenziert. Die von der Darmwand aussprossenden Epithelzellen wachsen zunächst in das Mesenchym des Septum transversum ein, einem Teil des späteren Zwerchfells, und formieren sich zu unregelmäßigen, reichlich mit Mesenchym durchsetzten Strängen und Platten. In das Lebermesenchym wandern dann von der dorsalen Bauchwand aus **Hämozytoblasten** ein, die sich innerhalb der Leberanlage so intensiv vermehren, dass bis zur Mitte der Schwangerschaft etwa 60% der Leber aus blutbildendem Gewebe besteht. Die Leber ist damit bis etwa zum 7. Monat das wichtigste Zentrum der Blutbildung (vgl. auch Abb. 36).

In der zweiten Hälfte der Schwangerschaft beginnen die hämatopoetischen Zellen Hemmfaktoren zu produzieren, wodurch die Blutbildung eingeschränkt und die Entwicklung von Hepatozyten gefördert wird. Das führt dazu, dass immer mehr Hämozytoblasten in das neu entstandene Knochenmark auswandern und dort mit der medullären Blutbildung beginnen. Mit zunehmender Invasion von v.-Kupffer-Zellen, Gefäßendothelien und Mesenchymzellen sowie auch nach stärkerer Ausbildung von extrazellulärer Matrix beginnen die Leberzellstränge, sich neu zu organisieren und – meist erst kurz vor der Geburt – die für die Leber typische Läppchenarchitektur zu entwickeln.

Zwischen Hämozytoblasten und **Hepatoblasten** bleibt zeitlebens eine enge funktionelle Beziehung bestehen. Abgesehen davon, dass in der adulten Leber immer noch Stammzellen mit Blutbildungspotenzen vorhanden sind, aus denen sich in bestimmten Krankheitssituationen wieder Blutbildungsherde entwickeln, können sich – wie experimentelle Untersuchungen gezeigt haben – auch aus Hämozytoblasten des Knochenmarks, wenn sie in die Leber transplantiert werden, Hepatoblasten und Leberzellen differenzieren. Eine Implantation von Knochenmarkszellen in andere Organe führt niemals zur Entwicklung von Leberparenchym. Offenbar stellt die Leber, auch im adulten Zustand, immer noch ein Umfeld dar, in dem sich – ähnlich wie in der Fetalzeit – blutbildende Zellen in Leberzellen transformieren können. Man versucht daher neuerdings auch, Knochenmarkszellen bei Lebertransplantationen mit zu verwenden.

Die zahlreichen, z.T. zentralen Stoffwechselfunktionen, die die Leber im adulten Organismus zu erfüllen hat, sind embryonal noch nicht ausgebildet. Zwar verfügt die embryonale Leber über die Fähigkeit, Glykogen zu speichern, jedoch nicht, dieses wieder abzubauen. Die Leberzellen beteiligen sich aber am Aufbau des für die Erythropoese benötigten Hämoglobins. Auch der Abbau des Hämoglobins erfolgt in der Leber, so dass Gallenfarbstoffe in den Darm gelangen. Daher hat das erste Ausscheidungsprodukt des Neugeborenen, das sog. »Kindspech« (Meconium), meist eine tiefbraune Farbe.

Einen enterohepatischen Kreislauf von Gallenfarbstoffen und Gallensäuren gibt es jedoch in der Fetalzeit noch nicht, da der Darm noch keine bakterielle Besiedlung aufweist. Das fetal entstehende Bilirubin wird weitgehend über die Plazenta ins mütterliche Blut abgegeben und in der Leber der Mutter abgebaut.

Zunächst wird die Leber als ein in zwei gleich große Lappen symmetrisch gegliedertes Organ angelegt. In der späten Fetalzeit bleibt jedoch der linke Leberlappen im Wachstum zurück, so dass die Leber zunehmend nach rechts verlagert wird (Abb. 58).

Ähnlich wie bei der Lunge findet auch bei der Leber die funktionelle Ausreifung, insbesondere im Hinblick auf die vielfältigen Stoffwechselfunktionen und die so wichtige Entgiftungsfunktion, erst nach der Geburt statt, wenn der Magen-Darm-Kanal durch die Nahrungsaufnahme seine Funktionen als Ernährungs- und Immunorgan aufgenommen hat.

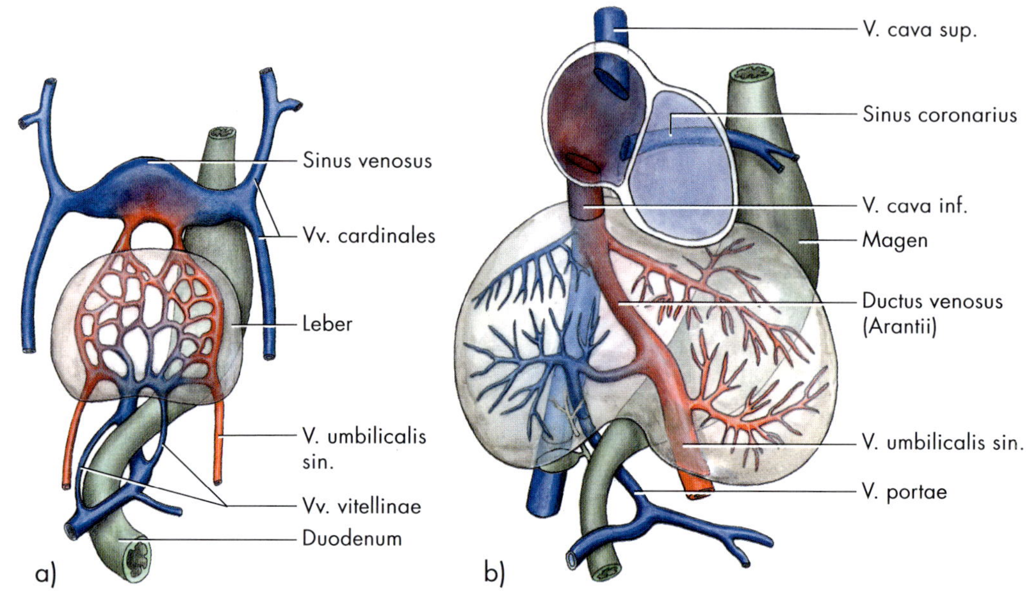

Abb. 58. Entwicklung der Leber und der zugehörigen Venen. **a)** Etwa 33. Tag; **b)** etwa 41. Tag).
Die zum Sinus venosus und zur Leber führenden Venen sind anfangs paarig. Bei den Dottersackvenen (Vv. vitellinae) bleibt nur die rechte, bei den Umbilikalvenen nur die linke, die auch das Kurzschlussgefäß des Ductus venosus liefert, erhalten (modif. nach K.V. Hinrichsen).

3.3.2 Unterbauchorgane

Die anfangs noch sehr kleine untere Bauchhöhle steht breitflächig mit dem Nabelzölom in Verbindung, so dass der Mitteldarm, der zunächst (etwa am 32. Tag) eine langgestreckte Schleife **(Nabelschleife)** ausbildet, nur ein dorsales Meso besitzt. Darin verläuft die A. mesenterica sup., die dadurch zur Achse für die nun folgende »Drehung« der Nabelschleife wird (Abb. 59a). Ausgelöst werden diese Drehbewegungen durch das unterschiedliche Längenwachstum des Darmschlauches, das von kranial nach kaudal abnimmt (kraniokaudaler Wachstumsgradient) und am Dünndarm stärker ausgeprägt ist als am Dickdarm. Da der sich verlängernde Dünndarm zunächst in der noch engen Bauchhöhle keinen Platz findet, verlagert er sich, vielfache Schlingen bildend, etwa vom 44. Tag an zunehmend in das Nabelzölom (sog. physiologischer Nabelbruch). Erst in der frühen Fetalzeit (10.–12. Woche), wenn auch der Bauchraum größer geworden ist, werden die Dünndarmschlingen nach und nach (sozusagen »schlingenweise«) in die Bauchhöhle reponiert.

Die Fußpunkte der Nabelschleife liegen im Bereich der dorsalen Rumpfwand, d.h. oben in Höhe der späteren Flexura duodenojejunalis, unten in Höhe der späteren Flexura coli sin. Vom Scheitel der Nabelschleife geht der Ductus omphalo-entericus (Ductus vitellinus) ab, der noch mit dem Rest des Dottersacks zusammenhängt. Der obere Schenkel wird vom Dünndarm, der untere (nur im mittleren und hinteren Abschnitt) vom Dickdarm gebildet. Der Übergang vom Dünndarm zum Dickdarm wird durch die Zäkumknospe und die Appendixanlage markiert (Abb. 59a).

Eingeleitet wird die **»Drehung der Nabelschleife«** durch das vorauseilende Längenwachstum des Duodenums, so dass sich ihr

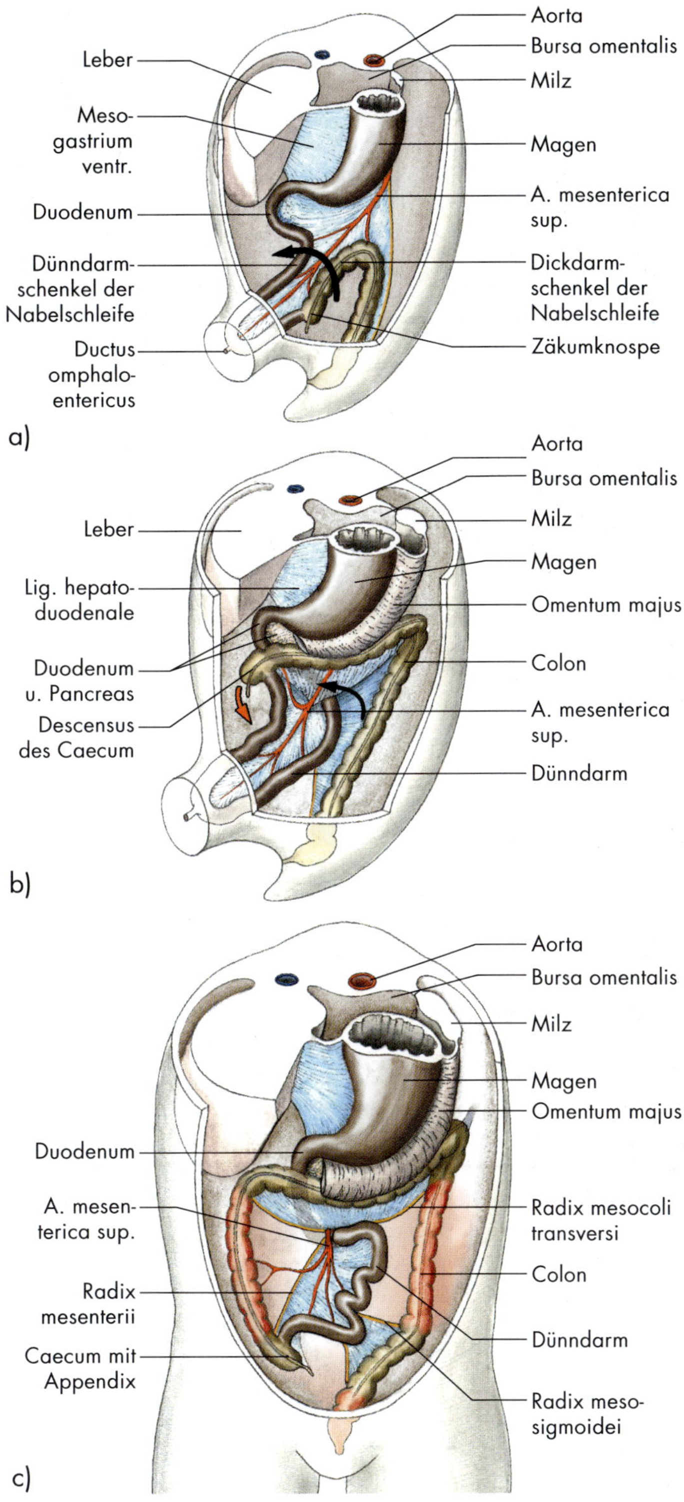

Abb. 59. Entwicklung des Darmrohres und der zugehörigen Mesenterien innerhalb der Bauchhöhle.
a) Beginnende Drehung der Nabelschleife um die Achse der A. mesenterica sup. (etwa 45. Tag). Durch die Drehung des Magens beginnt sich die Bursa omentalis auszubilden.
b) Drehung der Nabelschleife und Entwicklung der Peritonealverhältnisse im Bereich der Bauchhöhle.
Der Kolonschenkel der Nabelschleife hat sich über den Dünndarmschenkel hinweg nach rechts oben unter die Leber geschoben (Pfeil) und beginnt sich mit der Zäkumknospe nach unten zur Fossa iliaca zu verlagern (roter Pfeil) (Descensus caeci) (etwa 70. Tag).
c) Bildung der definitiven Kolongirlande und sekundäre Anheftung der mesenterialen Duplikaturen von Colon ascendens und descendens (farblich hervorgehoben) an die dorsale Rumpfwand, wodurch die mesenterialen Radices (orange) entstehen (etwa 77. Tag).

oberer Fußpunkt, die Flexura duodenojejunalis, nach links unter das Kolon verschiebt. Da der Dickdarm gegenüber dem rasch länger werdenden Dünndarm im Wachstum zurückbleibt, bildet sich ein Dünndarmkonvolut, das sich – wie erwähnt – teilweise bis in das Nabelzölom hinein verlagert. Der Dickdarmschenkel der Nabelschleife schiebt sich nun oben über den Dünndarmschenkel hinweg und beginnt eine girlandenartige Klammer (Kolongirlande) um das Dünndarmkonvolut herum zu bilden – gewissermaßen um das überschießende Dünndarmwachstum »einzudämmen« und zu fixieren. Damit beginnt die sog. »Drehung« der Nabelschleife, die insgesamt etwa 270° (gegen den Uhrzeigersinn) ausmacht. Der Kolonschenkel verlagert sich zunächst nach oben-rechts unter die voluminöse Leber, verschiebt sich dann aber rasch nach unten-rechts bis zum Becken, wodurch die Kolongirlande vervollständigt wird (Abb. 59b). Jetzt bekommen Colon ascendens und descendens mit der dorsalen Bauchwand Kontakt und verkleben vollständig mit ihr (sekundäre retroperitoneale Lage). Dadurch entstehen für das zugehörige Meso zwei ausgedehnte Anheftungsfelder an der dorsalen Bauchwand sowie für das Mesenterium des jetzt schon größtenteils reponierten Dünndarmkonvoluts eine neue Fixationszone **(Radix mesenterii),** die schräg von links-oben nach rechts-unten, d.h. von der Flexura duodenojejunalis bis zum Caecum verläuft (Abb. 59c). Da das Colon transversum intraperitoneal liegen bleibt, entsteht auch hier eine neue Anheftungswurzel für das Meso, die horizontal von der Flexura coli dext. zur Flexura coli sin. verläuft und dabei Duodenum und Pankreas überkreuzt (Radix mesocoli transversi). Das an das Colon descendens anschließende Sigmoid bleibt ebenfalls intraperitoneal liegen, so dass auch hier neue Anheftungszonen für das Mesosigmoid entstehen (Abb. 59c).

Bei der Dorsalverschiebung und Anheftung des Colon ascendens kommt es im Zäkumbereich zu einer Rechtsdrehung, wodurch der ursprünglich vorne abgehende **Wurmfortsatz** nach hinten (retrozökal) oder nach medial-innen verlagert wird. Die zahlreichen, beim Erwachsenen beobachteten Lagevariationen der Appendix erklären sich aus dieser Tatsache.

Embryonal ist der Darm noch nicht funktionsfähig, da noch keine Nahrungsaufnahme erfolgt. Entsprechend bilden sich die funktionellen Differenzierungen erst nach der Geburt vollständig aus. So hat beispielsweise der Dickdarm embryonal noch Zotten und der Ösophagus teilweise Flimmerepithel. Der Magen bildet zwar schon Spezialzellen für die Salzsäureproduktion und Peptidverdauung, funktionsfähig werden diese jedoch erst in den ersten Lebenswochen. Während der Schwangerschaft schluckt der Embryo Amnionflüssigkeit, die im Darm auch resorbiert wird. Welche Bedeutung jedoch diese »Zirkulation des Fruchtwassers« durch den Embryonalkörper für die fetale Entwicklung hat, ist noch nicht vollständig geklärt.

3.4 Beckenhöhle und Retroperitonealraum – Entwicklung des Urogenitalsystems

Die zentrale Aufgabe des Urogenitalsystems ist die Ausscheidung entweder von Stoffen, die für den Körper unbrauchbar geworden sind (uropoetisches System, Harnorgane), oder von Zellen, die zwar für den Organismus selbst keine Rolle spielen, aber für die Erhaltung der Art notwendig sind, nämlich Geschlechtszellen oder Gameten (Genitalsystem). Diese funktionelle Koppelung zweier scheinbar so verschiedener Systeme macht auch die engen entwicklungsgeschichtlichen Beziehungen dieser beiden Systeme verständlich.

3.4.1 Nierenentwicklung und Harnwege

Das Anlagematerial für Nieren und Harnwege stammt aus dem intermediären unsegmentierten Mesoderm, das Somiten und Seitenplattenmesoderm miteinander verbindet (Somitenstiele) und nach Auflösung der Somiten ein zusammenhängendes, vom Hals- bis zum Sakralbereich reichendes Blastem (Holonephros) ausbildet (Abb. 60 und 61). Dieses lässt sich in drei **Nierengenerationen** gliedern, die – entsprechend dem kraniokaudalen Wachstumsgradienten – von oben nach unten nacheinander entstehen, und zwar in Höhe der Halssegmente zunächst die Vorniere (Pronephros), in Höhe der Brust- und oberen Lumbalsegmente die Urniere (Mesonephros) und im Bereich der Sakralsegmente die bleibende oder Nachniere (Metanephros) (Abb. 61).

Im Bereich der **Vorniere (Pronephros)** beginnen sich aus dem Mesenchym des intermediären Mesoderms vom 22. Tag an fünf bis sieben kleine, etwas gewundene Tubuli zu epithelialisieren, die teilweise sogar mit dem Zölom Kontakt bekommen. Daneben können außer internen Glomerula auch ins Zölom hereinragende externe oder Zölomglomerula auftreten (Abb. 60), ähnlich wie sie bei niederen Wirbeltieren vorkommen. Die Nierentubuli und Glomerula der Vorniere bilden sich aber schon zwischen dem 24. und 25. Tag wieder zurück. Bleibende Bedeutung erlangt nur der Vornierengang, der aus dem dorsal gelegenen Mesenchym aussprosst und kaudalwärts vorwächst, wobei er sich epithelialisiert und ein Lumen bekommt (Abb. 60). Dieser Gang **(Wolff-Gang)** bekommt im Bereich der Urniere Anschluss an die Urnierenkanälchen und erreicht (etwa am 26. Tag) die Kloake. Kurz vorher sprosst aus dem Wolff-Gang die **Ureterknospe** aus, die sich nach kranial vorschiebt und im intermediären Mesoderm der Sakralsegmente die Bildung des metanephrogenen Gewebes, das sich kappenartig um die Ureterknospe herumlegt, induziert. Beide Anlagen entwickeln sich später zur Nachniere und zu den ableitenden Harnwegen (Abb. 61).

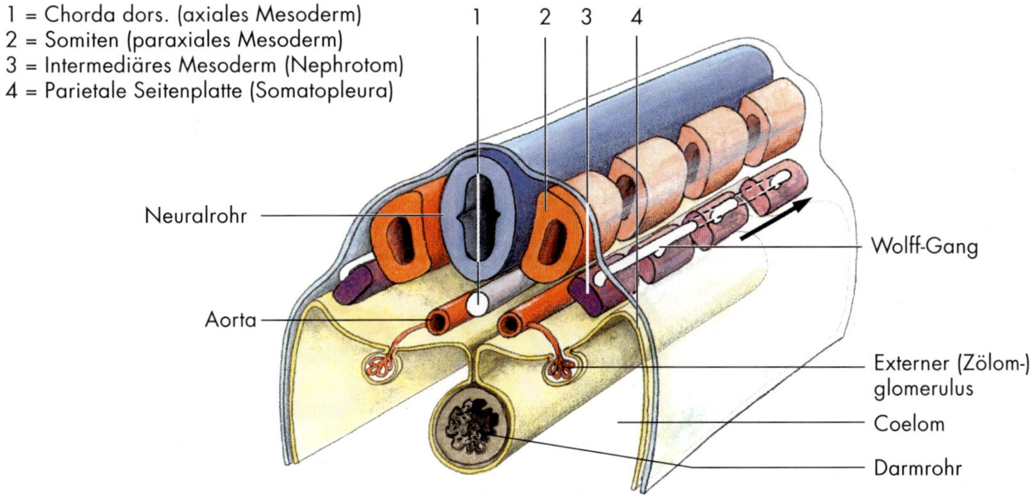

Abb. 60. Entstehung der Vor- und Urniere aus dem intermediären Mesoderm (sog. Nephrotome). Durch kaudalwärts gerichtete Aussprossung röhrenförmiger, zunächst solider Fortsätze, die miteinander verwachsen (Pfeil), entsteht der Vornieren- bzw. Urnierengang (Wolff-Gang).

Die Bildung der **Urniere (Mesonephros)** beginnt – induziert vom Wolff-Gang – im unmittelbaren Anschluss an die Entwicklung der Vorniere etwa in der 4. Woche. Ihre Rückbildung fängt aber bereits in der 8. Woche an. Pro Segment differenzieren sich jeweils zwei bis drei birnenförmige Bläschen, die zu Tubuli auswachsen, die jeweils an dem einen Ende in den Wolff-Gang einmünden, an dem anderen (blinden) Ende aber Glomerula aufnehmen und Nierenkörperchen bilden. Insgesamt entstehen auf diese Weise nicht mehr als 80 Nierenkanälchen. Da sich die kranialen Tubuli aber schon wieder zurückbilden, während die kaudalen noch im Entstehen begriffen sind, findet man in der Urniere zur gleichen Zeit nie mehr als 30 bis 40 Nierenkanälchen. Die Urniere ist bei einigen Säugern (z.B. Schwein) intrauterin funktionstüchtig, beim Menschen jedoch nur zwischen der 6. und 10. Woche in ganz geringem Ausmaß. Bei weiblichen Feten bildet sie sich vollständig zurück, bei männlichen wird sie zum Nebenhoden, wobei sich der Wolff-Gang zum Samenleiter differenziert (s.u.).

Die **Nachniere (Metanephros)** entwickelt sich (etwa am 32. Tag) – wie erwähnt – aus zwei Anteilen, 1. der Ureterknospe des Wolff-Ganges und 2. dem metanephrogenen Blastem (Abb. 61). Beide Anlagenelemente bleiben während der ganzen Zeit der Organentwicklung in engem Kontakt und beeinflussen sich induktiv gegenseitig. Aus der Ureterknospe geht durch kontinuierliche, rasch aufeinander folgende, dichotome Teilungen das gesamte System der ableitenden Harnwege hervor, d.h. Ureter, Nierenbecken, Nierenkelche und Sammelrohre. Aus dem metanephrogenen Gewebe differenzieren sich die Nierentubuli (Nephrone) und zusammen mit den Glomerula auch die Nierenkörperchen. Diese Differenzierung geht in der Nierenrinde von außen nach innen vor sich, wobei die proliferierenden Blastemanteile außen und die zunehmend weiter ausdifferenzierten Nierenkanälchen und Glomerula weiter innen zu liegen kom-

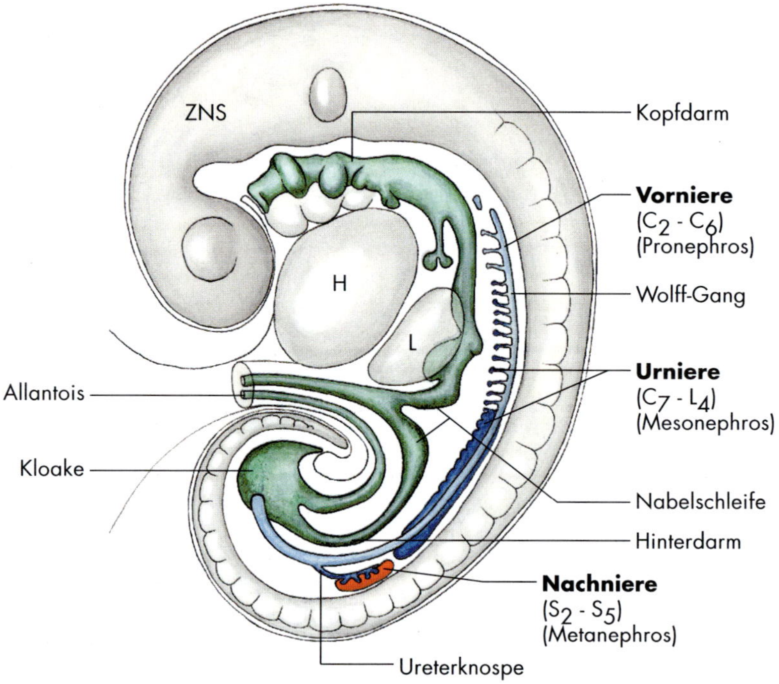

Abb. 61. Schema der drei embryonalen Nierengenerationen im Bereich der dorsalen Rumpfwand.
H = Herzbeutel
L = Leberanlage
ZNS = zentrales Nervensystem

men. Induziert von den aus der Ureterknospe stammenden Gängen (spätere Sammelrohre) epithelialisiert sich Ende der 6. Woche in der Rinde aus dem metanephrogenen Blastem jeweils ein Bläschen, das sich rasch in einen gewundenen Tubulus weiterentwickelt. Dieser bildet an seinem blinden Ende löffelartige Schalen (Anfang der 7. Woche), in die sich glomerulusartige Gefäßschlingen hineinlegen. Der Tubulus selbst verlängert sich nun so, dass zum Mark hin eine langgestreckte Schlinge entsteht (die spätere Henle-Schleife). Da aber der distale Teil des Tubulus während des Auswachsens dieser Schlinge jeweils den Kontakt mit »seinem« Glomerulus behält und hier die spätere Macula densa ausbildet, hat jedes Nephron sein eigenes Nierenkörperchen und Regulationsorgan, was für die innere, sehr streng geordnete Architektur der Niere funktionell von großer Bedeutung ist (Abb. 62). Die von den Sammelrohrepithelien induzierte Bildung neuer Nephrone aus dem metanephrogenen Gewebe sistiert etwa einen Monat vor der Geburt. Die Ausdifferenzierung der Nierenkörperchen und Tubulusepithelien geht jedoch weiter und nimmt auch nach der Geburt noch längere Zeit in Anspruch.

Ein kritischer Punkt in der Nierenentwicklung ist die Verbindung der blind endenden Aussprossungen der Sammelrohre, die aus der Ureterknospe entstanden sind, mit den Nierentubuli, die aus dem metanephrogenen Blastem hervorgegangen sind. Normalerweise verschmelzen die blinden Enden beider Anlagen (etwa in der 10. Woche) miteinander, so dass ein einheitliches Gangsystem zustande kommt (Abb. 62).

Fehlbildungen

Bei der **Zystenniere** bleibt die Vereinigung des Nephrons mit dem Sammelrohr aus, so dass sich die Nephrone nach Einsetzen der Ultrafiltration in den Glomeruli aufblähen und Zysten bilden. Die Zystenniere ist eine häufige Fehlbildung der Nieren. Sie kann, je nach der Anzahl der Zysten,

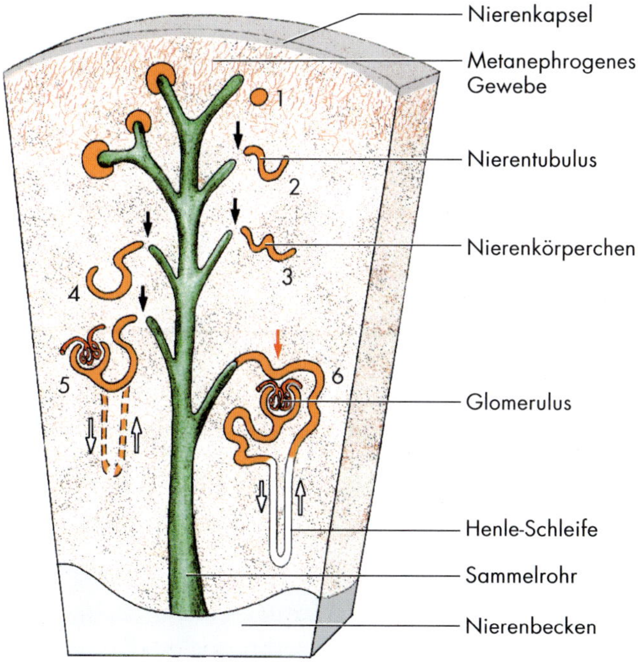

Abb. 62. Entwicklung der Nierenkörperchen und Nephrone (rot) in der Nachniere. Schematisch dargestellt sind sechs aufeinander folgende Differenzierungsstufen (1–6). Man beachte, dass die Nierentubuli nach Auswachsen der Henle-Schleife ihren Kontakt mit dem Nierenkörperchen behalten (roter Pfeil). Hier entsteht die Macula densa. Die aus der Ureterknospe stammenden Sammelrohre (grün) enden zunächst blind (schwarze Pfeile) und gewinnen erst sekundär Anschluss an die Schaltstücke der Nierentubuli.
Helle Pfeile = Stromrichtung in den Henle-Schleifen.

lebensbedrohlich sein. Eine kleinere Anzahl von Zysten findet sich jedoch bei Erwachsenen sehr häufig.

Die eigentliche Funktion der Niere als harnbildendes Organ setzt erst nach der Geburt ein, obwohl kleinere Mengen von Harn schon intrauterin in die Amnionflüssigkeit abgesondert werden. Diese Exkretion ist jedoch wichtig für den Erhalt der Amnionhöhle. Ist sie vermindert, trocknet die Amnionhöhle gewissermaßen aus; es entsteht ein **Oligohydramnion,** eventuell gekoppelt mit einer Unterentwicklung der Nieren oder anderen Missbildungen. Die Niere drosselt aber während der Fetalzeit noch die Durchblutung der Glomeruli, u. a. durch eine Reninproduktion, die schon in der Mitte der Schwangerschaft einsetzt. Ob die Niere embryonal auch noch andere Wirkstoffe produzieren kann, z. B. Erythropoietin für die Blutbildung, ist nicht sicher erwiesen.

Schicksal der Kloake

Unmittelbar nach der Abfaltung der Keimscheibe vom Dottersack sprosst vom noch blind endenden Hinterdarm die **Allantois** aus, die sich im Nabelstrangzölom bläschenförmig erweitert und als embryonale Harnblase angesehen werden kann. Enddarm und Allantois bilden dadurch ein Sammelbecken für flüssige und feste Ausscheidungsprodukte, die **Kloake,** wie sie bei eierlegenden Wirbeltieren (Vögel, Reptilien) zeitlebens persistiert. Der Mensch wiederholt also auch hier wieder eine Bauplanstufe der Stammesgeschichte. Die Allantois als solche degeneriert, der untere Teil bleibt aber erhalten und wird zur Anlage von Harnblase und Harnröhre (Abb. 63). Die Verbindung mit dem Nabelstrang wird zum Urachus, dessen Rest postnatal als bindegewebiger Strang im Lig. umbilicale medianum noch nachweisbar ist. In die Kloake mündet der Ausführungsgang der Urniere (Wolff-Gang) ein, von dem die Ureterknospe auswächst (Abb. 63a). Nun schiebt sich ein stark proliferierendes Bindegewebe von oben zwischen Hinterdarm und Kloake ein (Septum urorectale) (4.–6. Woche) und trennt dadurch den Enddarm (späteres Rektum) von der Kloake ab, so dass vorne ein neuer Raum entsteht, der **Sinus urogenitalis** (Abb. 63b). Dadurch sind jetzt die beiden Exkretionssysteme endgültig voneinander getrennt. Die Stufe der höheren Wirbeltiere ist erreicht.

Durch Ausweitung des Sinus urogenitalis wird nun das gemeinsame Gangstück von Ureterknospe und Wolff-Gang in den Sinus urogenitalis einbezogen, so dass dann beide Gänge getrennt in den Sinus, der später u. a. zur Harnblase wird, einmünden. Die Mündung des Wolff-Ganges wandert schließlich weiter nach kaudal und medial, während die des Ureters sich nach kranial-lateral verschiebt. Dadurch entsteht am Harnblasengrund das Trigonum vesicae, dessen Struktur wesentlich von der der übrigen Harnblase abweicht (Abb. 63c).

3.4.2 Entwicklung der Geschlechtsorgane

Ein Urphänomen bei der Embryonalentwicklung der Geschlechtsorgane ist die Tatsache, dass diese von einem Indifferenzzustand ausgeht, der bei beiden Geschlechtern bis Anfang der 7. Woche vollkommen gleich ist und sich erst später in die spezifische, in vieler Hinsicht polare Organgestaltung ausdifferenziert. An der dorsalen Bauchwand wird schon in der 5. Woche medial von der Urniere eine leistenartige Vorwölbung sichtbar **(Gonadenleiste),** die vom Zwerchfell bis zum Becken reicht und in ihrer Mitte die etwas stärker vorspringende Keimdrüsenanlage enthält. Der kraniale und kaudale Teil der Gonadenleiste bildet das nur aus verdichtetem Mesenchym bestehende, obere und untere Gonadenband (auch Keimdrüsenleis-

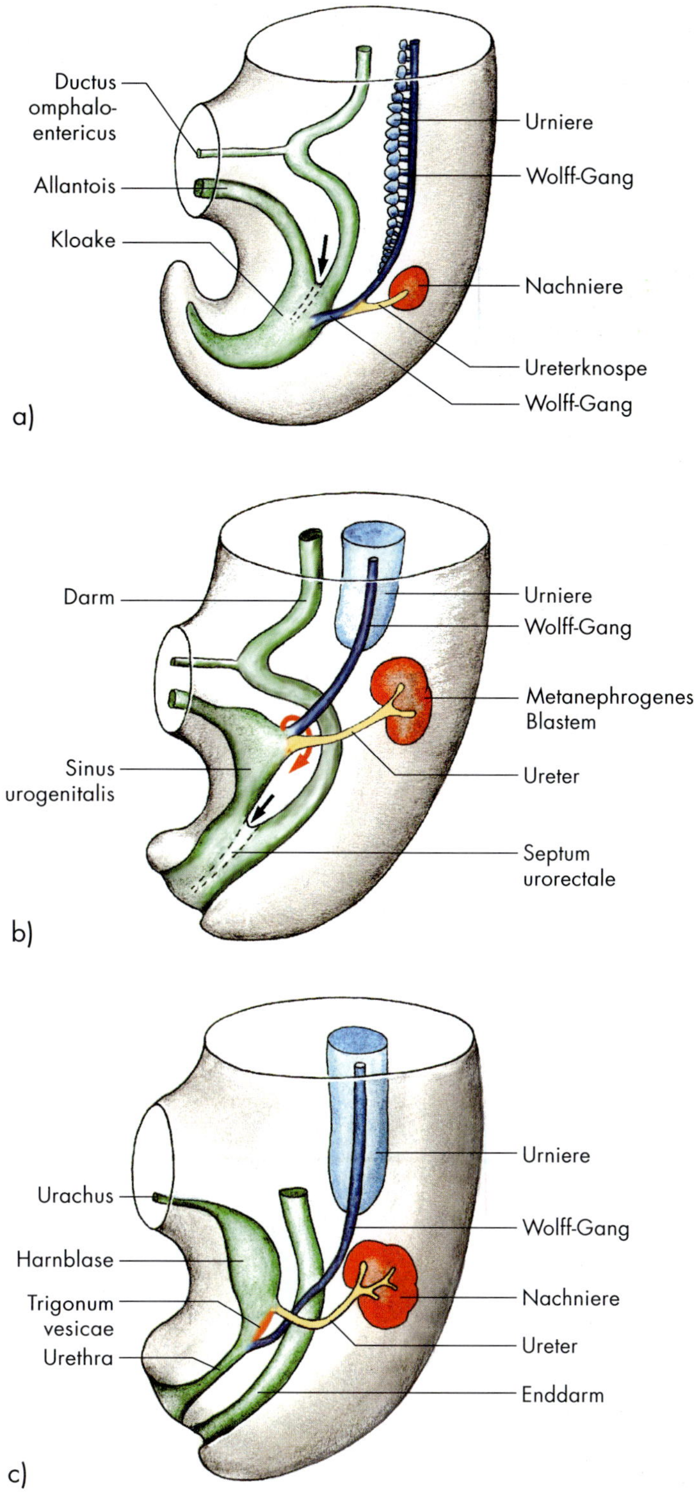

Abb. 63. Umbildung der Kloake und der zugehörigen Ausführungsgänge (blau = Wolff-Gang; gelb = Ureter).
a) Unteres Körperende eines Embryos (etwa 32. Tag). Allantois und Hinterdarm bilden kaudal die Kloake, in die der Wolff-Gang einmündet.
b) Das Septum urorectale (Pfeil) trennt den Enddarm vom Sinus urogenitalis (etwa 41. Tag). Das gemeinsame Gangstück von Ureter und Wolff-Gang wird in den Sinus urogenitalis mit einbezogen. Die Mündung des Wolff-Ganges verschiebt sich nach kaudal (roter Pfeil).
c) Die Einmündung des Ureters hat sich nach kranial, die des Wolff-Ganges nach kaudal verschoben. Dadurch ist am Harnblasengrund das Trigonum vesicae (rot) entstanden. Der Sinus urogenitalis ist zur Harnblase und Urethra geworden (etwa 50. Tag).

tenband oder Gubernaculum genannt), das später für den Descensus der Keimdrüsen, vor allem des Hodens, eine so wichtige Rolle spielt (Abb. 64). Im Bereich der Gonadenanlage fehlt die Basalmembran des Zölomepithels, das dadurch ungehindert in die Tiefe wachsen und dabei die Geschlechtszellen mit ins Organ hineinnehmen kann – eine wichtige Voraussetzung für die spätere hochspezifische Differenzierung der Gameten. In die Gonadenanlage wuchert aber auch Urnierengewebe ein, das erst die weitere Entwicklung der Keimdrüsen durch Exprimierung spezifischer Faktoren induziert und organisiert. Ohne diese Faktoren würden sich die Keimdrüsenanlagen, wie experimentelle Untersuchungen gezeigt haben, nicht weiter differenzieren. Die Urnieren bleiben daher bei beiden Geschlechtern im Bereich der Keimdrüsenanlagen zunächst erhalten, während sie sich kranial und kaudal frühzeitig zurückbilden.

Lateral vom Urnierenstrang bildet sich schließlich noch ein weiterer Geschlechtsgang aus, der **Müller-Gang** (Ductus paramesonephriticus) (Abb. 64). Dabei entsteht im Zölomepithel zuerst eine trichterförmige Einsenkung, die sich dann zu einem epithelialen Gang vertieft, der neben dem Wolff-Gang kaudalwärts bis zum Sinus urogenitalis vorwächst.

Damit ist für die weitere Differenzierung der inneren Geschlechtsorgane eine für beide Geschlechter gemeinsame Ausgangsbasis geschaffen, sozusagen ein Indifferenzzustand, von dem dann – allerdings erst vom 3. Monat an – die polare Differenzierung in Richtung des Männlichen und Weiblichen ausgeht.

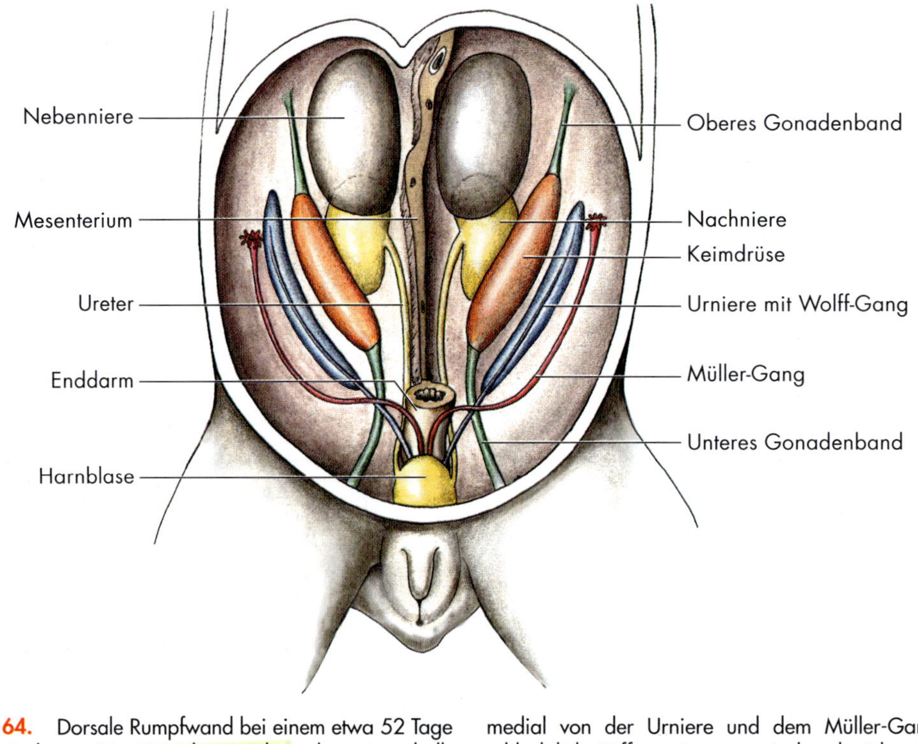

Abb. 64. Dorsale Rumpfwand bei einem etwa 52 Tage alten Embryo. Die Keimdrüsenanlage liegt innerhalb eines mesenchymalen Gewebsstranges (Gonadenband) medial von der Urniere und dem Müller-Gang. Geschlechtliche Differenzierungen sind noch nicht erkennbar (nach W. J. Hamilton et al.).

3.4.2.1 Entwicklung der Keimdrüsen

Die Keimdrüsen sind, wie man denken könnte, keineswegs die Produzenten der Keimzellen, also keine »Drüsen« im eigentlichen Sinne, sondern nur Orte, wo die Geschlechtszellen, die auf dem Wege der **Keimbahn** eingewandert sind, ihre spezifische Differenzierung erfahren. Die primordialen Geschlechtszellen wandern wahrscheinlich vom Dottersack über den Haftstiel oder auch vom Epiblasten in die Leibeshöhle der frühen Embryonalanlage ein (Abb. 65). Die sich rasch mitotisch vermeh-

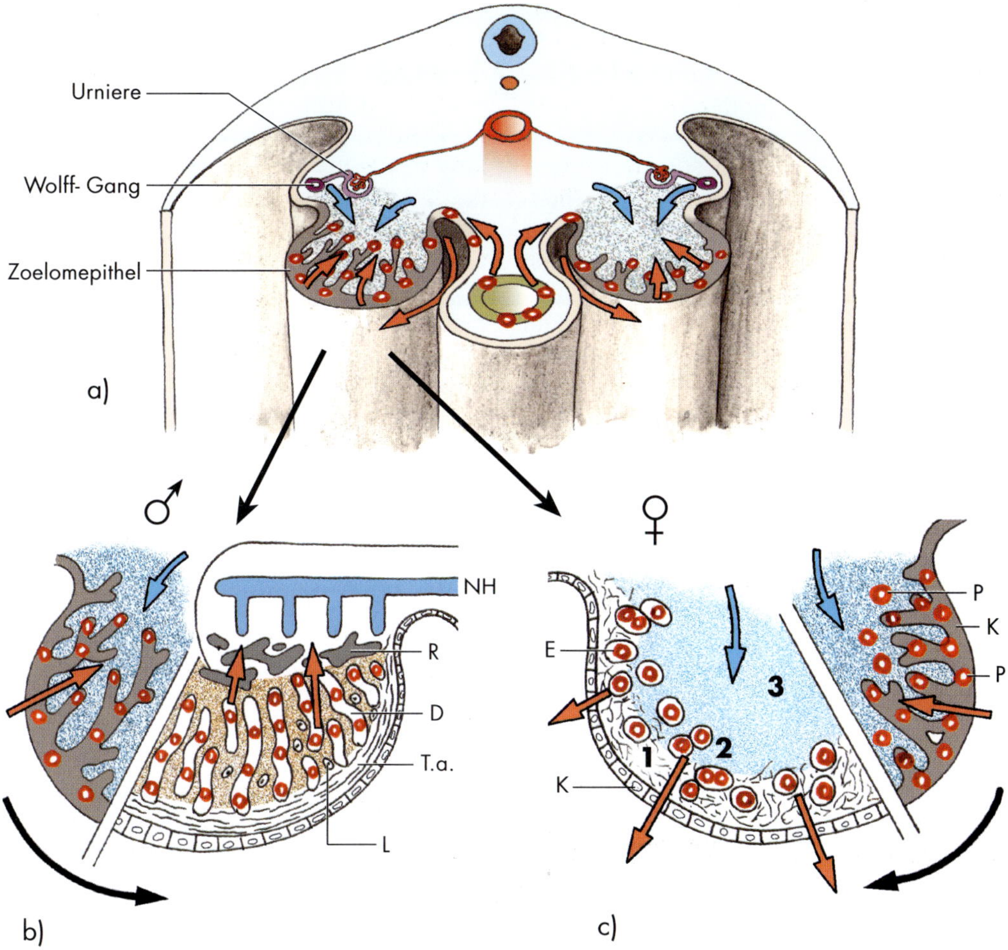

Abb. 65. Unterschiedliche Entwicklung der Gonadenanlagen bei männlichen und weiblichen Embryonen (rot = primordiale Geschlechtszellen). Die roten Pfeile in b) und c) sollen die unterschiedlichen Transportwege der Geschlechtszellen andeuten.

a) Indifferenzzustand der Keimdrüsen. Rote Pfeile = Einwanderung der Geschlechtszellen vom Darmbereich aus; blaue Pfeile = Eindringen von Zellen der Urniere.

b) Hodenanlage: links = früheres Stadium; rechts = späteres Stadium mit Samenkanälchen (D), Rete testis (R), Nebenhodengängen (NH) und Tunica albuginea (T.a.); L = Leydig-Zellen.

c) Ovaranlage: rechts = früheres Stadium; links = späteres Stadium mit Keimepithel (K) und Eiballen (E); P = Primordialfollikel.

1 = äußere Rindenzone; 2 = Rindenzone; 3 = Markzone.

renden Zellen sind amöboid beweglich und wandern (etwa vom 28. Tag an) in die Gonadenanlage ein, wo sie zunächst im Oberflächenepithel, das daher auch **Keimepithel** genannt wird, zu finden sind. Die in die Tiefe wuchernden Zölomepithelzellen nehmen die Geschlechtszellen mit und behalten auch späterhin immer den engen, für die einseitige Differenzierung der Geschlechtszellen notwendigen zellulären Kontakt mit ihnen. Sie unterhalten den Stoffwechsel der Geschlechtszellen und steuern in spezifischer Weise deren weitere Entwicklung. Sie differenzieren sich im Hoden zu den Sertoli-Zellen und im Ovar zu den Follikelepithelzellen. In der embryonalen Gonadenanlage entstehen auf diese Weise zwei unterschiedliche, auch von den Induktionsstoffen aus gesehen gegensätzliche Bereiche, nämlich Rinde und Mark. Die Geschlechtszellen bleiben zunächst in der Rinde unter dem Einfluss der Sertoli- bzw. Follikelepithelzellen. Das Mark gerät demgegenüber mehr unter den (in der Regel) hemmenden Einfluss des Urnierenblastems.

Wie der Weg der primären Keimzellen aus dem extraembryonalen Meso in die Keimdrüsenanlagen gesteuert wird, ist noch nicht bekannt. Die Keimzellen zeichnen sich jedoch dadurch aus, dass ein Transkriptionsfaktor (Oct4-Protein), der bei allen totipotenten Blastomerenzellen exprimiert wird, erhalten bleibt. Dieser Faktor wird auch noch bei den primären Keimzellen 3. Ordnung und bei den Oozyten, nicht jedoch bei den Spermien exprimiert. Auf der Oberfläche besitzen die Keimzellen – ähnlich wie die Hämozytoblasten und die auswandernden Neuralleistenzellen – einen Stammzellfaktor, der die Zellen vor Apoptose schützt.

Experimentell lassen sich aus primären Keimzellen mit Hilfe von LIF (leucaemic inhibitor factors) und FGF2 (fibroblast growth factor) totipotente Zellen herstellen, aus denen durch Zugabe spezifischer Faktoren alle Körperzellen gezüchtet werden können.

Ende der 7. Woche wird die sexuelle Differenzierung der Gonadenanlage erstmals erkennbar. Im **Hoden** formieren sich die eingewachsenen Zölomepithelzellen (Prä-Sertoli-Zellen) zu dicht zusammenliegenden, untereinander vernetzten Strängen (Keimstränge, Pflüger-Schläuche), die die Geschlechtszellen beherbergen und durch inhibitorische Faktoren ihre weitere Differenzierung verhindern. In dem von der Urniere eingewachsenen Mesenchym treten größere, hormonproduzierende Zellen auf, die fetalen Leydig-Zellen, die schon von der 8. Woche an Testosteron produzieren, das für die weitere geschlechtsspezifische Entwicklung des Fetus entscheidend ist, so z. B. für die Umbildung der Urniere zum Nebenhoden, für die Differenzierung der äußeren Geschlechtsorgane sowie auch für die Ausbildung der sekundären Geschlechtsmerkmale. In der 10. Woche beginnt sich die Vernetzung der Keimstränge zu lösen. Es bilden sich selbstständige, stark geschlängelte Samenkanälchen, die kortikal durch eine derbe Bindegewebsschicht **(Tunica albuginea)** vom Keimepithel getrennt werden. Nun können keine weiteren Geschlechtszellen mehr in den Hoden gelangen. Versprengte, in der Rinde verbliebene Zellen gehen zugrunde. Da die Samenkanälchen (Tubuli seminiferi) blind enden und die Kapsel des Hodens durch die Tunica albuginea abgedichtet ist, kann die Entleerung der Geschlechtszellen nur nach innen erfolgen (rote Pfeile in Abb. 65b). Um die Samenableitung zu ermöglichen, differenzieren sich die an den Hoden angrenzenden Urnierenkanälchen zu Ductuli efferentes und verbinden sich über das Rete testis mit den Samenkanälchen. Der Wolff-Gang wird unter dem Einfluss von Testosteron im Bereich der Keimdrüse zum Nebenhodengang (Ductus epididymidis) und weiter distal zum Samenleiter (Ductus deferens). Von der 20. Woche an hat der Hoden im Wesentlichen diejenige Differenzierungsstufe erreicht, die er postnatal bis zur Geschlechtsreife (Pubertät) beibehält.

Geschlechtsbestimmung bei Feten

Von den Zellen der Keimstränge in der (noch undifferenzierten) Gonadenanlage wird von den Genen der geschlechtsbestimmenden Region des kurzen Armes des Y-Chromosoms (SRY) ein Hoden-determinierender Faktor (SRY-Protein) exprimiert. Fehlt dieser Faktor, entwickeln sich weibliche Geschlechtsorgane, bei denen andererseits die Exprimierung von Östrogenen eine entscheidende Rolle spielt.

SRY-Protein
↓

- ↓ Differenzierung von Sertoli-Zellen im Mark der Keimstränge
  ↓ Sekretion von Anti-Müller-Hormon (AMH)
  ↓ Induktion der Rückbildung der Müller-Gänge
- ↓ Differenzierung von Leydig-Zellen im Mesenchym der Gonadenanlage
  ↓ Sekretion von Testosteron
  - ↓ Induktion der männlichen Geschlechtsorgane (Hoden, Nebenhoden usw.)
    ↓ Nach der Pubertät Induktion der Spermatogenese und Entwicklung der sekundären Geschlechtsmerkmale
  - ↓ Dihydrotestosteron
    ↓ Induktion der äußeren Geschlechtsorgane (Scrotum, Penis) und der akzessorischen Drüsen (Prostata usw.)

Eine völlig gegensätzliche Entwicklung vollzieht sich bei der **weiblichen Gonadenanlage,** d.h. beim **Ovar.** Abgesehen davon, dass ihre spezifische Differenzierung insgesamt etwas später in Gang kommt, bilden die Zölomepithelien (spätere Follikelepithelzellen) beim Einwachsen in das Gonadenblastem keine bis ins Mark vordringenden Epithelstränge, sondern bleiben im Rindenbereich und formieren sich zu Zellballen, in denen die Ovogonien durch rasch aufeinander folgende mitotische Teilungen proliferieren. Insgesamt entstehen etwa 7 Millionen Keimzellen, von denen jedoch bis zur Geburt etwa 5–6 Millionen wieder zugrunde gehen.

In der Zeit von der 12. bis zur 16. Woche wird in der Gonadenanlage allmählich eine Schichtengliederung erkennbar. In der äußeren Rindenzone entwickelt sich ein dichtes Gewebe von dunklen Stützzellen mit lebhaft proliferierenden Ovogonien. Dann folgt eine zunehmend breitere Zone, in der erstmalig Ovozyten auftreten, die innerhalb epithelialer »Eiballen« mit der ersten Reifeteilung (Meiose) beginnen, aber im Stadium der Prophase verharren. An die Rindenzone schließt sich das lockermaschige Mesenchym der Markzone und schließlich innen das Reteblastem an, wo keine Eizellen mehr vorhanden sind (Abb. 65c). Da das Ovar keine intraovariellen ableitenden Geschlechtsgänge entwickelt, muss hier – im Gegensatz zum Hoden – der Transport der Eizellen nach außen erfolgen (rote Pfeile in Abb. 65c). Dafür wird dann das zweite große Gangsystem der Indifferenzanlage benötigt, der **Müller-Gang,** der sich – ebenfalls nach hormoneller Induktion – zur **Tuba uterina** und zum Uterus differenziert.

Vom 5. Monat an entwickeln sich in der Rinde des fetalen Ovars typische Primordialfollikel. Unter dem Einfluss der plazentaren Hormone können auch schon Sekundärfollikel auftreten. Diese werden jedoch nach der Geburt sofort wieder rückgebildet. Primordialfollikel werden postnatal nicht mehr gebildet. Die Zahl der Ovozyten nimmt kontinuierlich ab. Die bereits in die erste Meiose eingetretenen Ovozyten können bis zur Pubertät in diesem Stadium unverändert liegen bleiben. Man schreibt den umgebenden Follikelepithelien die Produktion meiosehemmender Faktoren zu, die erst nach Eintritt der Pubertät durch hormonelle Einflüsse und die dicker werdende Zona pelludica wirkungslos werden. Erst dann kommt es zur Bildung von Tertiärfollikeln und zu Ovulationen. Die Meiosen werden erst nach der Befruchtung (Konzeption) zu Ende geführt.

3.4.2.2 Entwicklung der inneren und äußeren Geschlechtsorgane

Der Indifferenzzustand der embryonalen Geschlechtsorgane hält, wie erwähnt, bis zur 7. Woche an. Dann beginnt sich bei weiblichen Feten unter dem Einfluss von Östrogenen, die im Keimdrüsenblastem gebildet werden, der Müller-Gang zur Tuba uterina, zum Uterus und zum proximalen Teil der Vagina weiterzuentwickeln, während gleichzeitig Urniere und Wolff-Gang rückgebildet werden.

Innere Geschlechtsorgane

Bei männlichen Feten bildet sich umgekehrt unter dem Einfluss des von Sertoli-Zellen gebildeten Anti-Müller-Hormons (AMH) der Müller-Gang zurück, während unter dem Einfluss von Testosteron, das von den Leydig-Zellen der Hodenanlage produziert wird, die Urniere im Bereich der Gonadenanlage zum Nebenhoden und der Wolff-Gang zum Samenleiter (Ductus deferens) weiterdifferenziert wird (Abb. 66). Bei beiden Geschlechtern macht die Gonadenanlage einen **Descensus** durch, wobei das Keimdrüsenleistenband als Leitschiene dient. Die weibliche Keimdrüse erreicht bei ihrem Descensus nur das kleine Becken, bleibt also in der Bauchhöhle liegen. Der Hoden wandert jedoch weiter durch den Leistenkanal hindurch bis in den Hodensack (Descensus testis), wobei sich das Keimdrüsenleistenband (Gubernaculum testis) aktiv verkürzt und den Hoden durch den Leistenkanal hindurch nach unten zieht. Vom Müller-Gang bleibt nur ein kleines Bläschen am oberen Hodenpol (Appendix testis oder ungestielte Hydatide) sowie im Anfangsteil der Urethra der Utriculus prostaticus übrig (Abb. 66b). Die Rückbildung der Müller-Gänge wird durch ein von den Sertoli-Zellen gebildetes Hormon (Anti-Müller-Hormon, AMH) induziert. Vom Endabschnitt des Wolff-Ganges, des späteren Samenleiters, wächst die Samenblase aus, deren gemeinsamer Ausführungsgang als Ductus ejaculatorius bezeichnet wird und in die Urethra einmündet.

Der **Müller-Gang** entwickelt sich bei weiblichen Feten (zwischen dem 44. und 56. Tag) von einer trichterförmigen Einsenkung des Zölomepithels aus, die später zur Tubenöffnung wird. Dieser epitheliale Gang wächst vom dritten Thorakalsegment kaudalwärts in enger Nachbarschaft des Wolff-Ganges, mit dem er durch eine gemeinsame Basalmembran verbunden ist. Im kleinen Becken löst sich dann dieser Kontakt wieder. Die beiden Müller-Gänge verlagern sich nach medial, verkleben miteinander und bilden einen Schlauch mit einem gemeinsamen Lumen, die Anlage des **Uterus.** Diese wird schon bald von einer mesenchymalen Manschette umhüllt, aus der Uterusmuskulatur und das Perimetrium hervorgehen. An der dorsalen Wand des Sinus urogenitalis entsteht eine dichte Zellproliferation, der **Müller-Hügel,** der zur Anlage des proximalen Teils der Vagina wird. Der Wolff-Gang bildet sich bei der Frau nicht vollständig zurück, sondern bleibt als undifferenzierter, funktionsloser Gang – hinter Uterus und Vagina gelegen – zeitlebens erhalten (sog. **Gartner-Gang**). Die Reste der Urniere – kleine, unbedeutende epitheliale Gänge und Bläschen – finden sich bei der erwachsenen Frau fast immer zwischen Tube und Ovar und

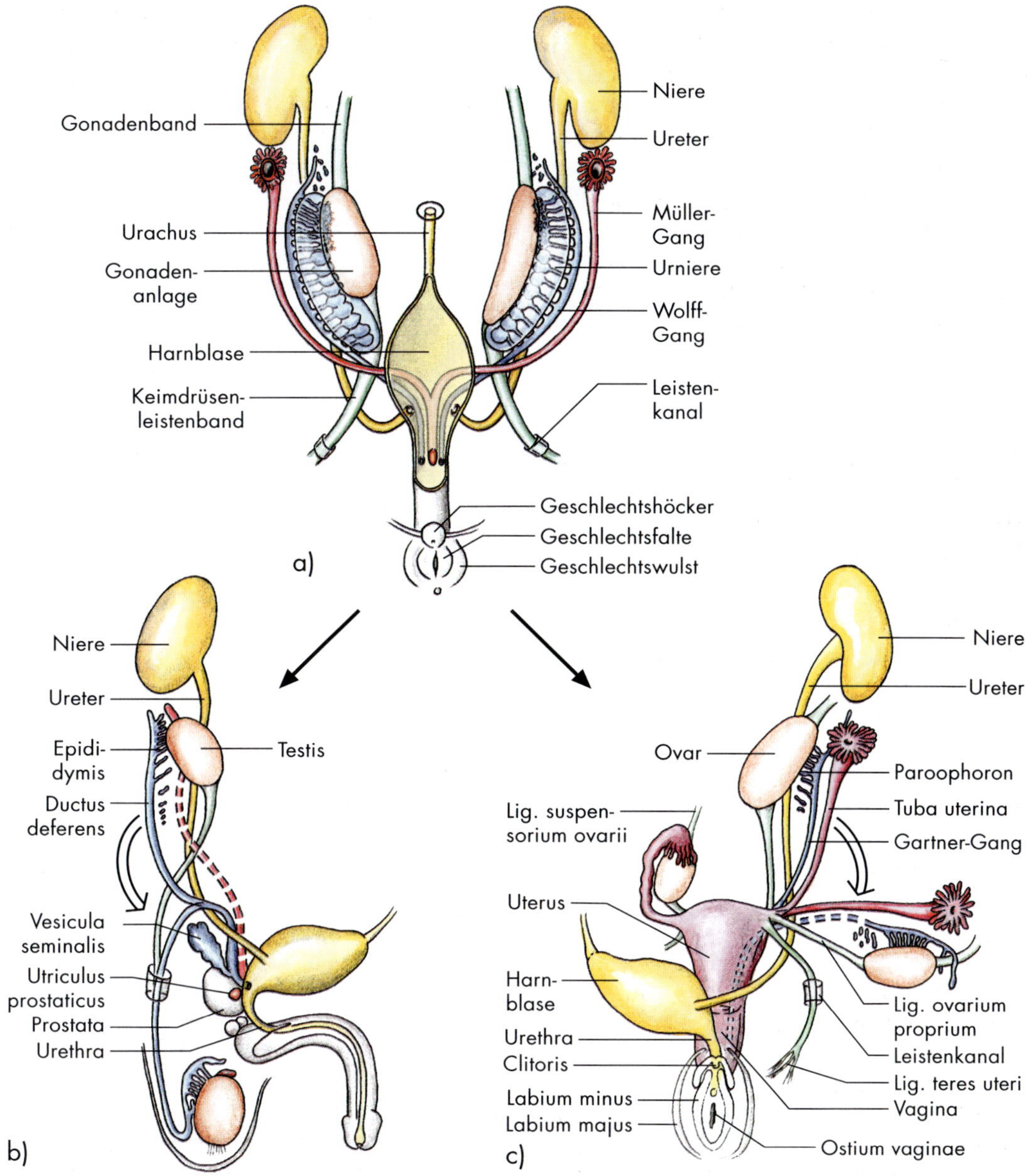

Abb 66. Entwicklung der männlichen **(b)** und weiblichen Geschlechtsorgane **(c)** aus einer gemeinsamen indifferenten Anlage **(a)**. Mit dem Descensus ovarii bzw. testis (Pfeile) verlagern sich die Keimdrüsen und deren ableitende Gänge ins kleine Becken bzw. durch den Leistenkanal hindurch in den Skrotalsack.

werden als Epoophoron und Paroophoron bezeichnet (Abb. 66c). Von ihnen kann die Entwicklung von Zysten oder Tumoren ausgehen.

Äußere Geschlechtsorgane

Auch der Differenzierung der äußeren Geschlechtsorgane geht ein Indifferenzzustand voraus. Nach Abtrennung des Rektums durch das Septum urorectale bleibt im unteren Abschnitt des Sinus urogenitalis nur noch die Pars phallica und die Pars pelvina übrig (Abb. 63 u. 67). Die Kloakenmembran reißt unter dem Druck des von der Urniere gebildeten Harns bald ein, so dass die – allerdings nur in kleinsten Mengen – produzierten Harnmengen in die Amnionhöhle abfließen können. Bei männlichen Feten gehen beide Abschnitte des Sinus urogenitalis in die Differenzierung der Urethra ein, bei weiblichen nur die Pars pelvina. Dies hängt damit zusammen, dass bei weiblichen Feten die um die Öffnung des Sinus urogenitalis herum gebildeten Genitalfalten mehr ihre ursprüngliche Form beibehalten, während sie bei männlichen zum Penis auswachsen (Abb. 67).

Im Einzelnen entwickeln sich zunächst – noch im Indifferenzstadium – zwei Genitalfalten (innen), zwei Genitalwülste (Labioskrotalwülste) (mehr außen) und in der Mitte oben ein unpaarer Genitalhöcker (Genitaltuberkulum). Bei **weiblichen Feten** differenzieren sich die Genitalfalten zu den kleinen Schamlippen (Labia minora), die Genitalwülste zu den großen Schamlippen (Labia majora) und der Genitalhöcker zur Clitoris und deren Schwellkörpern (Abb. 67).

Bei **männlichen Feten** wächst der Genitalhöcker unter dem Einfluss des fetalen Testosterons zum Penis aus (Glans penis, Corpus spongiosum und Urethra), gleichzeitig verlängern sich die beiden Geschlechtsfalten und schließen sich median zusammen. Sie bilden den Peniskörper mit den beiden

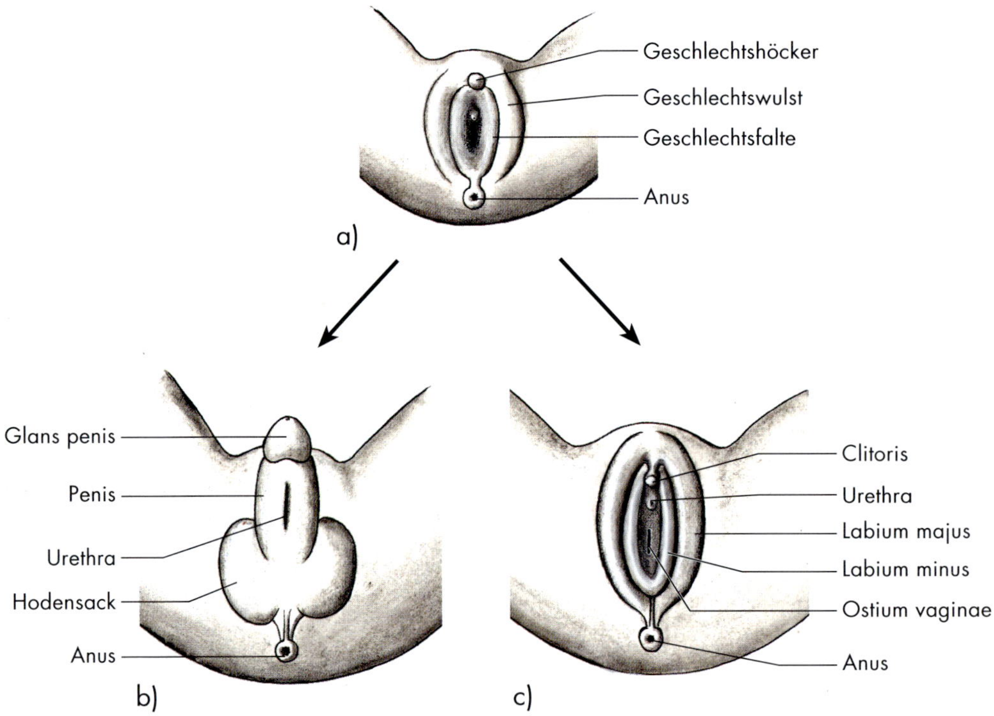

Abb. 67. Differenzierung der äußeren Geschlechtsorgane, ausgehend von einem Indifferenzzustand **(a)**. Bei der Frau **(c)** bleibt der Ausgangszustand im Wesentlichen erhalten, beim Mann **(b)** wachsen die Geschlechtsfalten zum Penis aus, während die Geschlechtswülste den Hodensack bilden.

Innere Geschlechtsorgane

Männlich	Indifferente Ausgangsform	Weiblich
Hoden	Gonadenanlage	Ovar
Nebenhoden (Ductuli efferentes, Ductus epididymidis) Rudimente: Ductuli aberrantes (Paradidymis)	Urniere	Rudimente: Markstränge des Ovars, Epoophoron, Paroophoron
Ductus deferens	Wolff-Gang	Rudiment: Gartner-Gang
Rudimente: Utriculus prostaticus, Hydatide des Hodens	Müller-Gang	Tube, Uterus, Vagina (proximaler Teil)
Gubernaculum testis (= Lig. genitoinguinale)	Inguinalband der Urniere und der Gonade	Lig. teres uteri und Lig. ovarii proprium
	Zwerchfellband der Urniere u.kraniales Gonadenband	Lig. suspensorium ovarii

Äußere Geschlechtsorgane

Männlich	Indifferente Ausgangsform	Weiblich
Corpus spongiosum penis mit Glans penis	Geschlechtshöcker (Phallus)	Clitoris
Corpus cavernosum penis	Geschlechtsfalten	Labia minora
Scrotum	Geschlechtswülste	Labia majora

Corpora cavernosa. Die anfänglich erkennbare mediane Spalte verschließt sich rasch, kann aber bei Missbildungen erhalten bleiben **(Hypospadie).** Die beiden Genitalwülste wachsen median zusammen und bilden den Hodensack (Scrotum), dessen mediane Raphe später noch an die paarige Anlage erinnert. Der Skrotalsack nimmt gegen Ende der Fetalzeit den Hoden mit seinen Hüllen sowie eine Ausstülpung des Peritoneums (Tunica vaginalis) auf. Der Descensus testis sollte bei der Geburt abgeschlossen sein, was als Reifezeichen gewertet werden kann.

Störungen in der Geschlechtsbestimmung

Die primäre Geschlechtsbestimmung hängt vom SRY-Gen des Y-Chromosoms (Genotyp) ab, während die sekundäre Geschlechtsbestimmung (Phänotyp) von den Sexualhormonen der Keimdrüsen abhängig ist. Der Phänotypus entwickelt sich in zwei Phasen, die erste während der Fetalperiode, die zweite in der Pubertät.

Bei Feten, die nur ein X-Chromosom besitzen, entwickeln sich die Keimdrüsenanlagen zu Ovarien, die jedoch bis zur Geburt wieder degenerieren. Durch die in Gang gekommene Östrogenproduktion entstehen Neugeborene mit einem weiblichen Genitaltrakt.

Bei Feten, die ein X- und ein Y-Chromosom besitzen, aber keine Testosteron-Rezeptorproteine, entwickeln sich zwar Hoden, aber (durch die Östrogene) ein weiblicher Phänotyp (Pseudohermaphroditismus). Durch die Produktion von Anti-Müller-Hormon degenerieren aber die Müller-Gänge, d.h. Uterus und Tuben differenzieren sich nicht.

Bei Feten mit XY-Chromosomen, aber Gendefekten für das Enzym 5α-Ketosteroid-Reduktase, das Testosteron in Dehydrotestosteron umwandelt, entwickeln sich zwar Hoden und Nebenhoden, aber keine sekundären Geschlechtsmerkmale (Penis, Prostata, Urethra), so dass diese als »Mädchen« geboren werden (mit Vagina, Clitoris usw.). Nach der Geschlechtsreife kann sich jedoch – durch die starke Testosteronproduktion – das Bild wieder nach der männlichen Seite verschieben (Penisentwicklung usw.). Männlicher Pseudohermaphroditismus kann durch Mutationen bei der Synthese von Androgenrezeptoren oder von Testosteronen, weiblicher Pseudohermaphroditismus dagegen durch Überproduktion von Testosteronen verursacht werden.

4 Kopfbildung

Der Kopf nimmt innerhalb des menschlichen Organismus in mehrfacher Hinsicht eine Sonderstellung ein. Bei der Kopfbildung herrschen Bildungsgesetze vor, die von denen des übrigen Körpers z. T. ganz wesentlich abweichen. Dies zeigt sich schon daran, dass fast das gesamte Stützgewebe des Kopfes (Knorpel, Knochen, Bindegewebe usw.) aus der **Neuralleiste** stammt, also neurogener Natur ist. Im übrigen Organismus entwickeln sich diese Gewebe aus dem Mesoderm bzw. dem daraus hervorgehenden Mesenchym. Wie oben dargestellt (s. S. 46) ist die Neuralleiste das bei Schluss des Neuralrohres seitlich auswachsende, embryonale Nervengewebe, aus dem sich nicht nur die Spinalganglien, sondern das gesamte periphere Nervensystem entwickeln. Im Kopfbereich hat die Neuralleiste aber nicht nur die Fähigkeit, Nervengewebe und Ganglien, sondern auch »richtiges« Mesenchym zu bilden, aus dem dann Bindegewebszellen, Osteoblasten, Knorpelzellen, Odontoblasten u.a. hervorgehen. Man nennt dieses Gewebe daher **Mesektoderm** oder **Ektomesenchym.** Da es die einzige Quelle für die gesamten Binde- und Stützgewebe des Kopfes darstellt, ist es letztlich die Neuralleiste, die die Gestalt des Kopfes bestimmt. Lediglich die quergestreifte Muskulatur des Kopfes (Augenmuskulatur, Kaumuskulatur usw.) entstammt dem prächordalen Mesoderm bzw. dem Mesenchym der ersten 3–4 Somiten, die sich aber von vorneherein in Struktur und Verhalten deutlich von den Mesodermderivaten des übrigen Organismus unterscheiden.

Der aufrecht gehende Mensch besitzt einen sphärisch gestalteten Kopf, der relativ unabhängig von den im Raum geltenden Gesetzen frei auf der Wirbelsäule balanciert werden kann. Die kugelartige Gestalt ermöglicht dem Gehirn eine maximale Volumenvergrößerung und den Sinnesorganen einen umfassenden Wahrnehmungsradius. Gegenüber der mehr röhrenförmigen Gestalt des Säugerschädels mit der langgestreckten Schädelbasis ist die Schädelbasis des Menschen im Bereich des Türkensattels abgeknickt, so dass der Gesichtsschädel mehr unter den Hirnschädel zu liegen kommt (Kliviswinkel, etwa 145°) (Abb. 68). Dies ist ein Speziesmerkmal des Menschen und hängt – wie Dabelow gezeigt hat – mit dem in der Evolution erreichten aufrechten Gang zusammen. Es ist bemerkenswert, dass die charakterisierte Abknickung der Schädelbasis, wie auch die sphärische Grundform des Kopfes, schon embryonal, also noch bevor sie sich funktionell auswirkt, ausgebildet wird.

4.1 Gehirnschädel (Desmo- und Neurocranium)

Am Kopf lassen sich grundsätzlich drei Abschnitte unterscheiden, die embryonal unterschiedlichen Bildungsgesetzen folgen:

1. Gehirnschädel (Desmocranium, Neurocranium, Neuralschädel),
2. Gesichtsschädel (Viscerocranium) und
3. Branchialskelett, das evolutiv dem Kiemenapparat niederer Wirbeltiere vergleichbar ist (Abb. 68).

Die Schädelbasis (Basis cranii) stellt die Verbindung zwischen Hirn- und Gesichtsschädel dar und wird primär knorpelig angelegt, während die Schädeldachknochen (Desmocranium) direkt aus der mesenchymalen Umhüllung (desmal) entstehen. Die Schädeldachknochen gehen fetal noch keine festen Verbindungen ein, sondern wachsen postna-

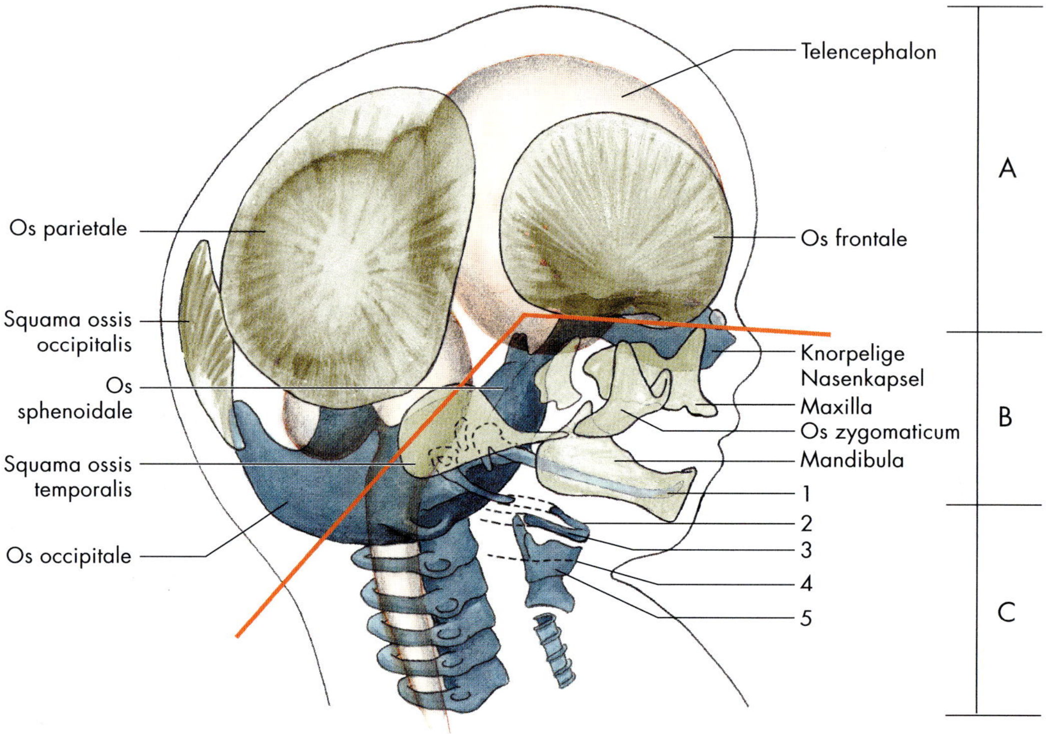

Abb. 68. Gliederung des embryonalen Kopfes in drei funktionell verschiedene Abschnitte: A = Neuralschädel, in dem sich die Gehirnentwicklung vollzieht; B = Gesichtsschädel, wo sich vor allem Nasen- und Mundhöhle entwickeln; C = Branchialskelett mit den Derivaten der fünf Pharyngealbögen (1–5), wo sich mit dem Schlunddarm zusammen die branchiogenen Organe ausbilden. Die Schädelbasis wird knorpelig angelegt (Chondrocranium) und ist in sich abgeknickt (rote Linie = Klivuswinkel). Das Schädeldach wird durch flächenhafte, desmal verknöchernde Knochenschüppchen gebildet (Desmocranium).

tal weiter, so dass sich der für die Gehirnentwicklung zur Verfügung stehende Raum ständig vergrößern kann. Demgegenüber entwickelt sich im Bereich des Gesichtsskeletts kein progredientes Wachstum nach vorne wie bei den meisten höheren Säugetieren. Vielmehr wachsen die Kieferknochen mehr nach hinten und der Gesichtsschädel vergrößert sich – vor allem durch die besondere Form der Gebissbildung – vornehmlich in kraniokaudaler Richtung. Dadurch bleibt die Gesichtsebene in der Frontalen, d.h. die drei – auch physiognomisch wichtigen – Abschnitte (Augenregion, Nasen- und Mundregion) ordnen sich übereinander und nicht gestaffelt hintereinander an wie bei den Säugern. Selbst bei den höheren Affen, die oft noch mit einem fast sphärisch gestalteten Kopf geboren werden, beginnt der Gesichtsschädel postnatal, mächtig nach vorne zu wachsen, während der Gehirnschädel, der meist auch mächtige Knochenleisten für die Kaumuskulatur ausbildet, ebenso wie das Gehirn selbst im Wachstum zurückbleibt.

Die Entwicklung des Kopfes differiert – wie dargestellt – in mehrfacher Hinsicht von der des übrigen Organismus. Während im Rumpfbereich die durch das Seitenplattenmesoderm gebildeten Körperhöhlen den inneren Organen erst ihre eigentlichen Entwicklungsmöglichkeiten geben, sind es im Kopfbereich umgekehrt die Organe selbst

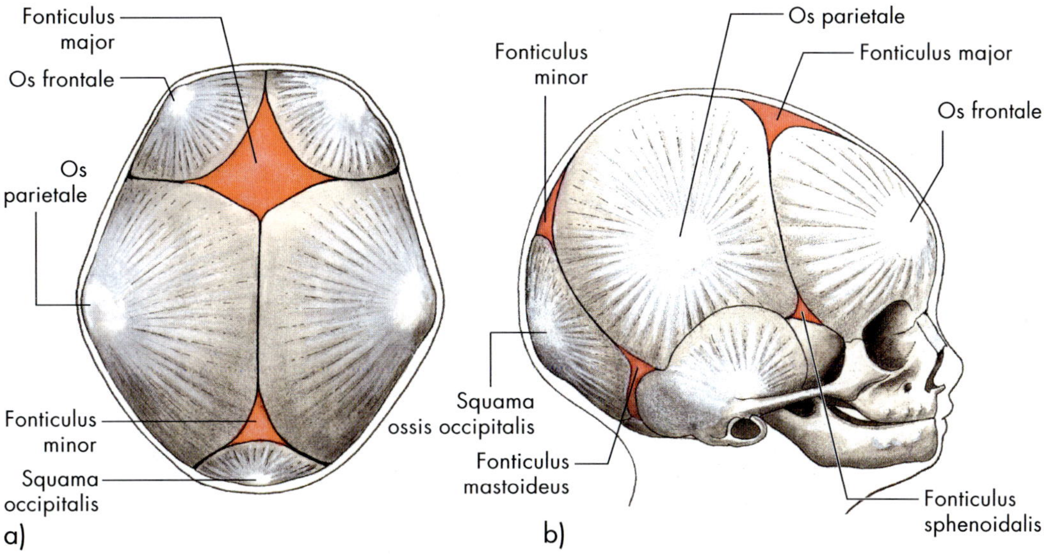

Abb. 69. Schädel eines Neugeborenen von oben **(a)** und von der Seite **(b)**. Die Entwicklung der Schädeldachknochen geht von Ossifikationszentren aus. Die Suturen sind Wachstumsfugen. Solange die Fontanellen (rot) und die Nähte noch nicht verknöchert sind, geht das Schädelwachstum weiter.

(Gehirn, Sinnesorgane, Kauapparat usw.), die die Form des Schädels und der Kopfhöhlen bestimmen. Für den Menschen charakteristisch und im Vergleich mit anderen Säugern gewissermaßen einmalig ist die exzessive embryonale Gehirnentwicklung. Da – was die Zellzahlen betrifft – die Gehirnentwicklung bei der Geburt schon weitgehend abgeschlossen ist, ist eine weitere Differenzierung und Volumenzunahme des Gehirns postnatal nur möglich, wenn der zur Verfügung stehende Hohlraum des Schädels erweiterungsfähig bleibt. Dies wird dadurch erreicht, dass die Nähte der Schädeldachknochen embryonal noch nicht verknöchern.

An der Gestaltung des **Schädeldaches** (Desmocranium) beteiligen sich 7 Deckknochen, die direkt – ohne knorpelige Vorstufe – aus dem umgebenden Bindegewebe entstehen (desmale Ossifikation): Dies sind vorne die beiden Ossa frontalia, seitlich die beiden Ossa parietalia und Squamae temporales sowie hinten die unpaare Squama occipitalis des sonst zur knorpeligen Schädelbasis gehörenden Hinterhauptbeins. Die Verknöcherung geht jeweils von den Tubera aus und führt zur Bildung radiär sich vergrößernder Knochenplatten, deren Wachstum durch das proliferationsaktive Mesenchym der Suturen unterhalten wird. Diese sind daher als Wachstumsfugen anzusehen. Die sechs Fontanellen stellen gewissermaßen nur verbreiterte Suturen dar (Abb. 69). Wenn sie, wie auch die Nähte selbst, verknöchern, hört das Schädelwachstum auf. Die kleine Fontanelle schließt sich etwa im 3. Lebensmonat und die große im 2. Lebensjahr. Der Schluss der Schädelnähte beginnt etwa im 7. Lebensjahr, wird jedoch selbst in höherem Lebensalter nie ganz vollständig.

Diese ungewöhnlich lange Entwicklungsfähigkeit des Neuralschädels ermöglicht dem Gehirn auch nach der Geburt noch ein weitergehendes, intensives Wachstum. Letztlich bestimmt das Gehirn Größe und Form des raumgebenden Schädels und nicht umgekehrt.

Die Knochen der **Schädelbasis** sind knorpelig vorgebildet **(Chondrocranium)** und können sich dadurch, dass die Verbindung zwischen Keilbein und Hinterhauptsbein (Synchondrosis spheno-occipitalis) lange entwicklungsfähig bleibt, ebenfalls dem Wachstum des Schädeldaches anpassen. Die Grundlage des Gesichtsskeletts bildet die knorpelige **Nasenkapsel,** das spätere Siebbein, auf die sich Oberkiefer sowie die kleinen Knochen des Gesichtsskeletts (Os nasale, Os lacrimale und Os palatinum) auflagern. Der Basisknochen (Os basilare) des gesamten Schädels, gewissermaßen der »Grundstein« des Ganzen, wird vom Chondrocranium geliefert und setzt sich aus dem Keilbein (vorne) und den basalen Abschnitten des Hinterhauptsbeins (hinten) zusammen. Das zwischen beiden Knochen seitlich eingefügte Felsenbein geht aus der knorpeligen Labyrinthkapsel hervor und folgt, da es das Labyrinthorgan beherbergt, eigenen Bildungsgesetzen (s. u.).

Der kaudal anschließende Teil des Kopfes, der auch die Verbindung zu den Halsorganen herstellt, ist das **Branchialskelett,** aus dem sich zusammen mit den Derivaten des Schlunddarms die branchiogenen Organe sowie die Mund- und Kauorgane entwickeln. Hier findet, vom Bauplan eines Kiemenapparates ausgehend, ein tiefgreifender Funktionswandel statt, der beim Menschen u. a. zur Entwicklung der Gehör- und Sprachorgane führt (s. u.).

4.2 Gesichtsteil des Kopfes – Branchialskelett und Schlunddarm

Ein sehr merkwürdiges und äußerst interessantes Phänomen ist die Tatsache, dass – bevor überhaupt die eigentliche Kopfbildung in Gang gekommen, d. h. das Neuralrohr geschlossen und das Vorderhirn angelegt worden ist – in Höhe des Rhombenzephalons eine Art »Kiemenapparat« entwickelt wird. In dem vorne noch durch die Rachenmembran verschlossenen Schlunddarm treten taschenförmige Ausstülpungen auf (»Kiementaschen«, Pharyngeal- oder Schlundtaschen), denen vom Ektoderm entsprechende Einsenkungen (»Kiemenfurchen«, Pharyngealfurchen) entgegenwachsen (Abb. 70). Dadurch entstehen vier bis fünf bogenförmige Spangen (»Kiemenbögen«, Pharyngealbögen), die – wie beim Brustkorb – mit jeweils einem Gefäßbogen, einem Nervenast und Muskelsegment eine Art Metamerie aufweisen. Bauplanmäßig erinnert das Ganze an den Kiemenapparat niederer Wirbeltiere. Würden die Schlundtaschen nach außen durchbrechen und Kapillarnetze ausbilden, wäre der Schlunddarm, wie bei Fischen, zu einem Atmungsorgan geworden. Diese Differenzierungsrichtung wird jedoch bei höheren Wirbeltieren nach dem Übergang zum Landleben nicht mehr eingeschlagen; vielmehr wird vom Kopfdarm aus ein neues Atmungsorgan entwickelt, das Bronchopulmonalsystem. Die »Kiemenanlagen« im Bereich des Schlunddarms werden aber nicht völlig zurückgebildet, sondern machen einen Funktionswandel durch. Es entstehen neue Organe (branchiogene Organe), die interessanterweise alle noch mit dem Atmungsgeschehen, aber jetzt auf höherer Stufe, zu tun haben.

Da es beim Menschen nicht zur Ausbildung eines echten Kiemenapparates kommt, sollte man nicht, wie noch in der älteren Nomenklatur, von Kiemenbögen, sondern von Pharyngealbögen, Schlundtaschen usw. sprechen.

4.2.1 Pharyngealbögen und Schlundtaschenderivate

Die ersten beiden Pharyngealbögen umspannen die ektodermale Mundbucht, die oben zunächst nur vom stark vorgewölbten Stirnfortsatz, der das Vorderhirn umhüllt, begrenzt wird (Abb. 70). Die Rachenmembran geht frühzeitig zugrunde (26. Tag), so

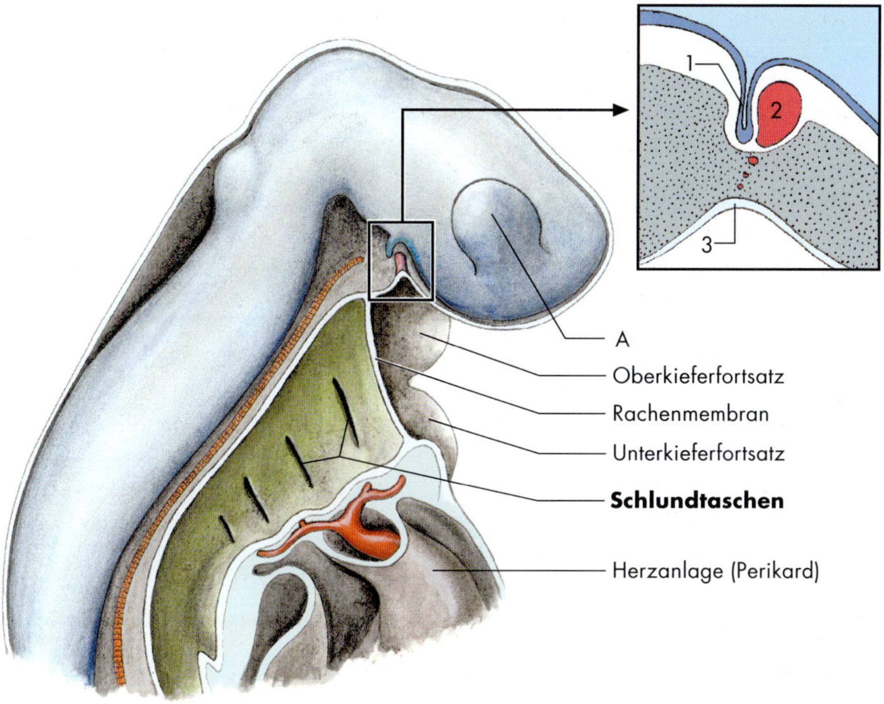

Abb. 70. Längsschnitt durch den Schlunddarm mit vier Schlundtaschen (nach J. Kollmann, etwa 28. Tag). Die Rachenmembran hat sich noch nicht zurückgebildet. Vom Dach der (ektodermalen) Mundbucht (3) ausgehend, entsteht die Adenohypophyse (späterer Hypophysenvorderlappen) (2), der vom Zwischenhirn aus das Infundibulum, die spätere Neurohypophyse (1), entgegenwächst. (Die Ausschnittvergrößerung zeigt ein späteres Stadium als das beim Embryo abgebildete.) A = Augenanlage.

dass Schlunddarm und Mundbucht miteinander kommunizieren. Im Dach der ektodermalen Mundbucht entsteht unmittelbar vor der Rachenmembran eine Drüsenknospe, die gegen das Zwischenhirn vorwächst und die **Adenohypophyse** bildet. Der Ausführungsgang degeneriert, wodurch der Drüsenkörper zu einer endokrinen Drüse wird. Diese verbindet sich mit einer Ausstülpung des Zwischenhirns (Infundibulum), die zur **Neurohypophyse** wird. Beide zusammen bilden die Hypophyse, die sich in die Sella turcica des Keilbeins einlagert (Abb. 70). Das Ektoderm der Mundbucht liefert den größten Teil der Mundschleimhaut (vordere $^{2}/_{3}$ der Mundhöhle) und beteiligt sich entscheidend an der Gaumen- und Zahnentwicklung (s.u.).

Bei den wasserlebenden Wirbeltieren dient der Schlunddarm nicht nur der Nahrungsaufnahme, sondern durch den Kiemenapparat auch der Atmung. Mit dem Übergang zum Landleben ist diese respiratorische Aufgabe weggefallen. Die landlebenden Wirbeltiere entwickeln vom Schlunddarm aus ein neues Atmungsorgan, die Lunge. Das Branchialskelett und die Schlundtaschen werden embryonal zwar noch angelegt, machen aber – wie erwähnt – einen Funktionswandel durch. Einerseits entstehen daraus Teile des Gehörapparates (äußerer Gehörgang, Trommelfell, Mittelohr, Gehörknöchelchen), also schallleitende Organe, andererseits aber auch im Zusammenhang mit dem Tracheobronchialsystem schallerzeugende Organe (Kehlkopf, Mund-

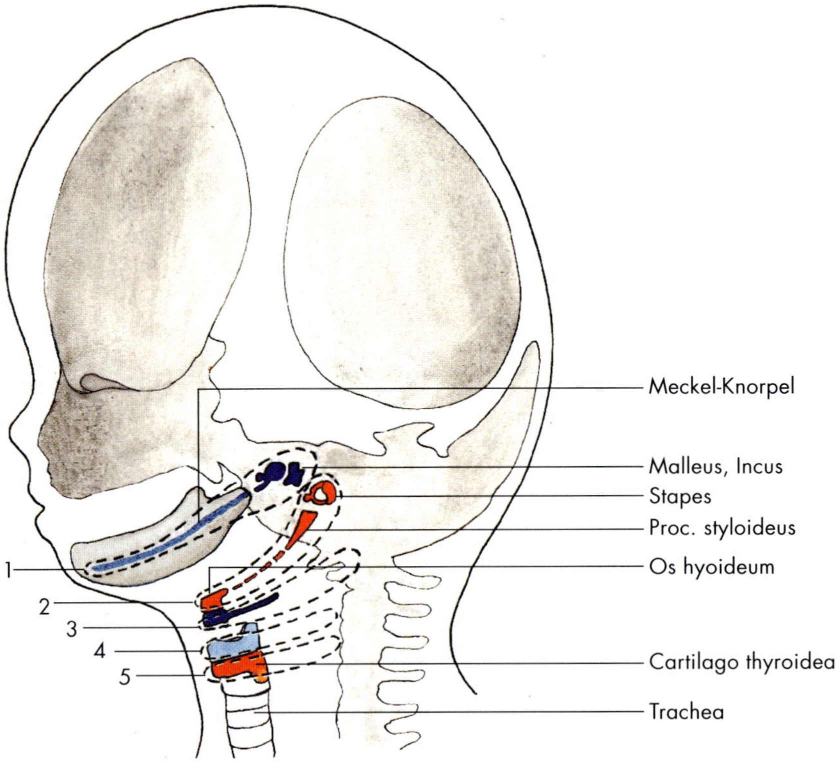

Abb. 71. Derivate der fünf Pharyngealbögen (punktierte Linien) (1–5). Der Meckel-Knorpel wird, nachdem er die Entwicklung des Mandibularknochens induziert hat, zurückgebildet. Das primäre Kiefergelenk wird zum Hammer-Amboss-Gelenk des Mittelohres. Der 2. und 3. Pharyngealbogen beteiligt sich an der Bildung des Steigbügels und Zungenbeins, der 4. und 5. an der des Kehlkopfes.

höhle) – beides sind Funktionssysteme, die wiederum mit der Luft zu tun haben.

Der **erste Pharyngealbogen** wird knorpelig angelegt (Meckel-Knorpel) und artikuliert ursprünglich mit der Schädelbasis. Dieses Gelenk wird beim Menschen zum Gelenk zwischen Hammer und Amboss, den beiden Gehörknöchelchen, die aus dem Meckel-Knorpel hervorgehen. Der übrige Teil dieses Knorpels induziert aus dem umgebenden Neuralleistenmesenchym die Bildung des Unterkieferknochens (Mandibula), geht aber selbst anschließend zugrunde (Abb. 71).

Die **erste Schlundtasche** liegt zwischen Mandibular- und Hyalbogen. Sie beginnt sich rasch zu vertiefen und eine Tasche zu bilden, die bis ins Mittelohr vorwächst und die Gehörknöchelchen umhüllt. Durch die Ausweitung dieser Tasche, die sich noch vor der Geburt mit Luft füllt (Prozess der Pneumatisation), entsteht das Mittelohr. Der Verbindungsgang mit dem Schlunddarm bleibt erhalten und wird zur Tuba auditoria.

Die **erste (ektodermale) Pharyngealfurche** bleibt erhalten und entwickelt sich zum äußeren Gehörgang. Da, wo beide Gänge zusammenstoßen, entsteht das Trommelfell.

Damit hat sich aus dem ersten »Kiemensegment« beim Menschen der schallleitende Apparat entwickelt, wobei das primäre Kiefergelenk der niederen Wirbeltiere zum Hammer-Amboss-Gelenk geworden ist, so dass zwischen Mandibula und Schädelbasis ein neues (sekundäres) Kiefergelenk gebildet werden musste.

Das schallleitende System des ersten »Kiemensegmentes« wird ergänzt aus Elementen des zweiten und dritten Segmentes, aus denen ein weiteres Gehörknöchelchen und das Zungenbein hervorgehen. Die folgenden Segmente metamorphosieren sich bei den höheren Wirbeltieren zu schallerzeugenden Organen, vor allem zum Kehlkopf und den zugehörigen Muskelgruppen.

Der **zweite Pharyngealbogen** (Hyalbogen) differenziert sich hinten zum Steigbügel (Stapes), an der Schädelbasis zum Proc. styloideus sowie zum Lig. stylohyoideum und kleinen Zungenbeinhorn. Der **dritte** liefert das große Zungenbeinhorn und bildet vorne mit dem zweiten zusammen den Zungenbeinkörper (Bereich der Copula).

Der **vierte** und **fünfte Pharyngealbogen** bildet den Schildknorpel, möglicherweise die Aryknorpel und das Lig. vocale.

Zu jedem Pharyngealbogen gehört auch ein Muskelbündel, ein Nerv und ein Gefäßbogen (Abb. 72 und 73) (s. tabellarische Zusammenfassung S. 121).

Die Pharyngealfurchen des 2.–5. »Segmentes« werden überdeckt von einem vom Hyalbogen herunterwachsenden »Kiemendeckel« (Operculum), der unten mit dem letzten Pharyngealbogen verwächst. Auf diese Weise entsteht ein Hohlraum **(Sinus cervicalis),** der später verschwindet. Mit Ausnahme der ersten Furche, die zum äußeren Gehörgang wird, haben die ektodermalen Pharyngealfurchen sonst keine Bedeutung (Abb. 74).

Branchiogene Organe

Bei der Metamorphose des ehemaligen Kiemenapparates entstehen aber nicht nur Organe für Schallleitung und Lauterzeugung, also für den Hör- und Sprachapparat, sondern auch endokrine Organe, wie Schild-

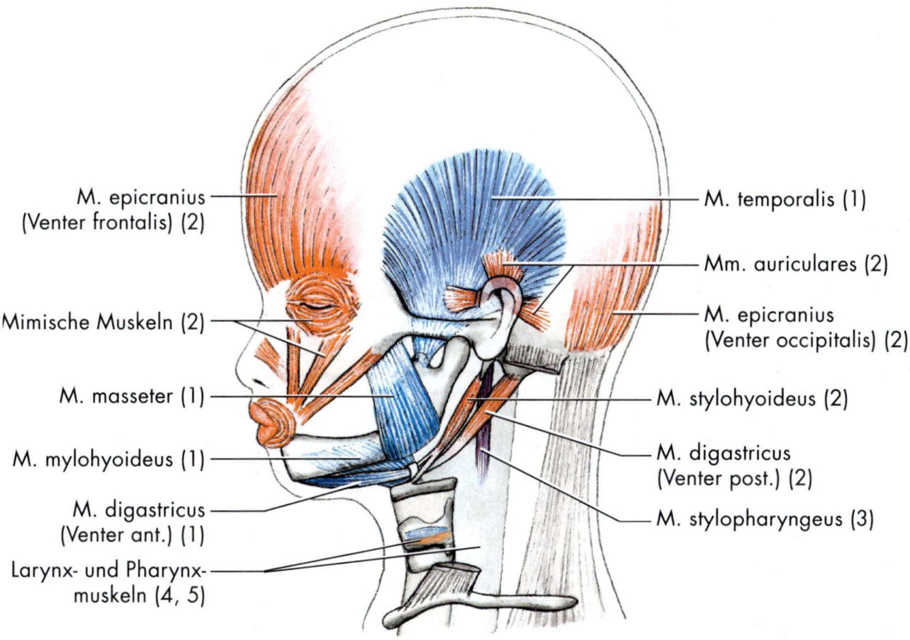

Abb. 72. Derivate der Pharyngealbögen. Die aus den einzelnen Pharyngealbögen (1–4) hervorgehenden Muskelgruppen sind durch unterschiedliche Farbtöne markiert (vgl. Abb. 71).

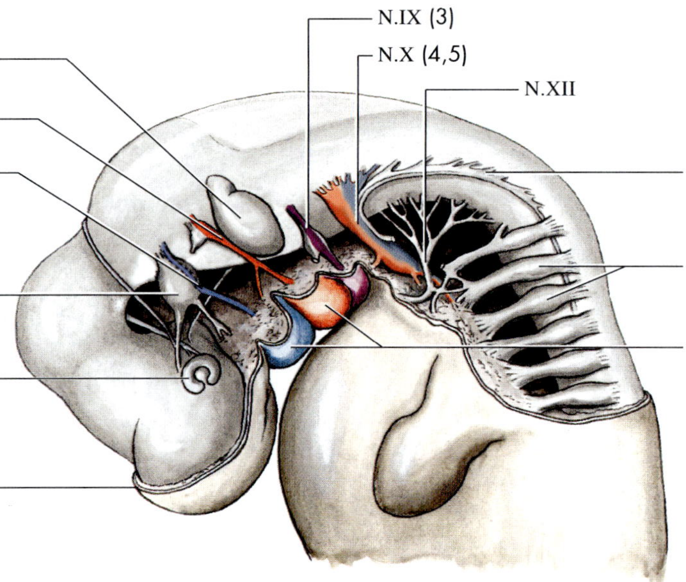

Abb. 73. Darstellung der Hirnnerven, die funktionell zu den Pharyngealbögen (1–5) gehören (farbig markiert, vgl. Abb. 71 u. 72). Seitenansicht eines etwa 37 Tage alten Embryos, ektodermale Umhüllung teilweise entfernt (nach J. W. Hamilton et al., modif.).

drüse und Epithelkörperchen, die im weiteren Sinne auch mit der Atmung als Funktionsprozess in Zusammenhang gebracht werden können. So beeinflusst die Schilddrüse durch ihre Hormone ganz wesentlich die innere Atmung. Thyroxin steigert den Grundumsatz und damit den Stoffwechsel insgesamt, wobei selbstverständlich Energieumsätze stattfinden, die Sauerstoff verbrauchen.

Die Hormone der Epithelkörperchen haben zwar nicht direkt mit den inneren Atmungsvorgängen bzw. Energieumsätzen zu tun, regeln aber den Kalzium- und Phosphorspiegel des Blutes und beeinflussen dadurch entscheidend die Struktur des Knochens sowie auch die Erregbarkeit der Nerven – beides wichtige Grundlagen für das Leben des Organismus auf der Erde, d. h. außerhalb des Wassers in einer zur Erde gehörigen, Sauerstoff liefernden Atmosphäre.

Das dritte branchiogene Organ, der ultimobranchiale Körper, liefert die Calcitonin-produzierenden Zellen der Schilddrüse, deren Hormone als Antagonisten der Epithelkörperchenhormone angesehen werden, also mit in die Regulation des Ca-P-Spiegels des Blutes einbezogen werden müssen.

Die **Schilddrüse** entwickelt sich wie eine exokrine Drüse, indem median zwischen dem ersten und zweiten Pharyngealbogen (schon am 22. Tag) eine Epithelknospe auswächst, die sich rasch verlängert und dadurch eine Art Ausführungsgang entwickelt. Etwa am 32. Tag bildet die peripher vorwachsende Knospe zwei Seitenlappen aus, die bis zum 44. Tag engen Kontakt mit den noch paarigen Aortenbögen behalten, dann aber – während das Herz mit seinen großen Gefäßen weiter deszendiert – mehr am Hals liegen bleiben (Abb. 74).

Die **Epithelkörperchen** sind Derivate der dritten und vierten Schlundtasche, von denen dorsal jeweils eine epitheliale Knospe aussprosst. An der vierten entsteht dann

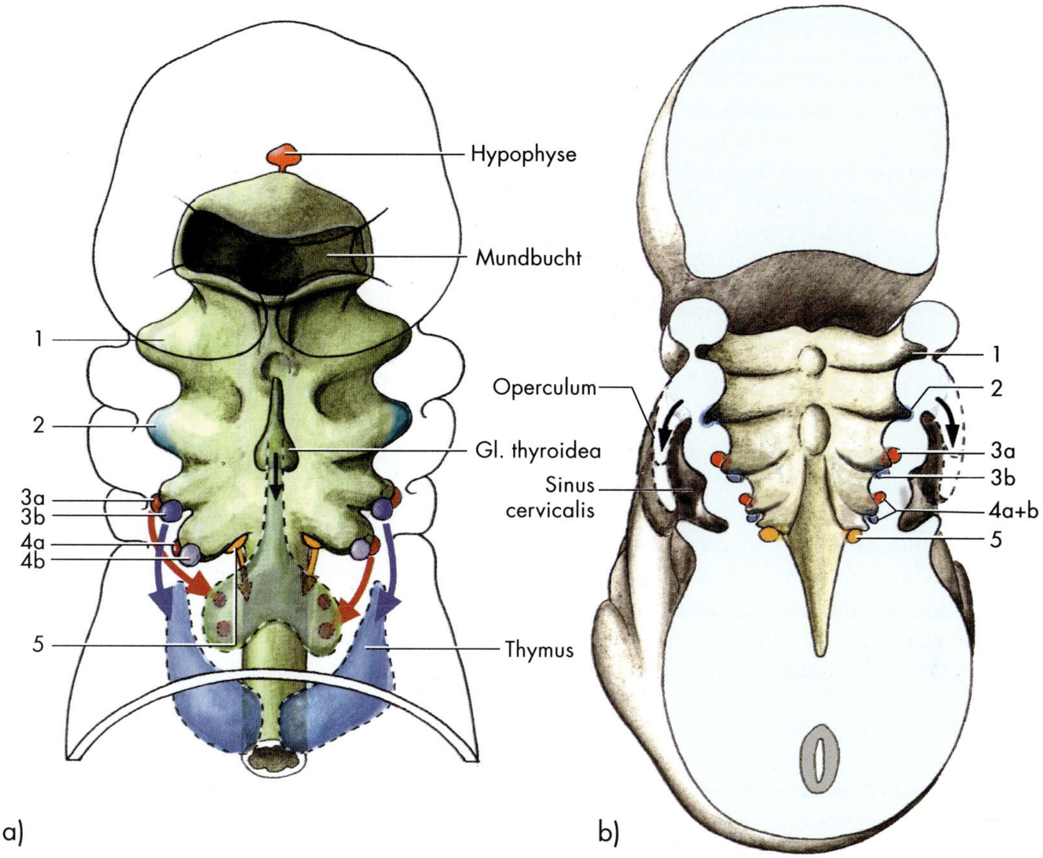

Abb. 74. Derivate der Schlundtaschen (1–5) (nach J. Kollmann) (etwa 3,5 Wochen alte Embryonen).
a) Von ventral, **b)** von dorsal (Frontalschnitt).
Wachstum und Verlagerungen der Schlundtaschenderivate sind durch Pfeile markiert.
1 = Anlage von Mittelohr und Tuba auditoria; 2 = Anlage der Tonsilla palatina; 3a und 4a = dorsale Knospen (Gll. parathyroideae) (rote Pfeile: Verlagerung an die Hinterseite der Schilddrüse); 3b und 4b = ventrale Knospen (Thymus) (blaue Pfeile: Verlagerung in das vordere Mediastinum); 5 = ultimobranchialer Körper (orangene Pfeile: Einwanderung in die Schilddrüse).

noch eine zusätzliche kleine Knospe, die oft als fünfte Schlundtasche beschrieben wird (telo- oder ultimobranchialer Körper). Diese löst sich ab und verbindet sich mit der Schilddrüse, in der sich die Zellen zu den Calcitonin produzierenden C-Zellen (parafollikuläre Zellen) differenzieren.

Die dorsalen Knospen der dritten und vierten Schlundtasche lösen sich ab und wandern mit der Schilddrüsenanlage im Halsbindegewebe abwärts. Dabei lagert sich die etwas früher entstehende dritte Schlundtaschenknospe dem unteren Pol des Schilddrüsenlappens an, während die später freiwerdende vierte Knospe am oberen Pol liegen bleibt. Alle vier Knospen differenzieren sich später zu endokrinen Drüsen (Gll. parathyroideae) (Abb. 74). Die große Lagevariabilität dieser Organe, die beim Erwachsenen im Halsbindegewebe oder Mediastinum angetroffen werden können, erklärt sich zwanglos aus dieser Embryogenese.

Branchiogene lymphatische Organe

Bei dem Funktionswandel des ehemaligen Kiemenapparates entstehen aber nicht nur endokrine Organe sowie Hör- und Sprachorgane, sondern auch lymphatische Organe, die im Immunsystem des Körpers später eine zentrale Rolle spielen, wie z.B. der Thymus. Am Übergang von der Mundhöhle zum Pharynx entsteht der lymphatische Rachenring. Die Gaumenmandel **(Tonsilla palatina)** ist ein Derivat der zweiten Schlundtasche, deren Epithel die Krypten der Tonsille liefert. Das zugehörige Mesenchym, das auch die tonsilläre Umwandlung des Schlundtaschenepithels induziert, stammt aus der Neuralleiste und ist später entscheidend an der Differenzierung des lymphatischen Gewebes beteiligt.

Die **Thymusanlage** entwickelt sich aus ventralen Knospen der dritten Schlundtasche. Diese lösen sich ab und proliferieren, wobei sie lappenförmige Ausstülpungen bilden, die sich nach kaudal vorschieben und dort miteinander zu einem großen lymphatischen Organ verschmelzen. Wie weit auch ventrale Knospen der 4. Schlundtasche daran beteiligt sind, ist unklar. Die Thymusanlage verschiebt sich zusammen mit dem Herzen weit nach kaudal und bleibt schließlich im vorderen Mediastinum auf der Herzbasis liegen (Abb. 74).

In der Perinatalperiode entwickelt sich der Thymus dann rasch zum zentralen lymphatischen Organ, in dem die Lymphozyten (sog. T-Lymphozyten) ihre immunologische Prägung erhalten, so dass der Organismus Fremdstoffe und Fremdzellen abwehren und damit seine stoffliche Integrität und Individualität als selbständiger Organismus bewahren kann.

4.2.2 Funktionelle Zusammenhänge

Branchialskelett und branchiogene Organe liefern für den menschlichen Organismus lebenswichtige Organe, die für seine stoffliche Integrität von großer Bedeutung sind (s. tabellarische Zusammenstellung S. 121). Die menschliche Individualität äußert sich aber nicht nur im Stofflichen, sondern – durch die exzessive Gehirnentwicklung ermöglicht – auch im Gedanklichen und Vorstellungsmäßigen, was letztlich zur Entwicklung der Sprache und damit neuer interindividueller Kommunikationsmöglichkeiten führt. Es entbehrt daher nicht einer gewissen inneren Logik, dass die Sprachorgane (Kehlkopf, Mundhöhle usw.) letztlich auch aus denjenigen Anlagen hervorgehen, die die Verankerung der Individualität im Irdischen ermöglichen und ursprünglich mit dem Atmungsgeschehen zu tun hatten. Dass die aus dem embryonalen Nervengewebe stammenden Neuralleistenzellen selbst die geweblichen Grundlagen für diese Entwicklung schaffen, ist ein weiteres Phänomen von grundsätzlicher Bedeutung.

Man kann diese Entwicklung eindrucksvoll an der Stammesgeschichte ablesen. Bei wasserlebenden Wirbeltieren (Fischen) gehen Atemweg und Nahrungsweg noch parallel. Bei den landlebenden Wirbeltieren (Amphibien, Reptilien) bildet sich dorsal eine Nasenhöhle und ventral ein Atmungsorgan (Lungen, Atemwege) heraus. Dadurch überkreuzen sich jetzt Luft- und Nahrungswege im Bereich des Pharynx, was mancherlei Komplikationen mit sich bringt. Die Ausbildung eines Pharynxbereiches schafft aber andererseits auch neue Möglichkeiten. Beim Menschen können jetzt über den Pharynx Luftquanten in die Mundhöhle gestoßen und damit Worte geformt werden (Artikulation). Dies setzt aber voraus, dass die Mundhöhle wirklich zu einem universellen, geschlossenen und veränderbaren Hohlraum wird und nicht wie bei den höheren Wirbeltieren, selbst noch bei den nichthumanen Primaten, ein einseitig differenziertes, durch das stark vorwachsende Gesichtsskelett röhrenförmiges Kauwerkzeug darstellt.

Die menschliche Kopfbildung ist – wie oben schon kurz geschildert – dadurch cha-

	Pharyngeal-furchen	Schlundtaschen	Pharyngealbögen	Muskeln	Nerven	Funktions-bereiche
1	Äußerer Gehörgang	Tuba auditoria Mittelohr-schleimhaut	Meckel-Knorpel (Mandibula), Malleus, Incus	Kaumuskulatur, M. mylohyoideus, Venter ant. m. digastrici, M. tensor tympani, M. tensor veli palatini	N. V_2 N. V_3	Schallleitung, Artikulation
2	Sinus cervicalis	Tonsilla palatina	Stapes, Proc. styloideus, Lig. stylohyoideum, Cornu minus, Os hyoideum (½)	Mimische Muskulatur, M. stylohyoideus, M. styloglossus, M. stapedius, Venter post m. digastrici	N. VII	Schallleitung, Immun-abwehr
3		ventral – Thymus dorsal – Gl. para-thyroidea IV	Cornu majus, Os hyoideum (½)	M. stylopharyngeus	N. IX	Ca/P-Spiegel des Blutes
4		ventral – ? dorsal – Gl. parathyroidea III	Cartilago thyroidea (½)	Kehlkopf- und Pharynxmuskulatur	N. laryn-geus sup. u. inf. (N. X)	Lautbildung (Phonation)
5		ultimobranchialer Körper (C-Zellen der Gl. thyroidea)	Cartilago thyroidea (½)	Kehlkopfmuskulatur		

rakterisiert, dass die vorwärts gerichtete Wachstumstendenz des ersten Pharyngealbogens (Mandibularbogen) frühzeitig gehemmt wird, die Zähne sich in einer geschlossenen, harmonischen Bogenform anordnen, der Gaumen eine Wölbung erhält, das Gaumensegel (Uvula) beweglich wird und vor allem der Kehlkopf so weit nach unten wandert, dass Luft in die Mundhöhle gelangen kann – alles morphologische Voraussetzungen für die Entwicklung der Sprachfähigkeit. Auch die Entwicklung einer mit einem großen Bewegungsspielraum ausgestatteten Zunge sowie vielseitig beweglicher Lippen gehört hierher.

Die Besonderheiten der Entwicklungsvorgänge all dieser Organe, die aus dem Branchialbereich des Kopfes hervorgehen, lässt sich im Grunde nur verstehen, wenn man dieses evolutive »Funktionsziel« im Auge hat.

4.2.3 Entwicklung von Mund- und Nasenhöhle – Gesichtsentwicklung

Gesichtsentwicklung

Nach der Rückbildung der Rachenmembran (Membrana buccopharyngea) umschließen die beiden Mandibularbögen zusammen mit dem stark vorgewölbten Vorderhirnwulst, der von oben den sog. Stirnfortsatz (Stirn-Nasen-Wulst) des embryonalen Gesichts bildet, noch eine einheitliche Mund-Nasen-Höhle, die in den vorderen zwei Dritteln aus der ektodermalen Mundbucht, im hinteren Drittel aus dem Schlunddarm hervorgegangen ist (Abb. 74). Das hintere Ende des Mandibularbogens wächst nun – bogenförmig umbiegend – nach vorne und schiebt sich damit langsam zwischen Stirn- und

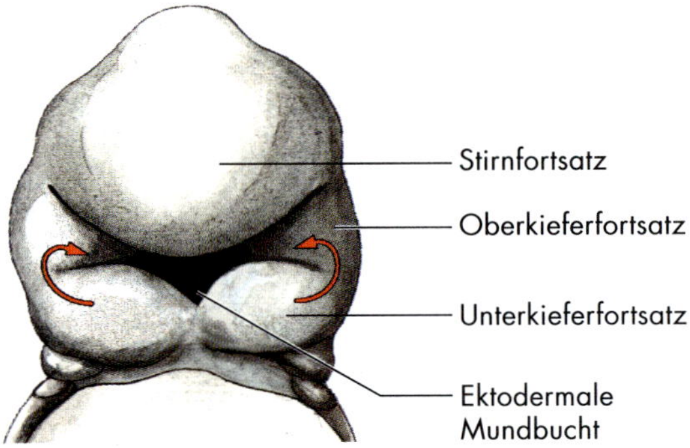

a)

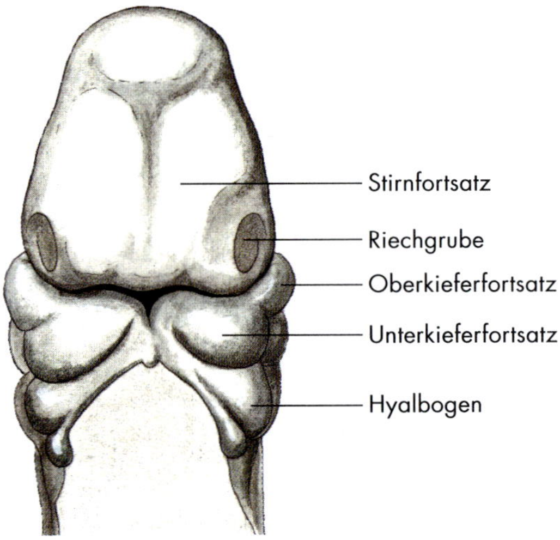

b)

Abb. 75. Drei aufeinander folgende Stadien der Gesichtsentwicklung.
a) Anfangs wird die ektodermale Mundbucht nur von den beiden Unterkieferfortsätzen und dem Stirnfortsatz umrahmt. Dann wächst der Oberkieferfortsatz – umbiegend von hinten – gegen die Mundbucht vor (rote Pfeile) (etwa 20. Tag).
b) Durch die Entwicklung der Riechgruben wird der Stirnfortsatz in einen medialen und zwei laterale Nasenfortsätze unterteilt (etwa 32. Tag).
c) Die Riechgrube verkleinert sich und verschiebt sich nach medial, so dass der mediale Nasenfortsatz mit dem Oberkieferfortsatz verwächst. Zusammen mit dem Vorwachsen der äußeren Nase (spätere Nasenspitze markiert durch x) verschieben sich auch die beiden Augenanlagen nach medial (rote Pfeile) (etwa 37. Tag). Violett = Proc. globularis.
d) Die Gesichtsbildung ist weitgehend abgeschlossen (etwa 56. Tag). Die Lokalisation möglicher Spaltbildungen zwischen den Gesichtsfortsätzen ist rot markiert.
1 = Schräge Gesichtsspalte
2 = Lippenspalte (Hasenscharte)
3 = Mundspalte

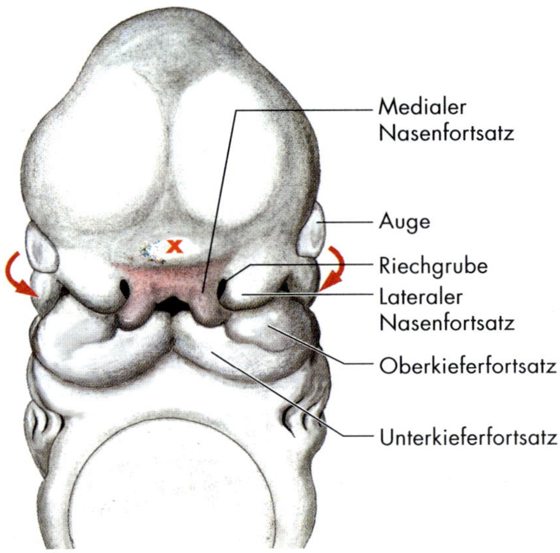

c)

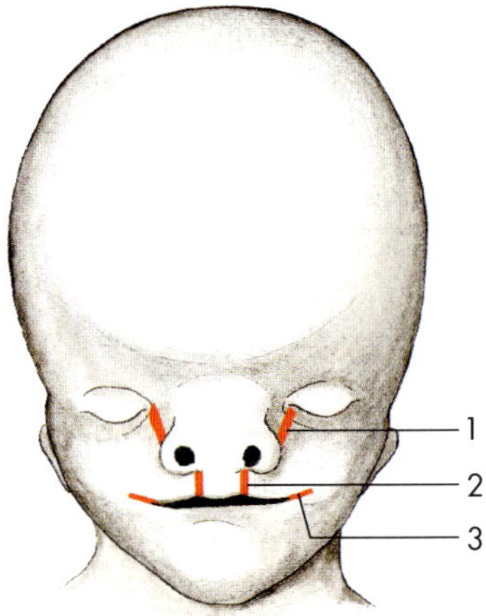

d)

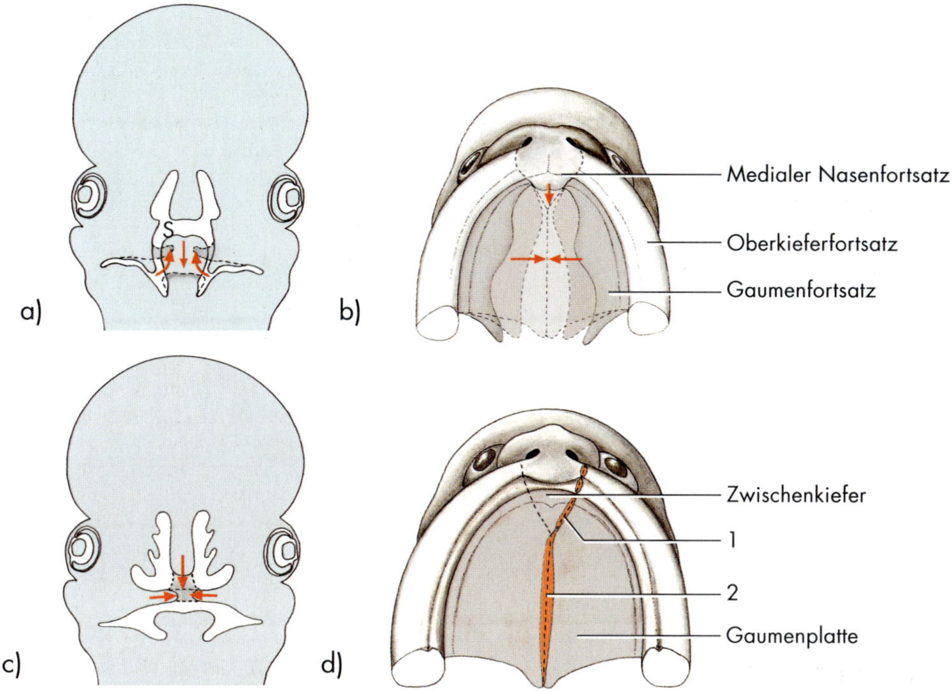

Abb. 76. Entwicklung des Gaumens und Trennung der zunächst einheitlichen Nasenhöhle in die paarige Nasenhöhle und die unpaare Mundhöhle durch Verwachsen des Nasenseptums (S) mit der Gaumenplatte.
a) Frontalschnitt durch den Kopf (etwa 7. Woche).
b) Ansicht von unten. Pfeile: Wachstumsbewegung der beiden Gaumenfortsätze, Richtungsänderung von vertikal nach horizontal.
c) Frontalschnitt durch den Kopf nach der Ausbildung der Gaumenplatte (etwa 9. Woche).
d) Ansicht von unten. Bei Nichtverwachsen der Fortsätze entstehen Spalten, z. B. Lippen-Kiefer-Spalte (1) (paramedian) oder Gaumenspalte (2) (median).

Unterkieferfortsatz in den Gesichtsbereich hinein, erreicht aber die Mitte nicht ganz (Oberkieferfortsatz, Oberkieferwulst) (Abb. 75). Im seitlichen Bereich des Stirnfortsatzes tritt nun eine Epithelverdickung auf (Riechplakode), die sich rasch zu einer Grube und weiter zu einem Gang vertieft – die Anlage der **Nasenhöhle.** Bei etwa sieben Wochen alten Embryonen ist der Nasengang innen bereits zur (primären) Mundhöhle hin durchgebrochen. Die äußeren Öffnungen verschieben sich dann mehr und mehr nach medial und teilen damit den Stirnfortsatz in einen medialen (unpaaren) und lateralen (paarigen) Nasenfortsatz auf (Abb. 75). Der mediale Nasenfortsatz schiebt sich dann mit seinen beiden flügelartigen Ausläufern (Processus globulares) nach der Seite so weit vor, dass er mit dem Oberkieferfortsatz Kontakt bekommt und verwächst. Damit ist die Anlage von Oberlippe, Philtrum, Oberkiefer und Gaumen entstanden. Der Oberkieferfortsatz entwickelt dann nach innen einen **Gaumenfortsatz,** der sich zur Mitte hin vorschiebt, mit dem entsprechenden Fortsatz der anderen Seite verwächst und dadurch als Gaumenplatte Nasen- und Mundhöhle trennt (Abb. 76). Vorne vereinigt sich in einem kleinen Bereich der mediale (unpaare) Nasenfortsatz mit den beiden Gaumenfortsätzen und bildet dadurch die Anlage des **Zwischenkiefers,** der später etwa den

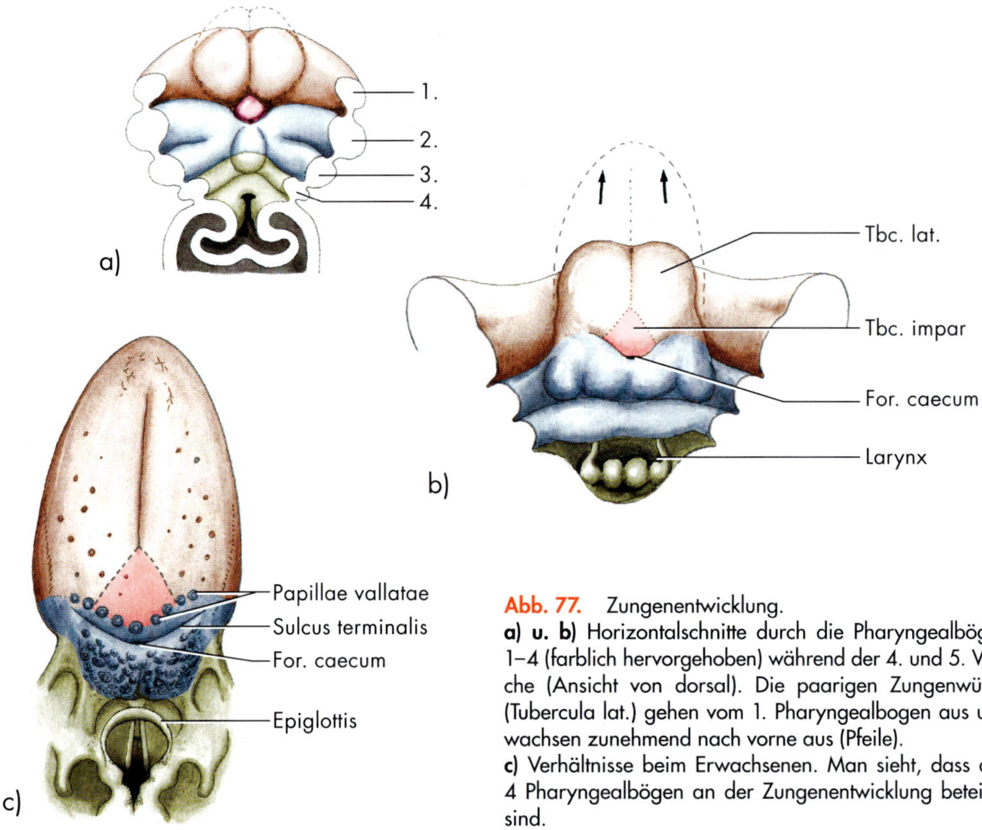

Abb. 77. Zungenentwicklung.
a) u. b) Horizontalschnitte durch die Pharyngealbögen 1–4 (farblich hervorgehoben) während der 4. und 5. Woche (Ansicht von dorsal). Die paarigen Zungenwülste (Tubercula lat.) gehen vom 1. Pharyngealbogen aus und wachsen zunehmend nach vorne aus (Pfeile).
c) Verhältnisse beim Erwachsenen. Man sieht, dass alle 4 Pharyngealbögen an der Zungenentwicklung beteiligt sind.

Bereich der beiden Schneidezähne umfasst. Durch die Verlängerung der Nasenspitze verschieben sich die anfangs nach oben gerichteten Nasenlöcher mehr und mehr nach unten. Gleichzeitig wandern auch die ursprünglich ganz seitlich liegenden Augenanlagen nach vorne, so dass – etwa vom 44. Tag an – erstmalig ein menschliches Gesicht erkennbar wird.

Fehlbildungen

Lippenspalten (»Hasenscharten«) sind sehr häufig vorkommende, paramediane Einsenkungen oder Spaltbildungen zwischen Oberkieferfortsatz und medialem Nasenfortsatz.

Lippen-Kiefer-Spalten sind Spaltbildungen im Bereich des primären Gaumens. Sie bilden sich zwischen dem Oberkieferfortsatz und dem unpaaren primären Gaumen (Zwischenkiefersegment) paramedian und verlaufen bis zum For. incisivum.

Gaumenspalten betreffen die sekundären Gaumenfortsätze und liegen median.

Lippen-Kiefer-Gaumen-Spalten bezeichnet man auch als Wolfsrachen.

Halsfisteln können entstehen, wenn Pharyngealfurchen oder Abschnitte des Sinus cervicalis sich nicht regelrecht zurückbilden.

Zungenentwicklung

Am Boden der primären Mundbucht treten schon in der 6. Woche – vom Mandibularbogen ausgehend – zwei Wülste auf, die nach vorne vorwachsen und rasch miteinander verschmelzen, die seitlichen Zungenwülste (Abb. 77). Ihnen schließt sich hinten eine in der Mitte entstehende, unpaare Zungenanlage an (Tuberculum impar), die sich durch eine V-förmige Furche von den mit in die Zungenanlage eingehenden Wülsten des 2. und 3. Pharyngealbogens abgrenzt. Daraus entsteht die Zungenwurzel. Vom Mittelpunkt dieser Grenzlinie wächst die Schilddrüse aus. Nach Degeneration ihres Ausführungsganges bleibt hier eine kleine Vertiefung übrig, das For. caecum. In das aus Neuralleistenmesenchym bestehende Zungenblastem wachsen von dorsal (aus den Okzipitalsomiten) zusammen mit dem zugehörigen Nerven (N. XII) Muskelzellen ein, die sich dreidimensional so anordnen, dass die Zunge später in allen drei Dimensionen vom Zungengrund aus frei bewegt werden kann.

Die Bildung der Zunge aus Blastemen der ersten drei Pharyngealbögen erklärt auch ihre komplizierte sensible bzw. sensorische Innervation aus den ersten drei Schlundbogennerven (N. V, N. VII, N. IX) (Abb. 72).

4.2.4 Zahnentwicklung und Dentitionen

Zu Beginn der 6. Woche beginnt am Unterkieferfortsatz und etwas später auch am Oberkieferfortsatz eine epitheliale Leiste, in die Tiefe zu wachsen, die **Labio-Gingival-Leiste,** durch die der Lippenwulst vom Unterkiefer abgegrenzt wird. An der Innenseite dieser Leiste bildet sich eine zunächst kontinuierliche Epithelleiste aus **(Zahnleiste, Dentalleiste),** an der in regelmäßigen Abständen 20 kleine, kugelförmige Zahnknospen entstehen (Abb. 78a). Wahrscheinlich gehen zuerst vom Epithel Signalstoffe aus, die Zellen aus der Neuralleiste des Mittel- und Rautenhirns anlocken und damit die Zahnbildung einleiten. Die Zahnknospen sind die Anlagen der Milchzähne. Die Zahnleiste löst sich dann auf, bildet aber vorher noch – ebenfalls nach mesial – zusätzlich kleine Knospen, die Anlagen der später entstehenden, bleibenden Zähne (2. Zahngeneration). Die ektodermalen Zahnknospen vergrößern sich und stülpen sich unter dem induzierenden Einfluss des umgebenden Ektomesenchyms so ein, dass ein glockenförmiges Gebilde entsteht **(Zahnglocke).** Diese besteht dann aus dem äußeren und inneren Schmelzepithel sowie aus dem die Glocke ausfüllenden (epithelialen) Schmelzretikulum (Schmelzpulpa) (Abb. 78b). Das Ganze wird als **Schmelzorgan** bezeichnet, da es für die Schmelzbildung und die Form der späteren Krone verantwortlich ist. Es wird vom Zahnsäckchen – verdichtetes Mesenchym der Umgebung – umhüllt.

Die Bildung der Hartsubstanzen des Zahnes geht vom Mesenchym der Zahnpapille aus. Die Mesenchymzellen formieren sich unter dem inneren Schmelzepithel zu einer epithelartigen Zelllage, den **Odontoblasten,** die mit der Absonderung einer zunächst noch unverkalkten, knochenartigen Substanz, dem Prädentin, beginnen. Dies ist die erste Anlage der Zahnkrone. Dadurch stimuliert, beginnen auch die gegenüberliegenden Zellen des inneren Schmelzepithels (sog. primärer Schmelzknoten) ihre polare Orientierung umzukehren und sich pallisadenartig so anzuordnen, dass sie apikal, also an das Dentin angrenzend, Hartsubstanzen abscheiden können. Jede Zelle bildet einen annähernd sechsseitigen, kristallartigen Zylinder. Diese sog. **Schmelzprismen** lagern sich fast ohne interzellulare Zwischensubstanz eng aneinander und wachsen durch Apposition von außen weiter in die Länge. Die schmelzbildenden Zellen, **(Adamantoblasten** oder **Ameloblasten)**

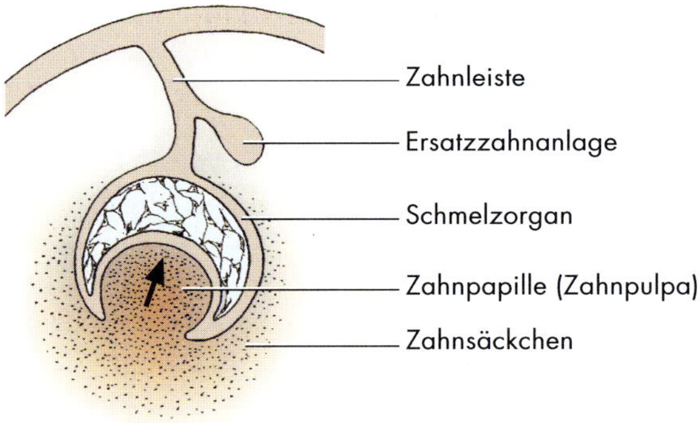

a)

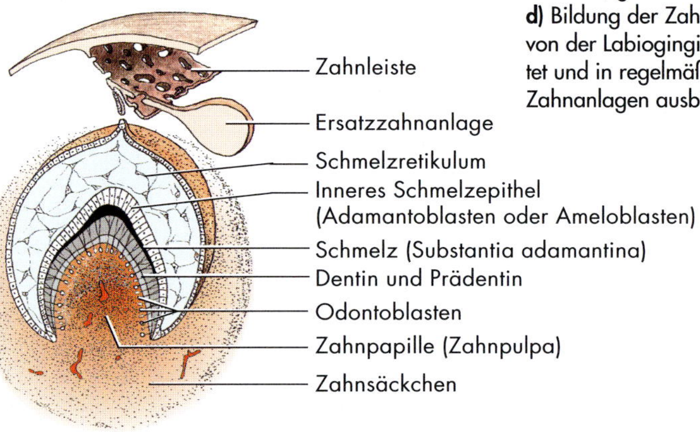

b)

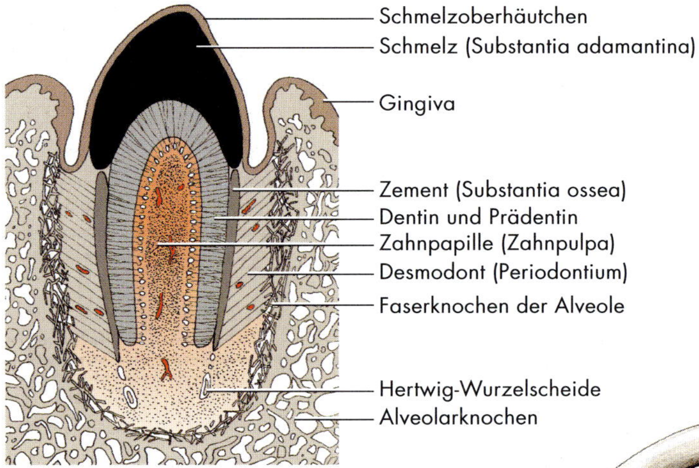

c)

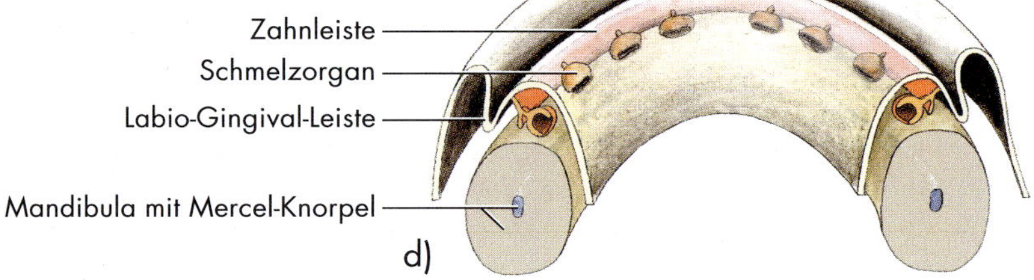

d)

Abb. 78. Verschiedene Stadien der Zahnentwicklung.
a) Umformung des Zahnkolbens in eine Zahnglocke. Pfeil: = Mesektoderm der Zahnpulpa, das die Dentinbildung induziert.
b) Schmelzorgan mit beginnender Dentin- und Schmelzbildung.
c) Beginnender Zahndurchbruch. Die Wurzelbildung ist noch nicht abgeschlossen. Im Halsbereich des Zahnes hat sich ein Halteapparat (Zement, Desmodont und Alveolarknochen) gebildet.
d) Bildung der Zahnleiste, die sich von der Labiogingivalleiste abspaltet und in regelmäßigen Abständen Zahnanlagen ausbildet.

rücken dadurch immer weiter von der Schmelz-Dentin-Grenze ab, so dass das Schmelzretikulum und das äußere Schmelzepithel – zusammen eine Art Platzhalter für die größer werdende Krone – allmählich zusammengedrückt werden und nach dem Zahndurchbruch nur noch als (meist verhorntes) Schmelzoberhäutchen übrig bleiben.

Die **Wurzelbildung** geht von der Hertwig-Wurzelscheide, dem Umschlagsrand des äußeren in das innere Schmelzepithel, aus (Abb. 78c). Die epitheliale Wurzelscheide wächst weiter in das Mesenchym des Zahnsäckchens vor, scheidet hier aber keine Schmelzprismen mehr ab, sondern induziert im angrenzenden Mesenchym der Zahnpulpa die Entwicklung von Odontoblasten, die dann Dentin bilden. Aus dem umhüllenden Mesenchym des Zahnsäckchens differenzieren sich **Zementoblasten,** die sich dem Wurzeldentin auflagern und Zementsubstanz, eine Spezialform des Faserknochens, abscheiden. Die epitheliale Wurzelscheide geht zugrunde. Im angrenzenden Mesenchym des Zahnsäckchens differenzieren sich dann der Halteapparat des Zahnes **(Periodontium** oder **Desmodont)** sowie der zugehörige Alveolarknochen. Auch nach dem Zahndurchbruch wächst die Wurzel noch weiter.

Dentitionen

Richtung und Geschwindigkeit des Zahndurchbruchs entscheiden maßgeblich über die spätere Form des Gebisses, was u. a. auch für die Sprachentwicklung von Bedeutung ist. Die treibende Kraft für den Durchbruch der Zähne ist das Wachstum des Mesenchyms der Zahnpapille und des Zahnsäckchens im Wurzelbereich. Da die Zahnanlagen aber relativ regellos im Kiefergewebe liegen, bedarf es einer ausrichtenden Kraft, die die Kronen in die richtige Stellung bringt, so dass ein harmonisches, vor allem geschlossenes Gebiss entstehen kann. Diese richtunggebende Kraft liegt im Alveolarknochen selbst. Durch lokalisierte An- und Abbauvorgänge am Knochen der Zahnalveole kann die Lage der Krone verändert und der durchbrechende Zahn in seine definitive Stellung im Bereich des Gebisses gebracht werden.

Durchschnittliche Durchbruchszeiten der Zähne (nach A. Kröncke)

1. Dentition (in Monaten)
UK: I_1 (8, 6), I_2 (14,4), C (20,1), M_1 (16,5), M_2 (24,5)
OK: I_1 (10,3), I_2 (12,2), C (19,5), M_1 (15,5), M_2 (24,8)

2. Dentition (in Jahren)
UK: M_1 (6,4), I_1 (6,8), I_2 (7,10), C (11), P_1 (11,3), P_2 (12), M_2 (12,3)
OK: M_2 (6,6), I_1 (7,5), I_2 (8,8), C (12,5) P_1 (10,4), P_2 (11,2), M_2 (12,7)

Die **erste Dentition** (Milchgebiss) beginnt mit dem Durchbruch der Schneidezähne im 8.–10. Lebensmonat und endet mit dem Durchbruch der beiden Milchmolaren am Ende des zweiten Lebensjahres – geht also von vorne nach hinten vor sich (insgesamt 20 Zähne). Der Durchbruch der bleibenden Zähne **(zweite Dentition)** (insgesamt 32 Zähne) führt interessanterweise nicht zu einer Vergrößerung der Kiefer nach vorne, sondern im Gegenteil nach hinten. Die Dentition beginnt auch nicht mit den Schneidezähnen, sondern mit dem ersten Molaren, der sozusagen den Grundstein des permanenten Gebisses darstellt. Er steckt gewissermaßen den Raum ab, in dem sich, dann allerdings zügig, von vorne nach hinten der Durchbruch der bleibenden Zähne vollziehen kann. So kommt es, dass der Raum, den die ersten 20 Zähne in beiden Kiefern einnehmen, beim Milchgebiss und bleibenden Gebiss praktisch gleich groß ist. Das Kieferwachstum erfolgt damit nach rückwärts und nicht nach vorwärts. Auch diese Tatsache steht mit der Entwicklung der Sprachfähigkeit beim Menschen in Zusammenhang, denn würde der Kieferapparat wie bei anderen Primaten stark nach vorne wachsen und ein wehrhaftes, einseitig differenziertes Gebiss ausbilden, wäre eine Sprachentwicklung nicht möglich.

Descensus laryngis

Die Ausbildung einer so wohlgeformten, formvariablen und plastischen Mundhöhle, wie wir sie jetzt geschildert haben, würde jedoch alleine nicht ausreichen, Sprache hervorzubringen. Der Artikulation (Mundhöhle) muss die Phonation (Kehlkopf) vorausgehen. Dazu muss der Kehlkopf in die richtige Position zur Mundhöhle gebracht werden. Diese ist bei der Geburt noch nicht gegeben. Der Kehlkopf steht noch zu hoch. Dadurch kann der Säugling zwar gleichzeitig schlucken und atmen, aber noch nicht sprechen. Erst wenn der Kehlkopf nach der Aufrichtung des Körpers deszendiert ist, kann die Mundhöhle als Artikulationsorgan eingesetzt werden. Beim Säugling liegt die Mitte des Schildknorpels (Ebene des Stimmbandes) noch in Höhe des 4., beim Erwachsenen in Höhe des 5. Halswirbelkörpers, so dass die Distanz zwischen Epiglottis und Uvula nach Erreichen des aufrechten Ganges groß genug geworden ist, differenzierte Laute, eben Sprache, hervorbringen zu können (Abb. 79).

Zusammenfassung

Mit dem Übergang zum Landleben haben die Wirbeltiere neue Atmungsorgane entwickelt. Der Kiemenapparat wurde nicht mehr benötigt. Seine Organe (Pharyngealbögen, Schlundtaschen, Mundhöhle, Zähne usw.) haben einen Funktionswandel durchgemacht, der in eine neue, ebenfalls mit der Atmung zusammenhängende Richtung gegangen ist, nämlich in die Entwicklung einer Hör- und Sprachfähigkeit. Nach der Aufrichtung konnte auch der Schädel entsprechend umgebaut werden, so dass das prognathe Kieferwachstum gebremst und die Mundhöhle mit Zähnen, Gaumen, Zunge usw. zu einem Artikulationsorgan weiterentwickelt werden konnte. Diese gewaltigen, evolutiven Umbildungsprozesse wären jedoch immer noch nicht in der Lage gewesen, ein sprechendes und denkendes Wesen hervorzubringen, wenn sich nicht gleichzeitig mit der Schädelentwicklung auch ein Gehirn entsprechender Größe und Struktur herausgebildet hätte, in dem die Differenzierung von Hör- und Sprachzentren sowie übergeordneter motorischer und sensorischer Areale hätte vonstatten gehen können. Durch die Besonderheiten der menschlichen Kopfbildung, die wir eingangs geschildert haben, ist in der Tat diese exzessive Gehirnbildung möglich geworden.

4.3 Entwicklung des Nervensystems im Kopfbereich

Die frühzeitige, sozusagen vorauseilende Entwicklung der Kopforgane, insbesondere des zentralen Nervensystems, stellt – wie in der Einleitung betont – eine einmalige Besonderheit der menschlichen Embryonalentwicklung dar. Induziert vom axialen Mesoderm (Chorda dors., prächordales Mesenchym), entsteht schon am 16. Tag im Ektoderm der Keimscheibe eine **Neuralplatte,** die sich zuerst in der Mitte – und dann nach kranial und kaudal fortschreitend – durch aufeinander zu wachsende **Neuralwülste** zu einem Rohr **(Neuralrohr)** schließt (etwa 22. Tag) (s. Abb. 20). Zwei Drittel dieses Rohres, das anfangs vorne und hinten noch offen ist (Neuroporus sup. und inf.), bilden die Anlage des später in den Kopf eingeschlossenen Gehirns. Nur das hintere Drittel wird zum Rückenmark, das sich mit zunehmendem Wachstum des Rumpfes kaudalwärts verlängert. Im Bereich der Verschmelzungszone der Neuralwülste lösen sich Zellgruppen ab und wandern in die Kopfanlage ein, wo sie mesenchymartiges

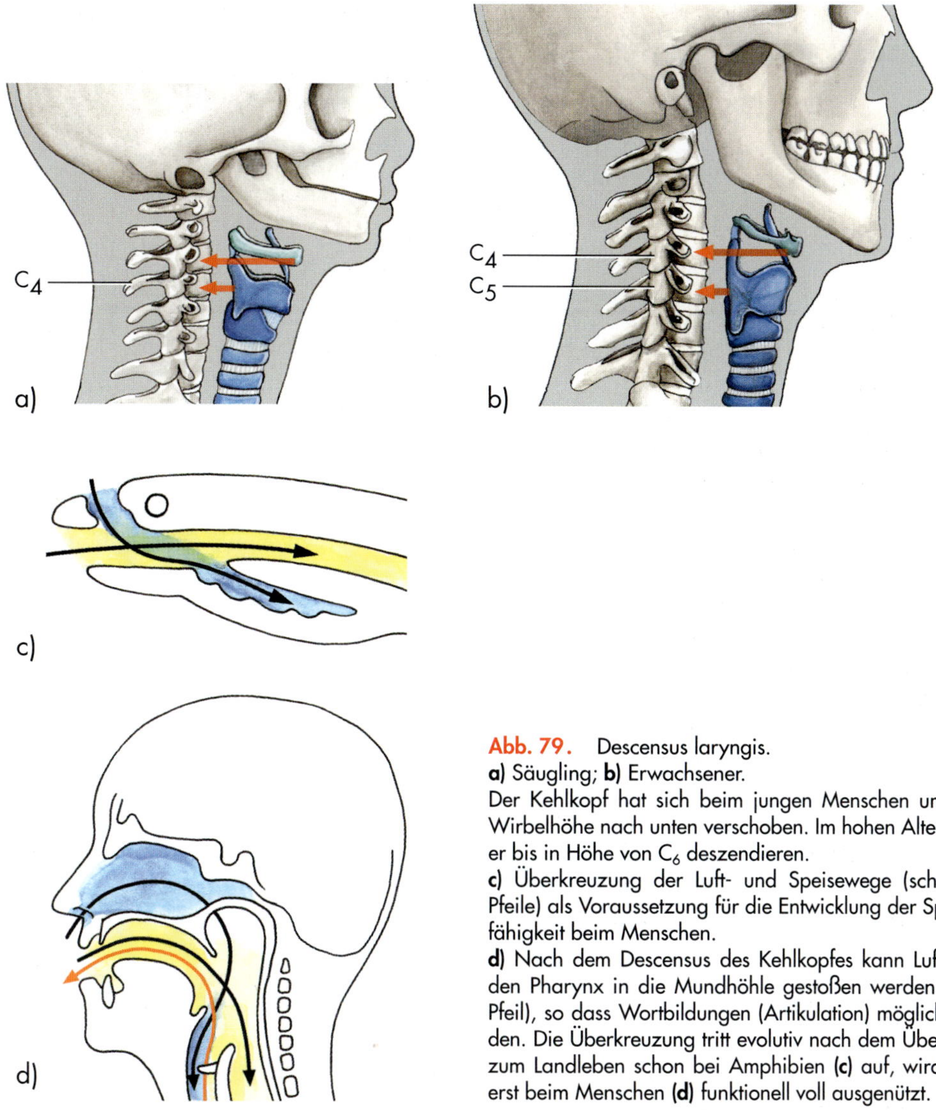

Abb. 79. Descensus laryngis.
a) Säugling; **b)** Erwachsener.
Der Kehlkopf hat sich beim jungen Menschen um eine Wirbelhöhe nach unten verschoben. Im hohen Alter kann er bis in Höhe von C_6 deszendieren.
c) Überkreuzung der Luft- und Speisewege (schwarze Pfeile) als Voraussetzung für die Entwicklung der Sprachfähigkeit beim Menschen.
d) Nach dem Descensus des Kehlkopfes kann Luft über den Pharynx in die Mundhöhle gestoßen werden (roter Pfeil), so dass Wortbildungen (Artikulation) möglich werden. Die Überkreuzung tritt evolutiv nach dem Übergang zum Landleben schon bei Amphibien **(c)** auf, wird aber erst beim Menschen **(d)** funktionell voll ausgenützt.

Gewebe (Mesektoderm oder Ekomesenchym) bilden, aus dem die Binde- und Stützgewebe des Kopfes entstehen (Pharyngealbögen, Zähne, Gesichtsknochen, Hirnhäute usw.). Es handelt sich um die **Neuralleisten des Kopfes,** die in ähnlicher Weise auch im Rückenmarksbereich auftreten, hier aber keine Mesenchym-bildenden Potenzen besitzen.

Das Neuralrohr macht im Kopfbereich eine rasch fortschreitende Entwicklung durch und bildet voluminöse Bläschen und Ganglienkomplexe, so dass der embryonale Kopf anfangs fast nur aus der Gehirnanlage besteht, ja der Embryo selbst zunächst fast nur eine Kopfanlage darstellt.

Am kranialen, mehrfach gekrümmten Neuralrohr lassen sich frühzeitig drei Ab-

Primäre Hirnbläschen	Sekundäre Hirnbläschen	Hirnabschnitte	Zugehörige Sinnesorgane	Zugehörige Hirnnerven
Prosencephalon	Telencephalon	Großhirn (Corpus striatum)	Riechorgan	N. I
	Diencephalon	Zwischenhirn (Pallidum, Thalamus, Hypo- und Metathalamus)	Sehorgan	N. II
Mesencephalon	Mesencephalon	Mittelhirn (Tegmentum, Tectum)		N. III N. IV
Rhombencephalon	Metencephalon	Kleinhirn (Pons)	Labyrinthorgan	Nn.V–XII
	Myelencephalon	Medulla oblongata	Gehörorgan	

schnitte unterscheiden, die nicht nur eine räumliche, sondern auch eine erste elementare funktionelle Gliederung ergeben:

1. Vorderhirn (Prosencephalon),
2. Mittelhirn (Mesencephalon), wo das Neuralrohr stark abgeknickt ist (Scheitelbeuge, Mittelhirnbeuge), und
3. Rautenhirn (Rhombencephalon), das beim Übergang ins Rückenmark ebenfalls eine starke Krümmung aufweist (Nackenbeuge) (Abb. 80).

Am **Vorderhirn** tritt noch vor dem Schluss des vorderen Neuroporus beiderseits eine kleine Blase auf, die zur Augenanlage wird. Seitlich entwickelt sich dann auf beiden Seiten eine blasenförmige Ausbuchtung, die rasch größer wird und bald alle anschließenden Hirnabschnitte überdeckt. Dies sind die Endhirnbläschen, die die Großhirnhemisphären bilden **(Telencephalon)** (Abb. 80). Dadurch wird das Vorderhirn in zwei Abschnitte gegliedert, 1. in den unpaaren Mittelteil, jetzt Zwischenhirn **(Diencephalon)** genannt, aus dem die Augenanlagen entstanden sind, und 2. die paarigen Endhirnbläschen, die anfangs nur ein dünnes Häutchen darstellen, aber schon von der 5. Woche an mit der mächtigen Entwicklung der Großhirnrinde (Cortex) beginnen. Endhirnbläschen und Zwischenhirn werden später zu den Organen des bewussten Sinnes- und Vorstellungslebens sowie auch zu Steuerungsorganen der bewusst intendierten Motorik, wobei das Sehsystem eine zentrale Rolle spielt.

So wie das visuelle System hauptsächlich zum Vorderhirn funktionelle Beziehungen entwickelt, so gehört das zweite große Sinnesorgan des Kopfes, das Labyrinthorgan, funktionell mehr zum **Rautenhirn.** Im Dach des Rautenhirns entwickelt sich das **Kleinhirn,** dessen Funktionsabläufe unbewusst bleiben, aber zentral mit der Regulation der Motorik und der Gleichgewichtserhaltung zu tun haben. Das zugehörige Sinnesorgan ist das Gleichgewichtsorgan (Vestibularorgan), das die Orientierung im Raum ermöglicht und für die unbewusste reflektorische Steuerung der Motorik eine zentrale Rolle spielt. Auch das mit dem Labyrinth verbundene Gehörorgan hängt in tieferem Sinne mit dem Raumerleben zusammen, gehört also funktionell auch zum Rautenhirn (s. u.). Ähnlich wie die Großhirnanlage in einer langgestreckten, widderhornartigen Wachstumsbewegung die anderen Hirnabschnitte überlagert, wächst auch der sich mächtig vergrößernde Kleinhirnwulst nach hinten über das Rautenhirn und die Rautengrube hinweg, woraus sich ein transversales Furchungsrelief ergibt – grundlegend verschieden von dem der Endhirnbläschen, die ein longitudinales Furchungsrelief entwickeln. Durch die Kleinhirnentwicklung gliedert sich auch das Rautenhirn in zwei Abschnitte, das Nachhirn **(Metencephalon)**

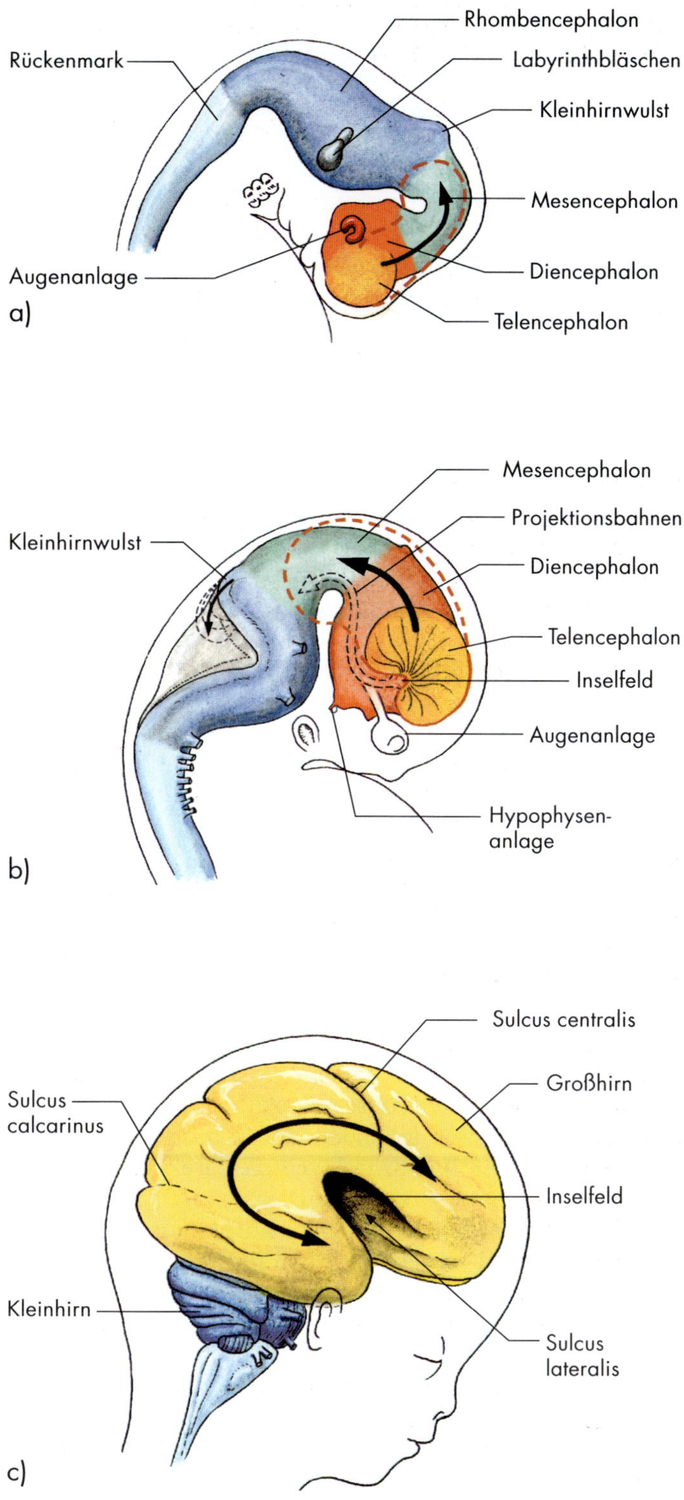

Abb. 80. Entwicklung des zentralen Nervensystems im Kopfbereich (nach Rohen JW. Neuroanatomie. 6. Aufl. Stuttgart: Schattauer 2001).
a) Das Neuralrohr gliedert sich im Kopfbereich in fünf Hirnbläschen. Das Endhirn (Telencephalon) wächst rasch nach hinten aus und überlagert dabei alle anschließenden Hirnbläschen (Pfeil) (etwa 35. Tag).
b) Das Endhirnbläschen vergrößert sich zunehmend (Wachstumsrichtung s. Pfeil). Die Projektionsbahnen wachsen über das Inselfeld durch die anschließenden Hirnabschnitte bis ins Rückenmark hinein (heller punktierter Pfeil) (etwa 44. Tag).
c) Das Endhirnbläschen ist zum Großhirn geworden (Wachstumsrichtungen s. Pfeile) und beginnt ein Furchenrelief zu bilden (Gyrifizierung). Die Primärfurchen sind zugleich Lappengrenzen (etwa 6. Monat).

und das Markhirn **(Myelencephalon).** Zwischen Vorder- und Rautenhirn – diesen beiden funktionell so diametral verschiedenen Abschnitten des zentralen Nervensystems – bildet das **Mesencephalon,** das sich mit dem Tegmentum (Haube) vor allem nach unten (zum Rhombencephalon) und dem Tectum mehr nach oben (zum Prosencephalon) orientiert, eine beide Funktionsbereiche verbindende Übergangsregion (Abb. 80 u. 81).

Damit haben wir in dieser primären Dreigliederung der embryonalen Hirnanlage bereits eine elementare Funktionsgliederung vor uns, die wir der folgenden Darstellung zugrunde legen wollen.

4.3.1 Prosencephalon und zugehörige Sinnessysteme (olfaktorisches und visuelles System)

4.3.1.1 Vorderhirnentwicklung

Im Vordergrund der Entwicklung des Prosencephalons steht zunächst die Entwicklung und Differenzierung der Endhirnbläschen, d.h. die Entwicklung der Großhirnrinde, die in dieser exzessiven und rasch voranschreitenden Form nur beim Menschen vorkommt. Die anfangs ganz dünne Wandung der Endhirnbläschen beginnt schon in der 4./5. Woche, durch die Auswanderung von rasch sich teilenden Zellen aus der ventrikelnahen Innenzone **(ventrikuläre Matrixzone)** dicker zu werden. Die ausgewanderten Zellen bilden unter der kortikalen Oberfläche neue Zellschichten aus, die zur Anlage der späteren sechs Rindenschichten (Neocortex) werden. Für dieses massive »Ausschwärmen« benötigen die embryonalen Nervenzellen Leitstrukturen. Dies sind hauptsächlich radial ausgerichtete Gliazellen, an denen sich die Zellen zunächst mit einer Pionierfaser (Führungsaxon) hochranken, um dann den folgenden Fortsatz wie einen Schweif nachzuziehen (Abb. 82). Der Ort der Besiedelung richtet sich nach der funktionellen Wertigkeit und der stammesgeschichtlichen Vergangenheit. Die ältesten Rindenfelder werden zuerst mit Zellen beschickt. Im Bereich der Mantelzone bleiben immer auch indifferente Zellen erhalten, von denen nach mitotischer Teilung nur eine sich weiter differenziert und in die Rindenfelder auswandert, die andere aber als Stammzelle zurückbleibt. Auch beim Erwachsenen sind noch einzelne solcher Stammzellen im Bereich des Ependyms zu finden (Abb. 82).

Die zytologische Differenzierung der verschiedenen Neurone, die Entwicklung der synaptischen Verbindungen, Zellwanderungen und lokalisierter Zelltod (durch Apoptosen) werden kontrolliert durch eine Vielzahl spezifischer Proteine, vor allem der **Neurotrophine,** zu denen u.a. der »Nerve growth factor« (NGF), der »Brain-derived neurotrophic factor« (BDNF) u.a. gehören. Diese Proteine wirken jeweils mit spezifischen Rezeptormolekülen an der Zelloberfläche zusammen und steuern dadurch letztlich das gesamte Migrations- und Differenzierungsgeschehen in der Hirnrinde.

Durch die Zunahme der Zellzahl beginnt sich die glatte Oberfläche der Rinde vorzuwölben und Wülste (Gyri) auszubilden, zwischen denen dann die Rinde einsinkt (Sulci). Die zuerst auftretenden Furchen (Primärfurchen) markieren die phylogenetisch ältesten Areale, z.B. der Sulcus cinguli und Sulcus hippocampi den limbischen Cortex, der Sulcus calcarinus die Sehrinde, der Sulcus centralis die primär motorischen und sensorischen Rindenfelder (Abb. 80c). Durch diesen Prozess nimmt das Furchenrelief der Hemisphären, d.h. die Gyrifizierung embryonal, aber auch noch postnatal, ständig zu.

Die peri- und postnatale Gehirnvergrößerung beruht aber nicht nur auf Zellneubildung und Zellwanderung, sondern vor allem auch auf Differenzierungsprozes-

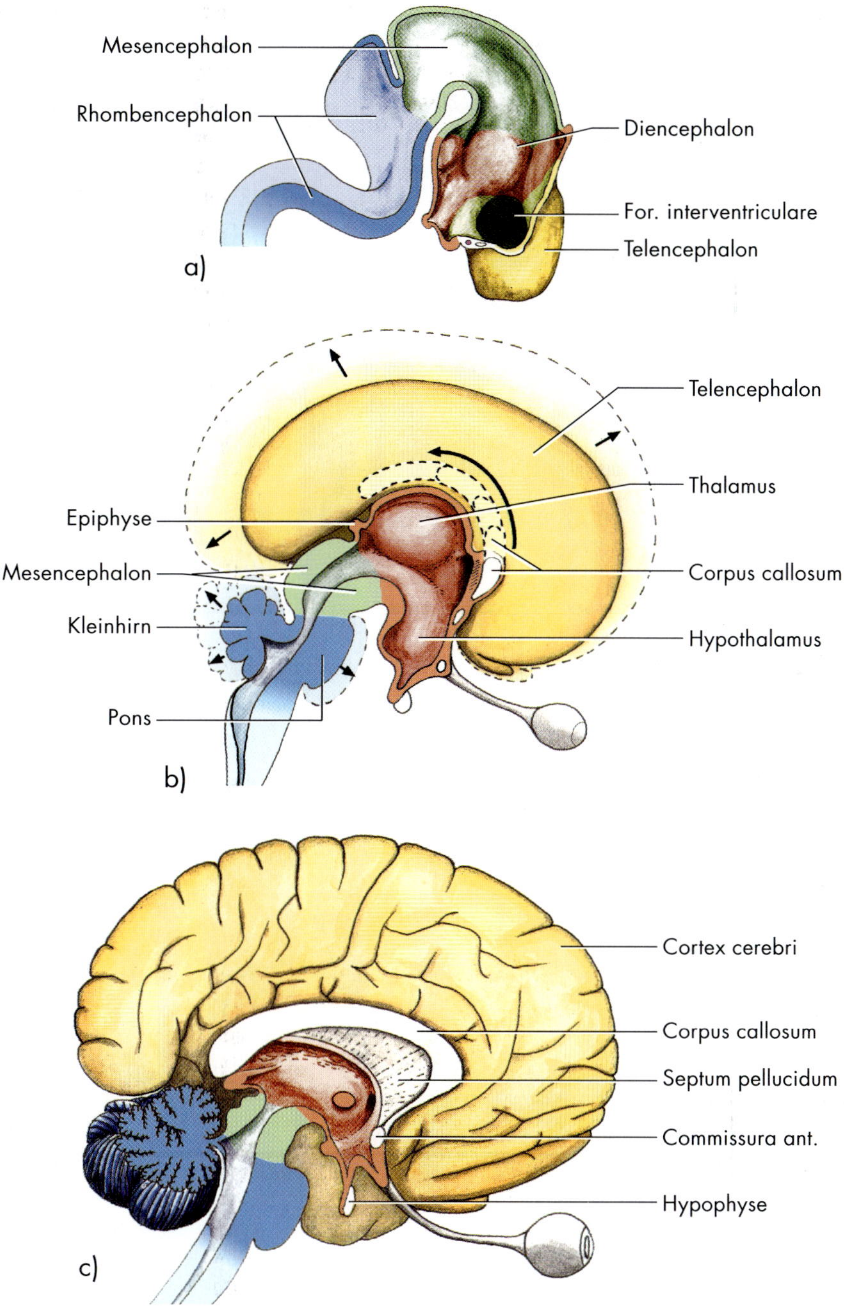

Abb. 81. Drei Stadien der Entwicklung des Zentralen Nervensystems im Kopfbereich. Ansicht von medial. Man beachte die Vergrößerung des Balkens nach hinten (gestrichelte Linien, gebogener Pfeil) sowie das Wachstum des Endhirns (Telencephalon) (gelb) über Zwischenhirn (rot) und Mittelhirn (grün) hinweg bis zum Temporallappen (Pfeile). Blau = Rautenhirn, später Kleinhirn, Pons und Medulla oblongata.
a) Etwa 37. Tag; **b)** 44. Tag; **c)** Erwachsenengehirn.

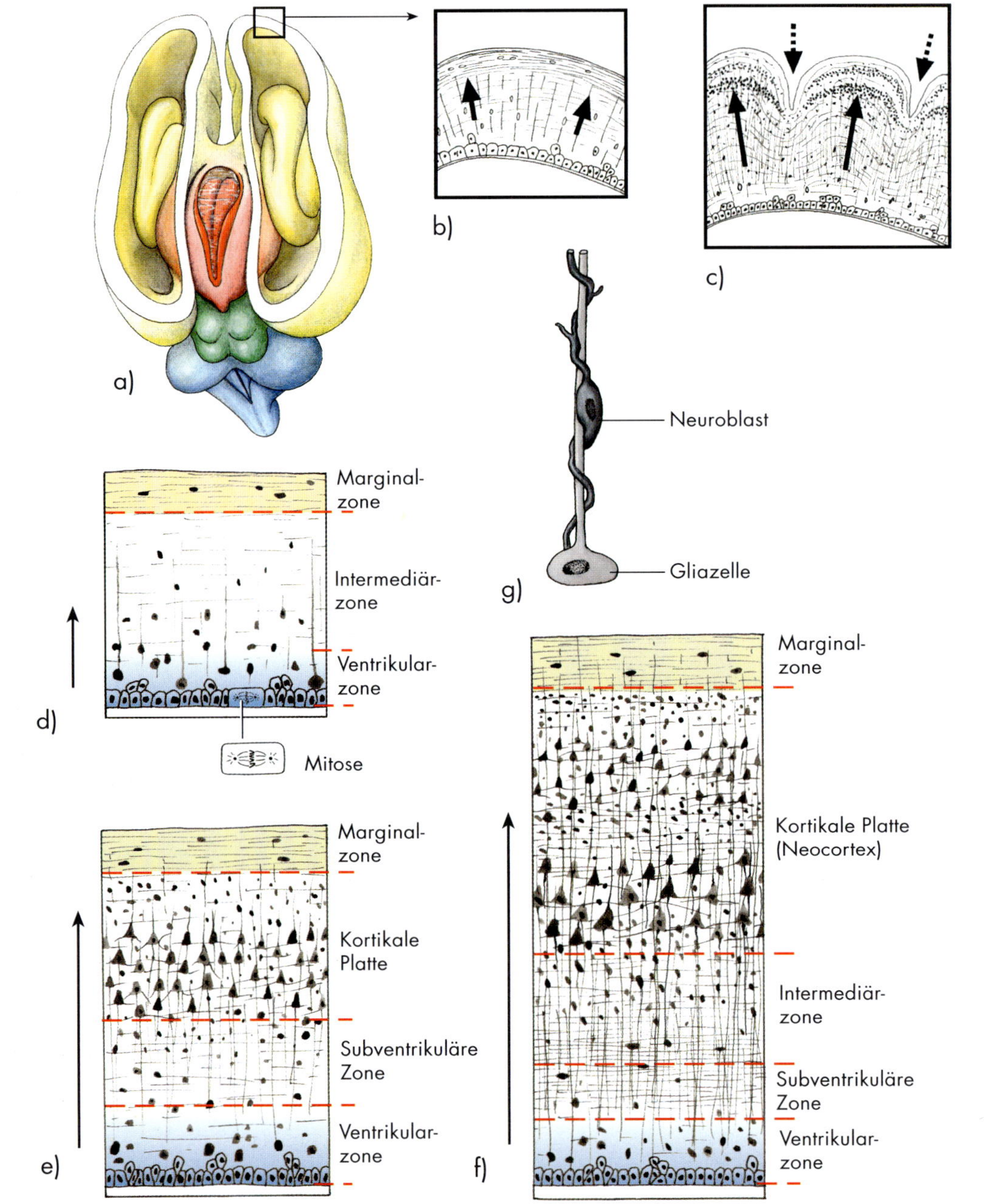

Abb. 82. Entwicklung der Hirnrinde (Neocortex) durch »Ausschwärmen« neugebildeter Nervenzellen von der ependymalen ventrikulären, mitosenreichen Matrixzone aus (Pfeile). Zwischen den sich vorwölbenden Rindenabschnitten (Gyri) entstehen (sekundär) die Sulci (punktierte Pfeile).

a) Embryonales Gehirn (Ansicht von oben, Endhirnbläschen horizontal angeschnitten, etwa 3. Monat)

b und **c)** »Ausschwärmen« der Neuroblasten von der Ventrikularzone zur kortikalen Rinde (Pfeile).

d–f) Verschiedene Stufen der Rindenbildung des Neocortex, wobei die Gliazellen als Leitstrukturen für die auswandernden Neuroblasten dienen **(g)**.

Pfeile: Richtung der Zellwanderungen und Differenzierung des Neocortex.

sen in der Hirnrinde selbst. Das Gehirn des Erwachsenen enthält durchschnittlich 10^{11} Neurone und 10^{12} Gliazellen. Nach der Geburt finden Zellvermehrungen kaum noch statt, dagegen bilden die vorhandenen Zellen mehr und mehr Fortsätze und dadurch Kontakte mit anderen Zellen aus. Im ersten Lebensjahr bildet z.B. ein kortikales Neuron etwa 100000 Synapsen mit anderen Neuronen, wobei sich Verknüpfungen mit bis zu 10000 Neuronen ausbilden können. Dabei ist gerade das Besondere und Einzigartige des menschlichen Gehirns, dass bis ins Erwachsenenalter hinein immer noch neue Zellverknüpfungen und Bahnverbindungen entstehen können, wodurch das Gehirn lernfähig und plastisch bleibt. Hierbei spielt natürlich auch die Markscheidenbildung (Myelinisierung) der Nervenfasern eine wichtige Rolle, die auch bei 20-Jährigen noch nicht ganz abgeschlossen ist.

Bahnverbindungen und subkortikale Kerne

Mit der Rindenbildung ergibt sich das Problem der Verknüpfungen der zahlreichen, ganz an die kortikale Oberfläche gewanderten, sozusagen »isolierten« Zellen mit den nachfolgenden Hirngebieten und dem Rückenmark. Um nicht über den Bläschenrand wachsen zu müssen, wählen die auswachsenden Nervenfasern den Weg über das Inselfeld, das von Anfang an seine Verbindung mit dem unpaaren Teil des Vorderhirns, dem Zwischenhirn, behalten und das widderhornartige Auswachsen der Endhirnbläschen nicht mitgemacht hat. Dadurch entsteht hier eine Brücke für die von den Zellen der Hirnrinde auswachsenden (efferenten) bzw. die von anderen Hirngebieten aufsteigenden (afferenten) Nervenfasern, die unter dem Begriff der **Projektionsbahnen** zusammengefasst werden. Über die insuläre Gewebsbrücke erreichen diese eng gebündelt zusammenliegenden Bahnen das Mittel- und Rautenhirn, denen sie sich ventral als mächtige Fasersysteme anlagern (Abb. 80b und 83). Die Projektionsbahnen treffen aber beim Durchwachsen der Gewebsbrücke zum Zwischenhirn auf einen hier gelegenen, großen Kernkomplex, der phylogenetisch sehr viel älter ist als die Hirnrinde selbst und bei höheren Wirbeltieren weitgehend die Rindenfunktionen übernimmt. Es handelt sich um das **Basalganglion,** das – am Boden des Seitenventrikels gelegen – direkt an das Zwischenhirn und dessen mächtige Kernkomplexe (Thalamus, usw.) angrenzt. Von der 8. Woche an beginnen die Projektionsbahnen, zunehmend über das Inselfeld und die beschriebene Gewebsbrücke zwischen End- und Zwischenhirn durch das Basalganglion hindurchzuwachsen und eine mächtige Faserschicht auszubilden, die **Capsula int.,** die nunmehr die subkortikalen Kernkomplexe in zwei Gruppen trennt, nämlich medial den Nucleus caudatus (Endhirn) und Thalamus (Zwischenhirn) sowie lateral (unter der Insel) Putamen (Endhirn) und Pallidum (Zwischenhirn). Da Putamen und Nucleus caudatus aus dem Basalganglion hervorgegangen sind, bezeichnet man dieses Kerngebiet, das immer noch durch breite Gewebsstreifen miteinander verbunden ist, als Streifenkörper oder **Corpus striatum.** Lateral kommen Putamen und Pallidum miteinander in Kontakt und bilden den Linsenkern **(Nucleus lentiformis),** der aber – im Gegensatz zum Streifenkörper – funktionell keine Einheit darstellt. Zur Insel hin hat sich vom Putamen dann noch etwas Nervengewebe abgespalten, das **Claustrum,** so dass unter der Insel dann noch zwei zusätzliche kleine, funktionell wenig bedeutende Faserzonen entstanden sind, die Capsula extrema und externa.

Mit zunehmender Zellzahl in der embryonalen Hirnrinde entstehen aber auch Faserverbindungen zwischen den einzelnen kortikalen Feldern, die entweder auf der gleichen Hirnhälfte bleiben **(Assoziationsfasersysteme)** oder gleiche Zentren beider Hemisphären miteinander verbinden **(Kom-**

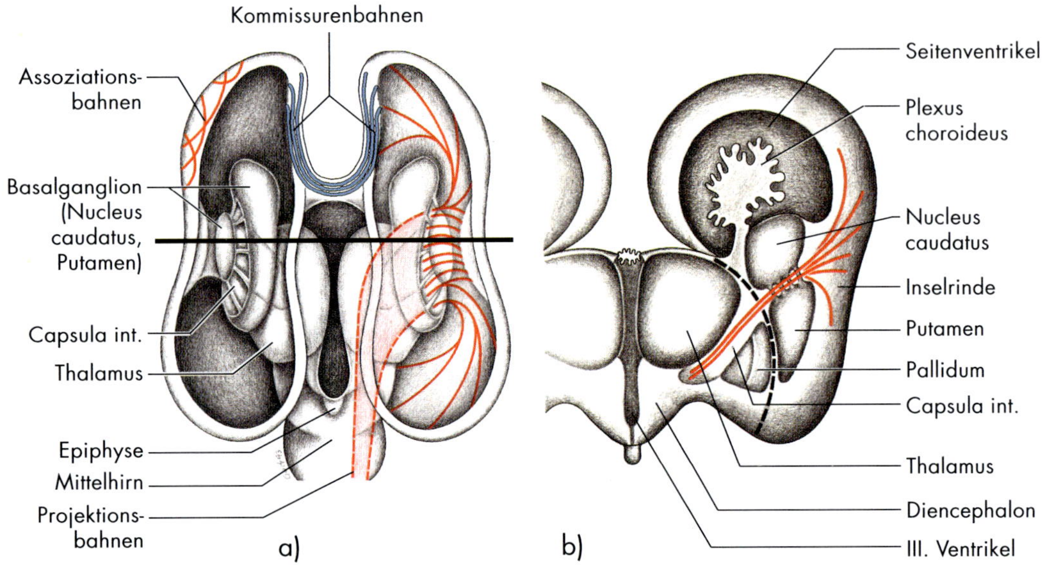

Abb. 83. Neugliederung des Basalganglions durch die hindurchwachsenden Projektionsbahnen.
a) Die Endhirnbläschen wurden dorsal aufgeschnitten, so dass man die Kerne des Basalganglions und den Thalamus erkennen kann (Projektionsbahnen rot markiert). Nucleus caudatus und Putamen bleiben durch Gewebsbrücken verbunden, daher die Bezeichnung Streifenkörper (Corpus striatum).
b) Querschnitt durch das embryonale Gehirn (Schnittebene s. Abb. a). Lokalisation der Projektionsbahnen (rot) in der Capsula int. Der Plexus choroideus der Seitenventrikel heftet sich am Basalganglion und Thalamus an. Gestrichelte Linie = Grenze zwischen Endhirn und Zwischenhirn.

missurensysteme) (Abb. 83). Durch diese intrakortikalen Vernetzungen, die auch nach der Geburt noch weiter ausgebaut werden, nimmt das Gehirngewicht kontinuierlich bis etwa zum 3./4. Lebensjahr zu.

Gehirngewicht
Neugeborenes: 400 g
9 Monate altes Neugeborenes: 800 g
3./4. Lebensjahr: 1.200–1.300 g
Erwachsener (männlich): 1.379–1.434 g
Erwachsener (weiblich): 1.230–1.306 g

Das bedeutendste Kommissurensystem entwickelt sich zwischen den beiden Endhirnbläschen, die zu den phylogenetisch jüngsten Hirnabschnitten gehören **(Neocortex).** Die älteren Hirngebiete **(Archaeocortex, Archaeopallium),** die auch strukturell eine einfachere Schichtengliederung aufweisen (drei statt sechs Schichten) (**Allocortex** statt Neocortex), werden durch die Vergrößerung des Neocortex an die Innenseite (Gyrus cinguli) bzw. an die Unter- und Innenseite der Hemisphären (Hippokampusformation, Gyrus involutus) verdrängt (Abb. 83 und 84). Ihr Kommissurensystem, die **Commissura ant.,** erfährt daher keine wesentliche Volumenzunahme. Im Gegensatz dazu vergrößert sich mit dem mächtigen, nach hinten und unten gerichteten (widderhornartigen) Wachstum der Hemisphären das zugehörige Kommissurensystem (Balken oder **Corpus callosum**) sehr stark, dessen Ausdehnung nach hinten erst durch das Mittelhirn begrenzt wird.

An der Innenseite der Hemisphären liegen aber, wie erwähnt, die archaischen Hirn-

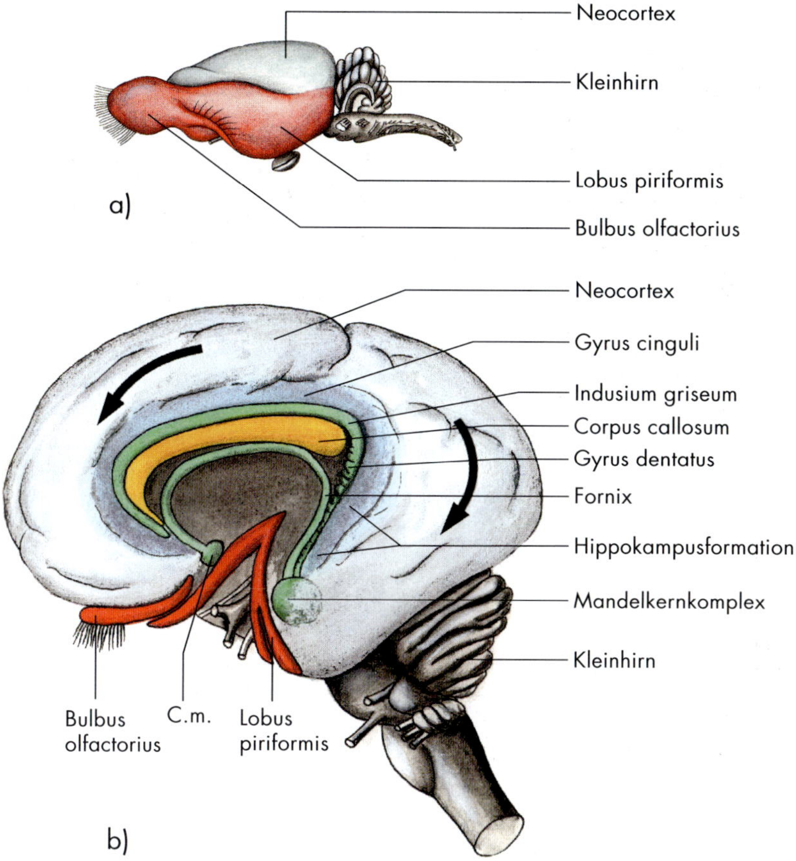

Abb. 84. Entwicklung des olfaktorischen und limbischen Systems.
a) Gehirn einer Beutelratte (Opossum), bei dem das Riechsystem (rot) extrem dominiert. Der Neocortex stellt demgegenüber nur ein dünnes Bläschen dar.
b) Rechte Gehirnhälfte eines Neugeborenen (von medial). Das Palaeopallium (rot) ist stark zurückgedrängt. Das limbische System (grün) (Archaeocortex) hat sich weiterentwickelt und setzt sich in widderhornartigem Bogen teils oberhalb (Indusium griseum), teils unterhalb des Balkens (Fornix) bis in die Hippokampusformation, die an der Innenseite des Temporallappens liegt, fort. C.m. = Corpus mamillare.

abschnitte, die jetzt durch die Vergrößerung des Balkens in zwei Gruppen auseinander gesprengt werden: oberhalb des Balkens verbleiben der Gyrus cinguli und das Indusium griseum (Striae longitudinales), unterhalb der Fornix, der sich dann am Balkenende wieder mit dem Indusium vereinigt und in die Hippokampusformation, die eine Fortsetzung des Gyrus cinguli darstellt, mit eingeht (Abb. 84).

Ventrikel und Plexus choroidei

Nun erfahren aber nicht alle Wandabschnitte der Endhirnbläschen eine zelluläre Ausdifferenzierung. Vielmehr bleibt an der medialen Seite der Hemisphären eine streifenförmige Zone dünn und geht mit den einwachsenden Blutgefäßen eine enge Verbindung ein. Die dadurch gebildeten Plexus choroidei stülpen sich in die anfangs noch weiten Hohlräume der Endhirnbläschen ein (Ventrikel) (Abb. 83). Sie sondern Hirnflüssigkeit ab (Liquor cerebrospinalis int.), die in den Hohlräumen des embryonalen Gehirns zu zirkulieren beginnt und auch das Gehirn außen umspült (Liquor cerebrospinalis ext.). Beim Zwischenhirn bleibt das Dach zwischen den beiden Thalami dünn und bildet ebenfalls Plexus choroidei aus, die von oben in den Zwischenhirnventrikel (III. Ventrikel) hereinragen (Abb. 83). Die übrigen Ventrikel und Plexus werden bei den zugehörigen Hirnabschnitten besprochen.

4.3.1.2 Olfaktorisches System

Das dominierende, funktionsbestimmende Sinnesorgan für das Vorderhirn ist beim Menschen das Auge, bei archaischen Säugern, wie z.B. der Beutelratte (Opossum), aber das Riechsystem. Bei diesen Tieren nimmt das Riechsystem fast die Hälfte des Großhirns ein. Für die Verarbeitung der von der Nasenschleimhaut kommenden olfaktorischen Informationen steht ein eigener Hirnlappen, der Bulbus olfactorius, zur Verfügung (Abb. 84). Mit der Vergrößerung des Neocortex beim Menschen wird das olfaktorische Sinnessystem nach basal und innen verdrängt und spielt für die Hirnfunktionen nur noch eine untergeordnete Rolle (Palaeocortex). Der ursprünglich ausgiebig mit dem Riechsystem verbundene **limbische Cortex,** der bogenförmig an der Innenseite der Hemisphären verläuft (Archaeocortex), wird abgekoppelt und entwickelt neue Verbindungen mit dem Neocortex und den übrigen Sinnessystemen. Zum limbischen System rechnet man nicht nur das Cingulum, Indusium griseum, den Fornix und die Hippokampusformation, sondern auch den Mandelkernkomplex **(Corpus amygdaloideum),** der im vorderen Bereich des Temporallappens lokalisiert ist (Abb. 84).

Die Verdrängung des Riechsystems beim Menschen hängt vor allem damit zusammen, dass durch die Aufrichtung des Körpers und die Umformung des Kopfes zu einer freibeweglichen »Kugel« das Sehorgan, das sich von lateral nach medial in die Gesichtsebene verlagert und dadurch einen neuartigen Wahrnehmungsraum gewonnen hat, zum dominierenden Sinnesorgan geworden ist, dessen zugehörige kortikale Zentren nun auch einen großen Teil des Neocortex einnehmen.

4.3.1.3 Sehsystem

Die Augenanlage entsteht am Vorderhirn schon zu einem Zeitpunkt (25./26. Tag), an dem das Neuralrohr noch nicht geschlossen ist, und zwar in Form einer Rinne (Sulcus opticus), die sich rasch vertieft und dann, nach Schluss des Neuralrohres, als kleines Bläschen nach außen vorwächst. Wenn sich dann darüber das Endhirnbläschen bildet, gelangt das Augenbläschen, das sich rasch bis zum Ektoderm vorschiebt, in den Bereich des Zwischenhirns. Wenn die Augenblase das Ektoderm erreicht hat, beginnt sie sich becherartig einzustülpen. Im Ektoderm induziert sie zwar nicht die Entwicklung der Linsenplakode, wie man früher angenommen hat. Diese ist nämlich – wie experimentelle Untersuchungen gezeigt haben –, schon viel früher durch verschiedenste Faktoren induziert worden. Jedoch beeinflusst die Augenblase Größe und Form der sich entwickelnden **Linse** sehr stark. Die Linsenplakode stülpt sich zum Linsenbläschen ein, das sich vom Ektoderm abschnürt und dann innerhalb des Augenbechers zu liegen kommt (Abb. 85a). Das vordere Linsenepithel vermehrt sich rasch durch mitotische Zellteilungen, während das hintere langgestreckte Zellen ausbildet, die ihre Teilungsfähigkeit verlieren und zu den Linsenfasern werden. Dadurch, dass über den Linsenäquator hinweg vom vorderen Epithel ständig neue Zellen nach hinten verlagert und zu Linsenfasern werden, verdickt sich die Linse kontinuierlich weiter, ohne jedoch

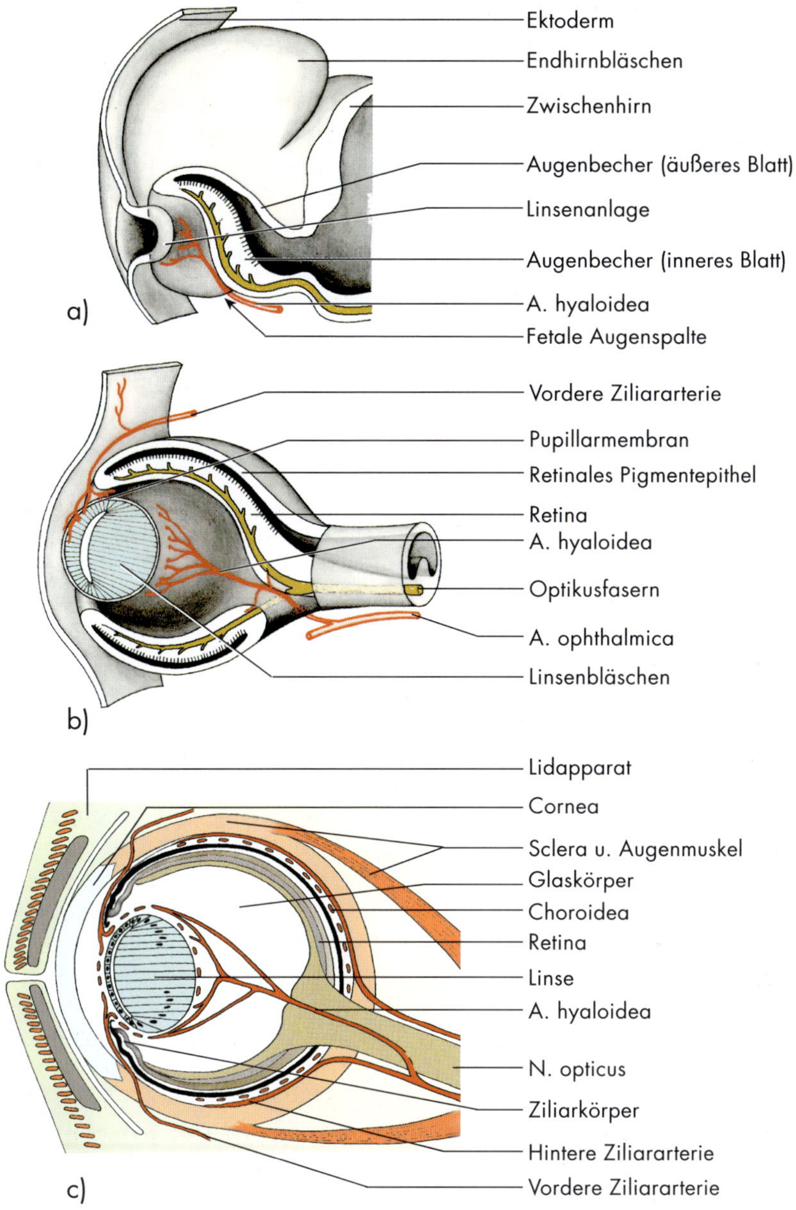

Abb. 85. Entwicklung des Auges.
a) Frühes Stadium (etwa 32. Tag). Der Augenbecher mit der fetalen Augenspalte wächst vom Zwischenhirn gegen das Ektoderm vor. Das Linsenbläschen beginnt sich vom Ektoderm abzufalten.
b) Späteres Stadium (etwa 40. Tag). Der Augenbecher hat das Linsenbläschen, das von der A. hyaloidea und der Pupillarmembran versorgt wird, fast ganz umschlossen. Die Optikusfasern der Retina wachsen über den fetalen Augenspalt in den Sehnerven ein.
c) Schichtengliederung des voll entwickelten Sehorgans, das von den (noch verklebten) Augenlidern bedeckt wird.

jemals eine bindegewebige Zwischensubstanz zu bilden. Die Linse bleibt daher zeitlebens ein rein zelliges Organ, das sich auch noch im Erwachsenenalter (wenn auch äußerst langsam) durch Apposition neuer, vom vorderen Linsenepithel gebildeter Linsenfasern vergrößert (Abb. 85b).

Beim **Augenbecher** wird hinten das innere Blatt zur Retina, das äußere zum retinalen Pigmentepithel. Vorne bilden die beiden Blätter die beiden Epithelschichten von Ziliarkörper und Iris, im Bereich der Iris sogar den M. dilatator pupillae.

Die **Netzhaut** (Retina) ist sozusagen ein vorgeschobener Teil der Hirnrinde und differenziert sich daher in ähnlicher Weise wie diese aus, nämlich durch Auswanderung (»Ausschwärmen«) von Zellen von einer ventrikulären, mitosereichen Matrixzone und durch Schichtenbildung. Da sich durch die Einstülpung zum Augenbecher die Richtung außen-innen umgekehrt hat (sog. Inversion des Wirbeltierauges), liegen die (späteren) Photorezeptoren außen und die zugehörigen Schaltzellen in zwei weiteren Schichten weiter innen, d.h., sie sind zum Becherinneren hin orientiert (Abb. 85a u. b). Dadurch ergibt sich, ähnlich wie bei den Endhirnbläschen, das Problem des Verlaufs der Projektionsfasern des späteren **Sehnerven.** Die Projektionsfasern der Hirnrinde haben – wie wir gesehen haben – die Inselregion als Gewebsbrücke zum Zwischenhirn benützt. Einen ähnlichen »Kunstgriff« macht nun die Natur bei der Augenentwicklung auch. Der Augenbecher bildet sich nämlich nicht vollständig aus, vielmehr bleibt die Einstülpung im unteren Bereich etwas zurück, ähnlich wie die Insel bei den Hemisphären, so dass eine Grube entsteht, die sich später zu einer Spalte einengt **(fetale Augenspalte).** Über diese Gewebsbrücke können dann die auswachsenden Optikusfasern den Sehnerven und weiter das Zwischenhirn erreichen (Abb. 85). Die fetale Augenspalte wird aber auch von Gefäßen benützt, um ins Innere des Augenbechers vorzudringen und die Linse zu versorgen (A. hyaloidea). Die Linsenvorderfläche wird über den Rand des Augenbechers hinweg von den vorderen Ziliararterien versorgt (sog. Pupillarmembran), so dass die Linse embryonal eine vollständige Gefäßkapsel besitzt (Tunica vasculosa lentis), die sich nach dem 7. Monat allmählich zurückbildet und postnatal nicht mehr vorhanden ist.

Der Umschlagsrand des Augenbechers begrenzt die Pupille. Die bindegewebige Umhüllung des Augenbechers, ein Neuralleistenderivat, bildet vorne das Irisstroma und den M. sphincter pupillae, weiter hinten den Ziliarkörper mit dem M. ciliaris und schließlich die Aderhaut (Choroidea). Diese »Weichteile« des Auges werden dann von der äußeren Augenhaut (Cornea und Sclera) eingeschlossen, an der sich auch die Augenmuskeln anheften, die nicht vom Ektomesenchym, sondern vom prächordalen Mesenchym gebildet werden (Abb. 85c).

In der 7. Woche entstehen zwei Hautfalten, die **Augenlider,** die schon in der 8. Woche, ähnlich wie bei Nesthockern, miteinander verkleben. Erst im 7./8. Monat lösen sich diese Verklebungen wieder, so dass der Mensch mit offenen Augen geboren wird (ähnlich wie Nestflüchter), obwohl er vom Standpunkt der Entwicklung noch nicht selbstständig lebensfähig ist (sekundärer Nesthockerzustand nach A. Portmann).

Die von der Retina auswachsenden Axone der Optikusganglienzellen füllen allmählich den **Sehnerven** vollständig aus und erreichen schließlich den Zwischenhirnboden, wo sie zur Hälfte kreuzen, zur anderen Hälfte auf der gleichen Seite zum hinteren Thalamusgebiet (Metathalamus) weiterziehen. Durch diese Kreuzung entsteht das **Chiasma opticum,** an das sich der Tractus opticus anschließt, der eigentlich schon eine intrakortikale Projektionsbahn darstellt. Diese endet im lateralen Kniehöcker (Corpus geniculatum lat.), von dem die kortikale Sehbahn ausgeht, die in der Area striata des Hinterhauptlappens endet. Der Sulcus calcarinus in diesem Rindengebiet ist eine der Primärfurchen des Neocortex (s.o.). Große Teile des Hinterhauptlappens differenzieren sich im Zusammenhang mit dem Sehsystem weiter aus und dienen der Verarbeitung visueller Erregungen. Für die reflektorischen Verknüpfungen entwickelt sich im Tectum des Mittelhirns ein hoch differenzierter Kernkomplex, die vorderen Vierhügel der Lamina tecti (Colliculi sup.). Man nimmt heute an, dass etwa 50–60% der telenzephalen Hirnrinde mit der Verarbeitung von Erregungen aus dem visuellen System befasst sind.

Die partielle Kreuzung der Optikusfasern im Chiasma opticum (50% gekreuzt, 50% ungekreuzt) hängt mit der beim Menschen erfolgten Umgestaltung des Kopfes zu einem sphärischen Gebilde und mit der Entstehung einer in der Frontalebene liegenden Gesichtsregion zusammen. Bei den meisten Säugern stehen die Augen weit lateral und die Sehnerven sind fast vollständig gekreuzt. Beim Menschen liegen die Augenanlagen embryonal auch noch lateral, wandern dann aber nach vorne in die Gesichtsregion ein (Abb. 75). Die Zahl der ungekreuzten Optikusfasern und – dadurch bedingt – die Größe des binokularen Gesichtsfeldes nimmt zu. Dadurch erreicht der Mensch – vor allem nach der Aufrichtung – ein in vielfacher Hinsicht einmaliges Raumerleben und zusammen mit der mächtigen Entwicklung der Großhirnrinde die Möglichkeit, sich als Individuum von der Umwelt zu distanzieren und diese geistig zu verarbeiten.

4.3.2 Rhombencephalon und Labyrinthorgan

Die Entwicklung des Rautenhirns zeigt im Vergleich mit dem Vorderhirn in vieler Hinsicht polar gegensätzliche Züge. Zielt dort alles auf die Bildung von Strukturen für das bewusste Erleben und Vorstellen hin, wobei das Sehsystem dominierend im Vordergrund steht, ist das Rautenhirn vornehmlich mit der Motorik und der Gleichgewichtserhaltung befasst, Prozesse, die weitgehend unbewusst ablaufen. Das zugehörige Sinnesorgan ist das Labyrinthorgan, das sich in polar anderer Weise entwickelt als das Sehorgan. Kann dieses als eine Ausstülpung des Zwischenhirns angesehen werden (Entwicklungsrichtung von innen nach außen), entsteht jenes von außen nach innen, d.h. durch eine Einstülpung vom Ektoderm aus (Ohrplakode). Auch das Rautenhirn selbst differenziert sich in völlig anderer Weise als das Vorderhirn. Das Dach bleibt dünn. Nur vorne, als Gegenstück zum paarig angelegten Großhirn mit seinen Längsfurchen, entsteht von einem zunächst unpaaren Wulst aus die Kleinhirnanlage (roter Querbalken in Abb. 86), die sich dann – immer neue Blätter (Folia) bildend – über das dünn bleibende Rautenhirndach herüberschiebt. Hier entwickeln sich die Zentren für die (unbewussten) Regulationen der Motorik. Nur das aus dem Labyrinthorgan hervorgehende Gehörorgan gewinnt über Mittelhirn und Metathalamus Anschluss an das Endhirn und damit auch an das Bewusstsein. Die Funktionsabläufe fast aller anderen Strukturen des Rautenhirns bleiben im Unbewussten.

4.3.2.1 Entwicklung von Rautenhirn und Medulla oblongata

In der 5. Woche sieht das Rautenhirn noch wie ein etwas vergrößertes und seitlich verbreitertes Rückenmark aus (Abb. 86). Stellt man sich vor, dass der Zentralkanal des Rückenmarks erweitert und das Neuralrohr gewissermaßen aufgeklappt wird, so entsteht eine rautenförmige Grube **(Rautengrube, Fossa rhomboidea),** dorsal überdacht von einer dünnen Lamelle (Velum medullare), in die sich später Blutgefäße einstülpen und dadurch Plexus choroidei bilden. Am Boden der Rautengrube entwickeln sich die Kerne der Hirnnerven, deren periphere Axone

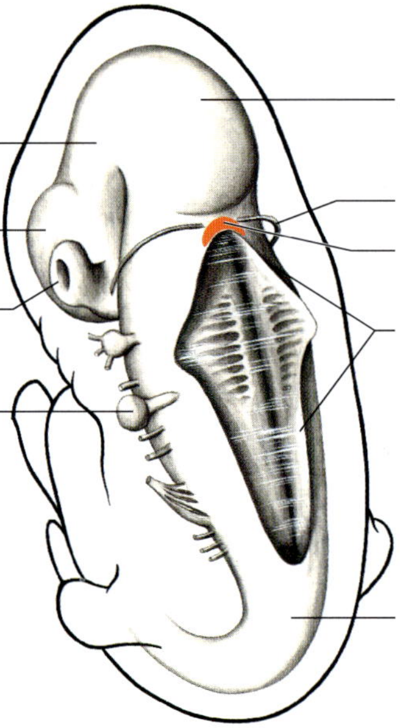

Abb. 86. Zentrales Nervensystem im Kopfbereich (schräg von hinten). Das Dach des Rautenhirns bleibt dünn und bildet später Plexus choroidei aus. Vorne wird der Kleinhirnwulst (roter Querbalken) erkennbar (etwa 5. Woche).

mit der Neuralleiste seitlich oder ventral aus dem Rautenhirn austreten und dann mit den Muskelanlagen bzw. Pharyngealbögenderivaten zu ihren Erfolgsorganen ziehen (Nn.V, VII, IX, X, XI und XII) (Abb. 87).

Während beim Rückenmark nach Schluss des Neuralrohres die embryonalen Nervenzellen um den Zentralkanal herum eine kompakte, später schmetterlingsförmige Zellmasse bilden, breitet sich dieses Zellmaterial im gewissermaßen »aufgeklappten« Rautenhirn, d.h. in dem später als Medulla oblongata bezeichneten Teil des Rautenhirns, mehr in der Fläche aus (Abb. 87). Die funktionell unterschiedlichen Zellgruppen der Grundplatte (motorisch) und Flügelplatte (sensorisch) liegen im Rückenmark hintereinander (ventral-dorsal), in der Medulla oblongata dagegen nebeneinander, so dass die motorischen Nerven (N. XII) ventral, die sensiblen (N. V) und Pharyngealbogennerven (Nn. V, VII, IX, X) lateral austreten (Abb. 87). Die **Hirnnerven** lassen sich aber weder strukturell noch funktionell voll gültig mit den Spinalnerven vergleichen. Im Kopfbereich herrschen (wie erwähnt) andere Gesetzmäßigkeiten. Während im Rückenmark zusammenhängende, in Säulen geordnete Kerngebiete vorliegen, bilden sich am Boden der Rautengrube für jeden Hirnnerven abgegrenzte (Prinzip der Individualisation) und funktionell differenzierte (Prinzip der Spezialisation) Zellgruppen aus. Diese Differenzierung der Hirnnervenkerne in der Medulla oblongata gehört charakteristischerweise zu den frühesten Entwicklungsvorgängen im Nervensystem, was sicher auch im Zusammenhang mit der frühen Ausbildung des Branchialskeletts und der branchiogenen Organe steht.

Außerdem entwickelt sich, im Gegensatz zum Rückenmark vor allem im Zusammenhang mit den übergeordneten, motorischen Funktionen des Rautenhirns, in der Medulla oblongata eine ausgedehnte retikuläre Zellformation **(Formatio reticularis),** die – neben den mächtigen, hier nur durchlaufenden Projektionsbahnen – der Hauptgrund für die Verbreiterung und Größenzunahme des

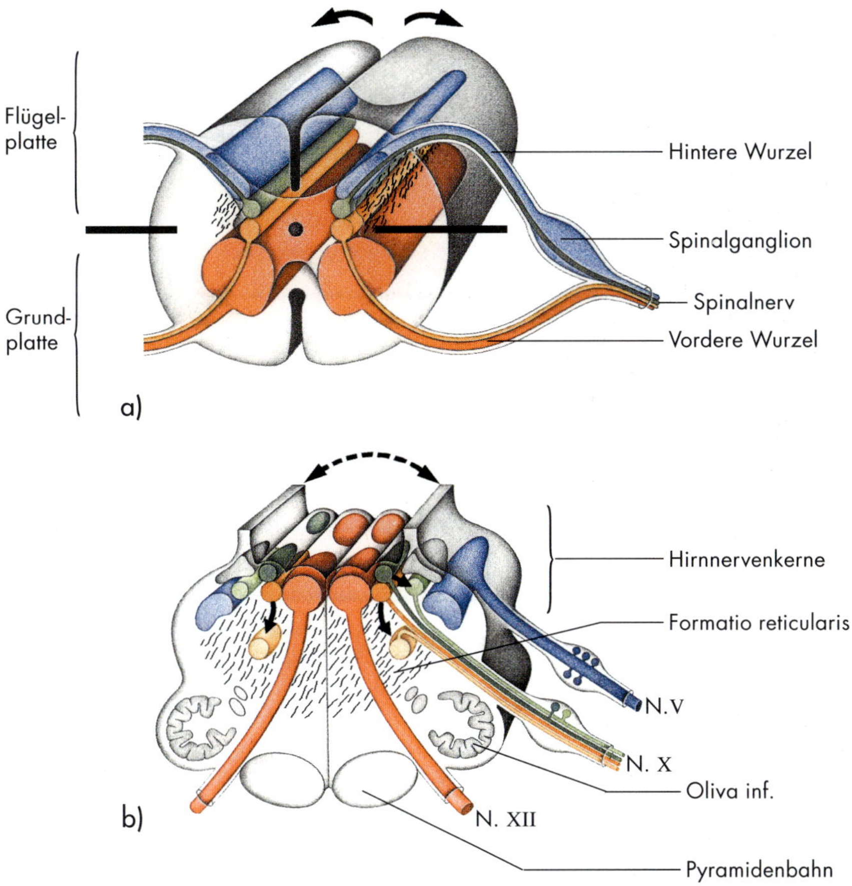

Abb. 87. Neugliederung der Grund- und Flügelplattenderivate des Rückenmarks **(a)** im Bereich des Rautenhirns **(b)**. Man kann sich das Rückenmark dorsal aufgeklappt vorstellen (Pfeile in a), so dass die Kernsäulen der grauen Substanz dann am Boden der Rautengrube nebeneinander zu liegen kommen. Die Hirnnervenkerne beginnen sich zu individualisieren und zu spezialisieren. Die Formatio reticularis nimmt stark an Masse zu. Dorsal entwickelt sich als übergeordnetes Steuerungszentrum das Kleinhirn (gestrichelter Pfeil).

Neuralrohres im Bereich des Rautenhirns ist. In der zunächst fast ungegliedert erscheinenden Retikularisformation treten aber bald definierte Kerne auf, die entweder mit den sensomotorischen Systemen, wie z.B. die Olivenkerne, oder mit Funktionen des autonomen Nervensystems (wie z.B. die medullären Kreislauf-, Inspirations- oder Exspirationszentren) im Zusammenhang stehen.

Das übergeordnete Steuerungsorgan für die motorischen und vestibulären Anteile der Retikularisformation des Rautenhirns wird das Kleinhirn.

4.3.2.2 Kleinhirnentwicklung

Das Kleinhirn entwickelt sich schon im 2. Monat als quer liegende, wulstförmige Verdickung dorsal am Übergang vom Mittel- zum Rautenhirn (Kleinhirnwulst, Tuberculum cerebelli) (Abb. 86). Ähnlich wie bei der Großhirnrinde erfolgt die Rindenbildung auch hier durch »Ausschwärmen« von Zellen, die durch rasch aufeinander folgende Mitosen in der ventrikulären Matrixzone entstehen (Abb. 88). Die ausgewanderten Zellen siedeln sich zunächst in einer kompakten Rindenschicht an (äußere Körnerschicht), in der – ganz im Gegensatz zur Großhirnrinde – auch postnatal noch Zellvermehrungen vorkommen. Offenbar sind – da der aufrechte Gang erst nach der Geburt erworben wird – dann nicht nur neue Zellverknüpfungen im Kleinhirn, sondern auch noch neue Schaltzellen erforderlich. Anfang des 4. Monats wird dann erstmals die Schicht der großen Purkinje-Zellen erkennbar, deren Dendritenbäumchen aber noch kaum ausdifferenziert sind. Obwohl die Kleinhirnanlage noch sehr klein ist, ist die Zahl der Purkinje-Zellen bereits definitiv. Die weitere fetale Differenzierung bezieht sich später nur noch auf die synaptischen Verknüpfungen mit den übrigen Zellen der Kleinhirnrinde (Moosfasersystem, Kletterfasersystem usw.).

Das Größenwachstum des Kleinhirns vollzieht sich nun nicht wie bei der Großhirnrinde durch eine Art Längenwachstum, sondern von innen heraus, so dass sich immer neue, quer verlaufende Wülste entwickeln, die sich zu blattartigen Lamellen (Folien) umkrempeln, etwa so wie ein Kuchenteig durch Schnitte beim Backen aufquillt und »auseinander geht« (Abb. 88). Auf diese Weise entstehen Querfurchen und Faltungen, die der Kleinhirnrinde im Schnitt dann das Aussehen eines Bäumchens geben **(Arbor vitae)** (Abb. 88c). Die sich vergrößernden Wülste bilden seitlich die Hemisphären, die aber nicht wie beim Endhirn selbstständig sind, sondern median durch einen unpaaren Abschnitt, den Wurm (Vermis cerebelli), zusammengehalten werden. Die phylogenetisch ältesten Abschnitte des Kleinhirns entstehen zuerst und lassen sich an den Primärfurchen leicht voneinander abgrenzen (Fissura prima, Fissura posterolateralis). Der schon bei niederen Wirbeltieren vorhandene und der Gleichgewichtserhaltung dienende vestibuläre Teil nimmt anfangs einen großen Teil des Kleinhirnwulstes ein, wird aber dann mehr und mehr von den neozerebellaren Abschnitten, die von der Mitte aus raumfordernd »vorquellen«, überrollt und nach hinten-unten verdrängt. Er wird zum Lobus nodulo-flocularis **(Vestibulocerebellum).**

Die exzessive Vergrößerung des Neozerebellums, das später den Hauptteil des Kleinhirns ausmacht, hängt mit der mächtigen Entwicklung der Großhirnrinde beim Menschen zusammen, die nach Entwicklung des aufrechten Ganges und der dadurch entstandenen vielfältigen, vor allem willkürlichen Bewegungsmöglichkeiten ein Harmonisierungs- und Koordinierungsorgan für die Willkürmotorik benötigt. Von allen Teilen der Großhirnrinde ziehen daher Bahnen zum Kleinhirn, die im ventralen Teil des Rautenhirns umgeschaltet werden, so dass hier ein mächtiger Wulst, die Brücke (Pons), entsteht. Die Axone der Brückenneurone strahlen in das immer mächtiger werdende **Neocerebellum** (Lobus post.) ein und bilden dadurch die kräftigen mittleren Kleinhirnstiele (Pedunculi cerebellares medii).

Der durch die Fissura prima abgegrenzte Vorderlappen (Lobus ant.) bekommt afferente Verbindungen mit dem Rückenmark **(Spinocerebellum);** zusammen mit den efferenten Bahnen des Kleinhirns zum Mittelhirn (Nucleus ruber usw.) entstehen dadurch hier die vorderen Kleinhirnstiele (Pedunculi cerebellares sup.). Durch die Verbindungen mit dem Vestibulocerebellum sowie mit dem Rückenmark (hintere Anteile des Lobus post.) entwickeln sich die hinteren Kleinhirnstiele (Pedunculi cerebellares inf.). Da das Kleinhirnwachstum primär von der Kleinhirnlippe ausgeht, hängt das Kleinhirn auch beim Erwachsenen immer noch vorne an den Kleinhirnstielen, während das Dach des Rautenhirns dünn bleibt und die allerdings ganz nach innen-unten verdrängten Plexus choroidei ausbildet. Diese ragen dann in den zeltartig erweiterten Kleinhirnventrikel, den IV. Ventrikel, hinein und pro-

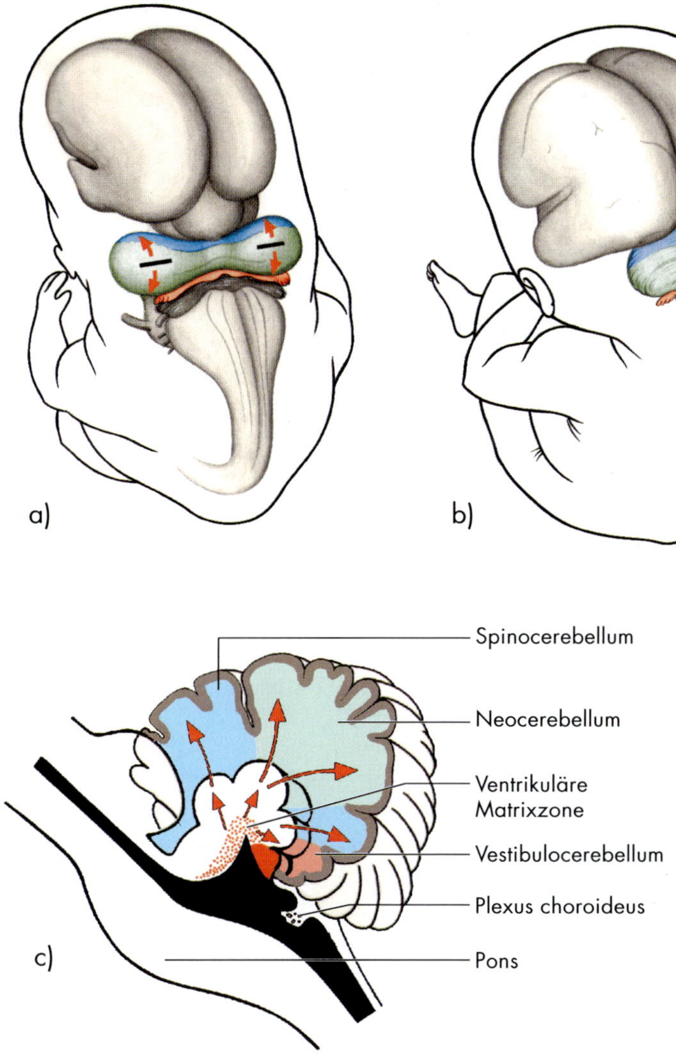

Abb. 88. Kleinhirnentwicklung.
a) Der Kleinhirnwulst vergrößert sich von innen heraus (rote Pfeile), so dass eine Querfurchung entsteht. Mit dem Größenwachstum des Neocerebellum verschiebt sich das phylogenetisch alte Vestibulocerebellum (Pars nodulofloccularis) (rot) zunehmend unter das Kleinhirn (etwa 3. Monat).
b) Die Kleinhirnanlage hat sich, vor allem durch die Entwicklung des Neocerebellum (Lobus post.) stark vergrößert. Rautengrube und Plexus choroidei sind bedeckt (etwa 5. Monat).
c) Längsschnitt durch das Rautenhirn zur Darstellung der Entwicklungsbewegungen der embryonalen Kleinhirnrinde (rote Pfeile) im Bereich des Wurmes (Vermis cerebelli). Durch Ausschwärmen der Zellen aus der ventrikulären Matrixzone entsteht die Kleinhirnrinde mit ihrem transversal orientierten Furchenrelief (Arbor vitae).

duzieren Liquor cerebrospinalis int., der seitlich durch die Aperturae lat. (Luschkae) und median durch die Apertura mediana (Magendie) wieder abfließen kann. (Abb. 88).

Ähnlich wie beim Großhirn subkortikale Kerngruppen (Basalganglion usw.) zur Unterstützung und Differenzierung der kortikalen Funktionen entstehen, bilden sich auch im Kleinhirn »subkortikale« Kerne (Dachkerne), deren Zellen zwar auch in der ventrikulären Matrixzone (Intermediärzone) entstehen, aber bei der Auswanderung nicht die zerebellare Rinde erreichen, sondern »unterwegs« liegen bleiben. Schon von der 11. Woche an kann man diese tiefen Kleinhirnkerne von den neu gebildeten Schichten der Kleinhirnrinde selbst gut unterscheiden. Sie entstehen immer im Zusammenhang mit den jeweiligen Funktionsabschnitten des Kleinhirns, so z. B. der Nucleus dentatus mit dem Neocerebellum und die Dachkerne (Nuclei fastigii, globosi und emboliformes) in Zusammenhang mit dem Spino- und Vestibulocerebellum.

Der wichtigste sensorische Erregungszufluss kommt vom Labyrinthorgan, das die Orientierung im dreidimensionalen Raum ermöglicht.

4.3.2.3 Labyrinthorgan

In dem ungewöhnlich kurzen Zeitabschnitt vom 22. bis 28. Tag vollziehen sich in Höhe des unteren Rhombenzephalons (nicht weit vom 1. Somiten) die Einstülpung der Ohrplakode und die Bildung des Ohr- oder Labyrinthbläschens (Abb. 89), das sofort in die knorpelige Labyrinthkapsel der Schädelbasis (Chondrocranium) eingeschlossen wird. Gleichzeitig mit dem Größenwachstum und der komplizierten Umgestaltung dieses Bläschens wird der umgebende Knorpel (offenbar völlig autonom) abgebaut, so dass sich der Innenohrraum gleichrangig mit dem Labyrinthorgan vergrößert.

An diesem Organ lassen sich schon frühzeitig zwei polar verschiedene Wachstumsbewegungen erkennen (Abb. 90). Am oberen (vestibulären) Teil entwickelt sich eine spiralförmige Abflachung der Bläschenwandung, die sich in zentrifugaler Richtung ausdehnt und dabei so abknickt, dass drei rechtwinklig zueinander stehende Platten entstehen (Abb. 90b). Die Wände dieser Platten verkleben in der Mitte (wahrscheinlich durch den Gewebsdruck des umgebenden Mesenchyms), während die Randzonen zu endolymphgefüllten Schläuchen, den Anlagen der drei Bogengänge, werden (Abb. 90c).

Am unteren vorderen Ende des Labyrinthbläschens (kochleärer Teil) tritt dagegen eine polar gegensätzliche Wachstumsbewegung auf. Hier entsteht nicht durch flächenhafte Abfaltung, sondern durch lineares Auswachsen ein Schlauch, der **Schneckengang,** der auch eine spiralige Wachstumstendenz aufweist, die allerdings in eine andere Richtung geht (Abb. 90b). Beim Menschen windet sich der Schneckengang 2½-mal um die Schneckenspindel (Modiolus), ein Vorgang, der etwa in der 7. Woche abgeschlossen ist.

Der beide, morphologisch und funktionell so verschiedene Bereiche verbindende Mittelabschnitt des Labyrinthbläschens, das eigentliche Vestibulum, gliedert sich in den Utriculus und Sacculus und bildet ein dem Druckausgleich dienendes Kanälchen, den Ductus endolymphaticus, der mit dem Saccus endolymphaticus an der hinteren Schädelbasis blind endet (Abb. 90).

Jeder der **drei Bogengänge** bildet eine ampulläre Erweiterung, in der das Epithel höher wird und sich nach Kontakt mit den afferenten Nervenfasern aus dem **Ganglion vestibulare** zu einem Sinnesepithel weiter differenziert (sekundäre Sinneszellen). Im Gegensatz zum Auge, dessen (primäre) Sinneszellen letztlich aus dem Zwischenhirn stammen, sondert sich vom Labyrinthbläschen, das ja aus dem Ektoderm entstanden ist, frühzeitig Gewebe ab, das sich zum Ganglion vestibulare und **Ganglion spirale** weiter differenziert. In diesen, neben dem Ohrbläschen liegenden Ganglien entwickeln sich bipolare Nervenzellen, deren periphere Fortsätze mit den Sinneszellen der drei Cristae ampullares in den Bogengängen sowie den Sinneszellen der beiden Maculae staticae und denen des Corti-Organs in Kontakt treten. Die zentralen Fortsätze wachsen in das Rautenhirn ein und bilden Synapsen mit den Neuroblasten der Vestibularis- und

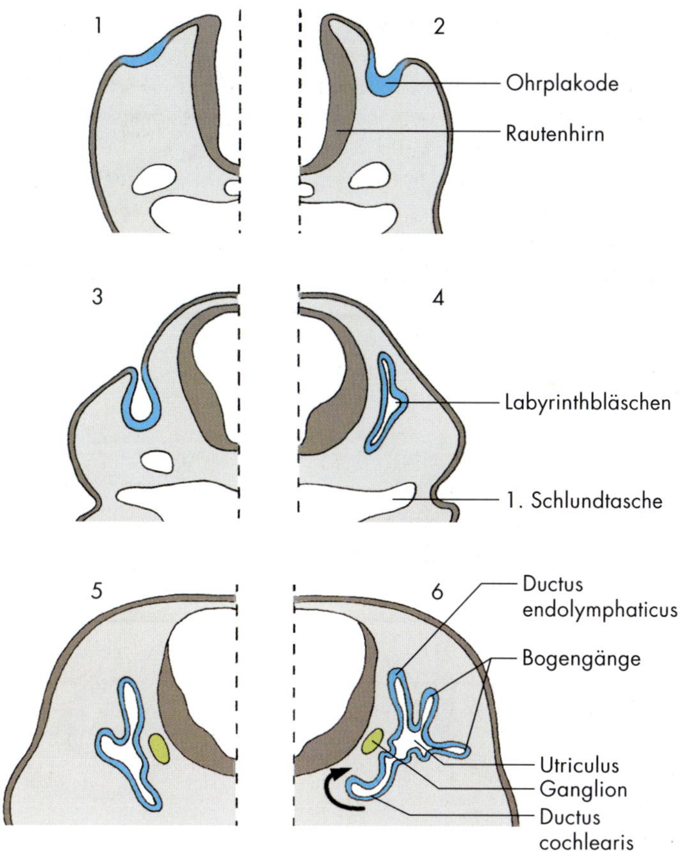

Abb. 89. Entwicklung des Labyrinthbläschens durch Einstülpung vom Ektoderm im Bereich des Rautenhirns (nach M. Clara). Dargestellt sind jeweils im Querschnitt sechs aufeinander folgende Entwicklungsstadien (1–6). In Stufe 6 beginnt der Ductus cochlearis spiralig auszuwachsen (Pfeil).

Kochleariskerne. Am Boden der Rautengrube differenzieren sich dann vier Kerngruppen (Nuclei vestibulares), deren Zellen nicht nur mit der Retikularisformation des Rautenhirns, sondern auch mit dem Rückenmark und vor allem mit dem Vestibulocerebellum Verbindungen aufbauen, die später für Motorik und Gleichgewichtsregulationen Bedeutung erlangen.

Im **Schneckengang (Ductus cochlearis)** ist die Differenzierung des Corti-Organs und seiner afferenten Synapsen etwa mit dem 6. Monat abgeschlossen. Jedoch erst mit der Ausbildung efferenter Synapsen im 7. Monat ist das Sinnesorgan funktionsfähig. Es gibt Hinweise darauf, dass der Fetus schon vom 6. Monat an auf Schallreize reagiert. Die Innervation des Corti-Organs geht von dem neben dem Ganglion vestibulare liegenden Ganglion spirale aus. Die ebenfalls bipolaren Ganglienzellen erreichen mit ihren zentralen Fortsätzen am Boden der Rautengrube zwei Kerne (Nuclei cochleares), von denen Bahnen zum Mittelhirn (Colliculus inf.), Metathalamus (Corpus geniculatum med.) und zur Hirnrinde (auditive Zentren im Temporallappen) ausgehen.

Damit reicht dieser Teil des Rautenhirns auch in den Bewusstseinsbereich des Endhirns hinein. Wenn man aber bedenkt, dass Hören eigentlich nur die Innenseite der Raumwelt darstellt, dessen harmonische Beziehungen akustisch wahrnehmbar werden, und das Labyrinthorgan diese selbe Raumwelt nur von außen wahrnimmt, kann

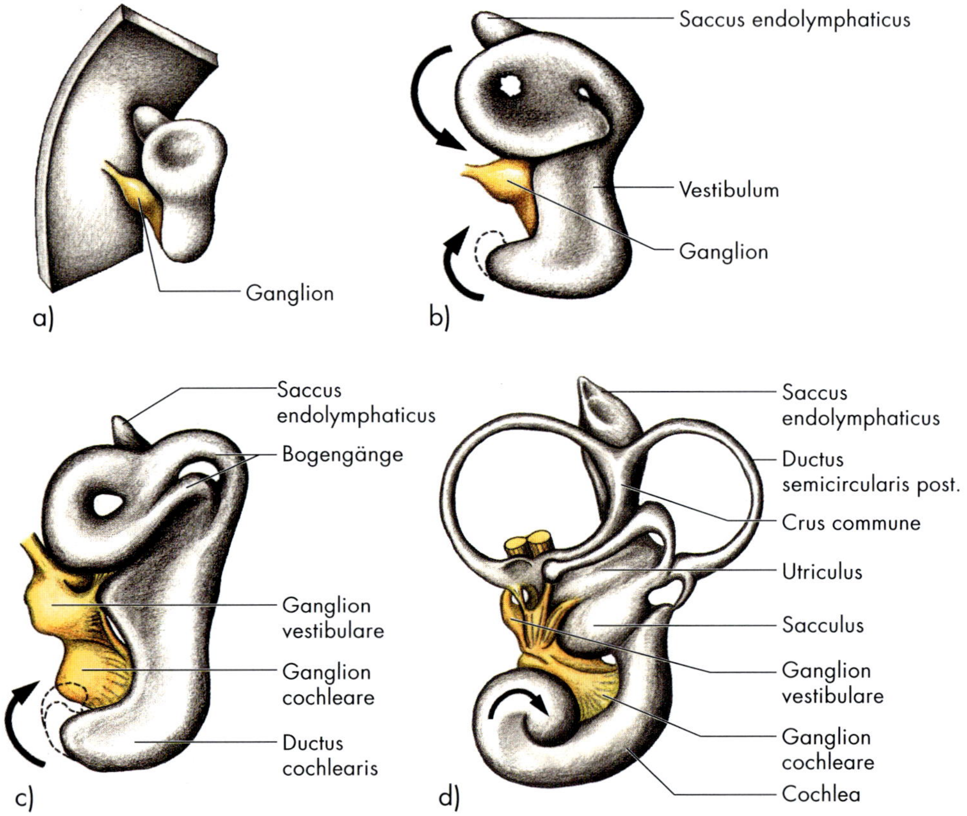

Abb. 90. Formveränderungen des linken Labyrinthbläschens während der Embryonalentwicklung von lateral (nach Streeter).
Die Bogengänge entwickeln sich aus einer spiraligen Wachstumsbewegung heraus (oberer Pfeil) durch Verklebung und Rückbildung der zentralen Bläschenabschnitte, während die Cochlea durch ein gegenläufiges, spiraliges Auswachsen des Ductus cochlearis entsteht (unterer Pfeil). **a)** 32. Tag; **b)** 37. Tag; **c)** 44. Tag; **d)** 50. Tag.

man vielleicht die engen Beziehungen, selbst bis in die so polaren Gesten der embryonalen Gestaltungsvorgänge hinein, verstehen.

4.3.3 Mesencephalon (Mittelhirn)

Das Mittelhirn ist das Bindeglied zwischen den beiden großen embryonalen Hirngebieten, dem Prosencephalon vorne und dem Rhombencephalon hinten. Zwischen diesen beiden, funktionell so verschiedenen Hirnbereichen bildet das Mittelhirn eine verbindende Brücke. Der ventrale Teil (Tegmentum), in dem sich besonders die Retikularisformation stark entwickelt, könnte als eine Fortsetzung rhombenzephaler Strukturen angesehen werden, während der dorsale Teil, die Vierhügelplatte (Tectum), die durch die Colliculi sup. mit der Sehbahn und die Colliculi inf. mit der Hörbahn verbunden ist, als eine Fortsetzung prosenzephaler Funktionsbereiche gelten kann (Abb. 80 u. 91).

Aber das Mittelhirn ist auch ein echter »Vermittler« zwischen »oben und unten«, Großhirn und Kleinhirn, prosenzephalen und rhombenzephalen Funktionssystemen. So ist

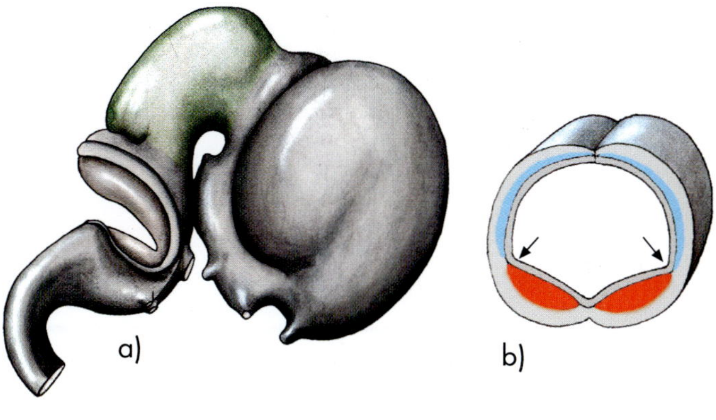

Abb. 91. Entwicklung des Mittelhirns.
a) Seitenansicht des Zentralen Nervensystems im Kopfbereich (etwa 54. Tag).
Mittelhirnabschnitt grün markiert.
b–d) Querschnitte durch das Mittelhirn in verschiedenen Entwicklungsstadien.
Rot = motorische Kerne;
blau = sensorische Kerne;
Pfeile: Sulcus limitans.

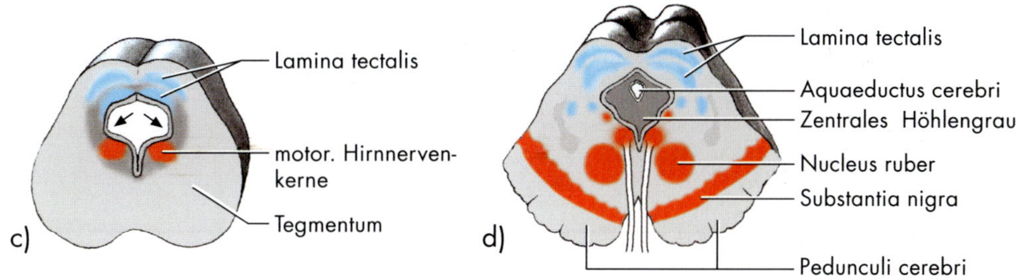

der Nucleus niger funktionell eng mit den subkortikalen Kernen (Striatum usw.) verbunden, während der in der Retikularisformation entstehende Nucleus ruber seine Impulse hauptsächlich vom Kleinhirn erhält. Innerhalb der sensomotorischen Systeme ist das Mittelhirn mit seinen ausgiebigen Verbindungen zum Kleinhirn, zum Vestibularissystem, zu den Basalganglien und zum Zwischenhirn das ausgleichende und harmonisierende Zwischenglied bei der Steuerung der Motorik.

Dünn bleibende Wandabschnitte mit Plexus choroidei gibt es im Mittelhirnbereich nicht. Vielmehr engt sich der embryonal zunächst noch sehr große, ventrikuläre Hohlraum bald zu einem dünnen Kanal ein (Aquaeductus mesencephali [cerebri], Sylvii), der auch in diesem Zusammenhang eine Verbindung zwischen dem Ventrikelsystem des Rautenhirns (IV. Ventrikel) und denjenigen des Zwischen- und Endhirns (I.–III. Ventrikel) darstellt.

Zusammenfassung

Ovulationsalter (OA) – von der Ovulation bzw. Konzeption an gerechnet – 264 bis 268 Tage, 38 Wochen.

Gestationsalter (Menstruationsalter) – vom ersten Tag der letzten Regelblutung an gerechnet – etwa 280 Tage, 40 Wochen.

1. Woche (0.–6. Tag, OA): Morulation. Befruchtung (Konzeption, in der Ampulla tubae. – Nach Verschmelzung des männlichen und weiblichen Vorkerns zur Zygote Beginn der Furchungsteilungen. – Bildung eines Zellhaufens (Morula), der in den Uterus wandert. – Auflösung der Zona pellucida und Umwandlung der Morula in ein Bläschen (Blastozyste), das sich durch den Prozess der Compaction in eine innere, helle (Embryoblast) und äußere, dunklere Zellmasse (Trophoblast) gliedert.

2. Woche (7.–14. Tag, OA) Implantation (Nidation) der Blastozyste in die Uterusschleimhaut. Massive Proliferation des Trophoblasten, der sich in das stoffwechselaktive Synzytium, den Synzytiotrophoblasten (außen) und den mitoseaktiven, zellulär gegliederten Zytotrophoblasten (innen) differenziert. – Zottenbildung in der ganzen Zirkumferenz des Keimes (Konzeptus). – Arrodierung der mütterlichen Blutgefäße und Bildung von Blutlakunen (lakunäres Stadium). – Entstehung von Amnion- und Dottersackbläschen im Bereich des Embryoblasten mit Bildung einer zweiblättrigen Keimscheibe: bestehend aus dem Epiblasten am Boden der Amnionhöhle und darunter dem Hypoblasten.

3. Woche (14.–21. Tag, OA): »Gastrulation«. Organisation der primären (zunächst rein zellulären) Trophoblastzotten durch Einwachsen von Chorionmesenchym zu Sekundärzotten. – Nach Einwachsen von embryonalen Blutgefäßen (Ende der 3. Woche), Bildung von Tertiärzotten. – Zunehmende Vermehrung und Verzweigung der Chorionzotten, die durch eine basale Zytotro-

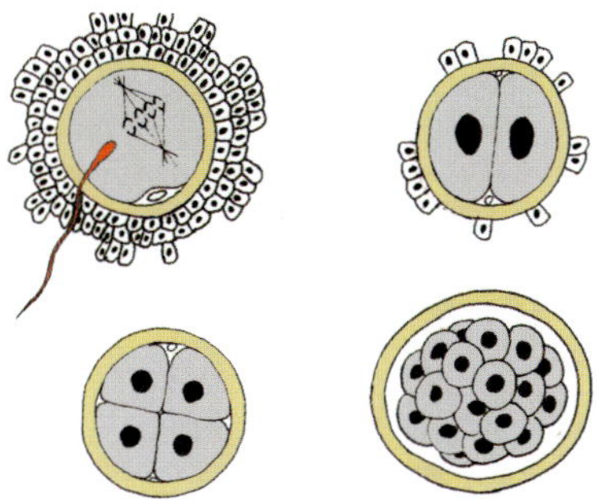

1. – 3. Tag

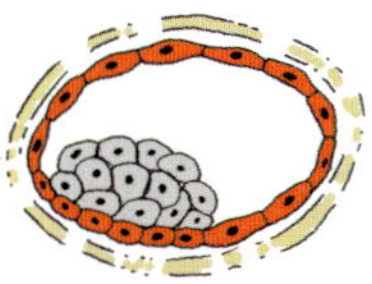

4. Tag

ca. 6. – 7. Tag

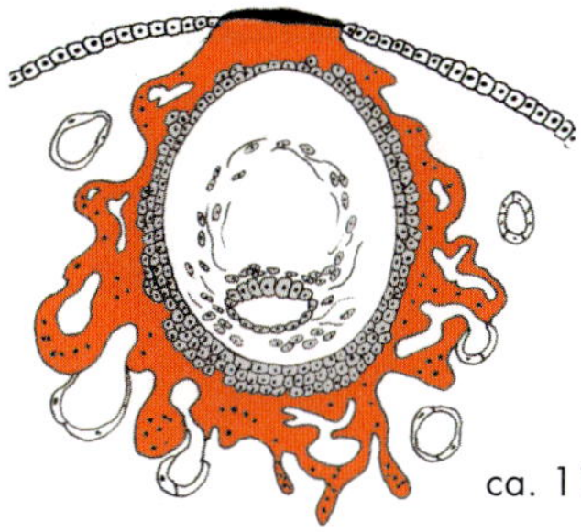

ca. 11. Tag

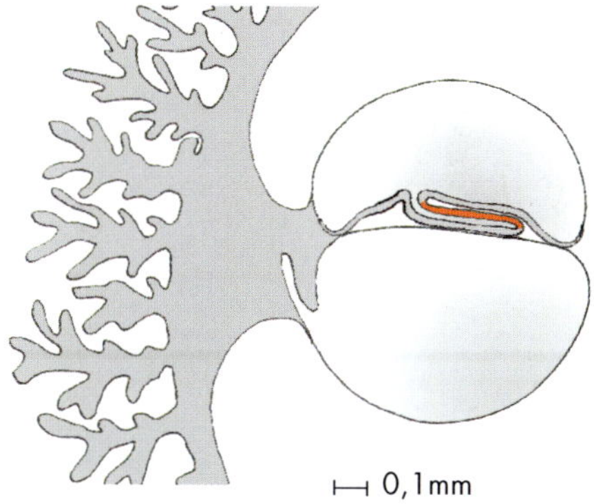

ca. 20. Tag

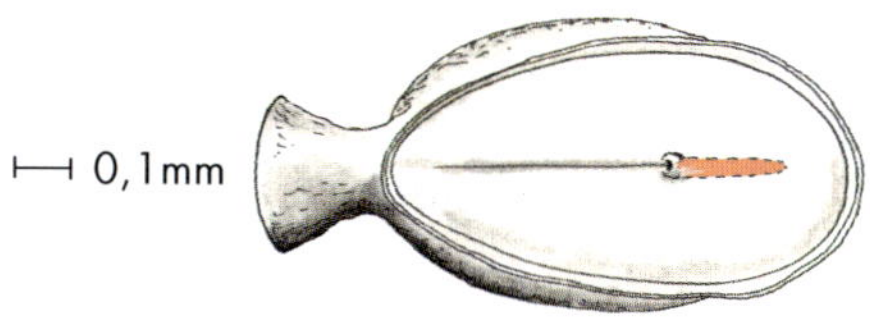

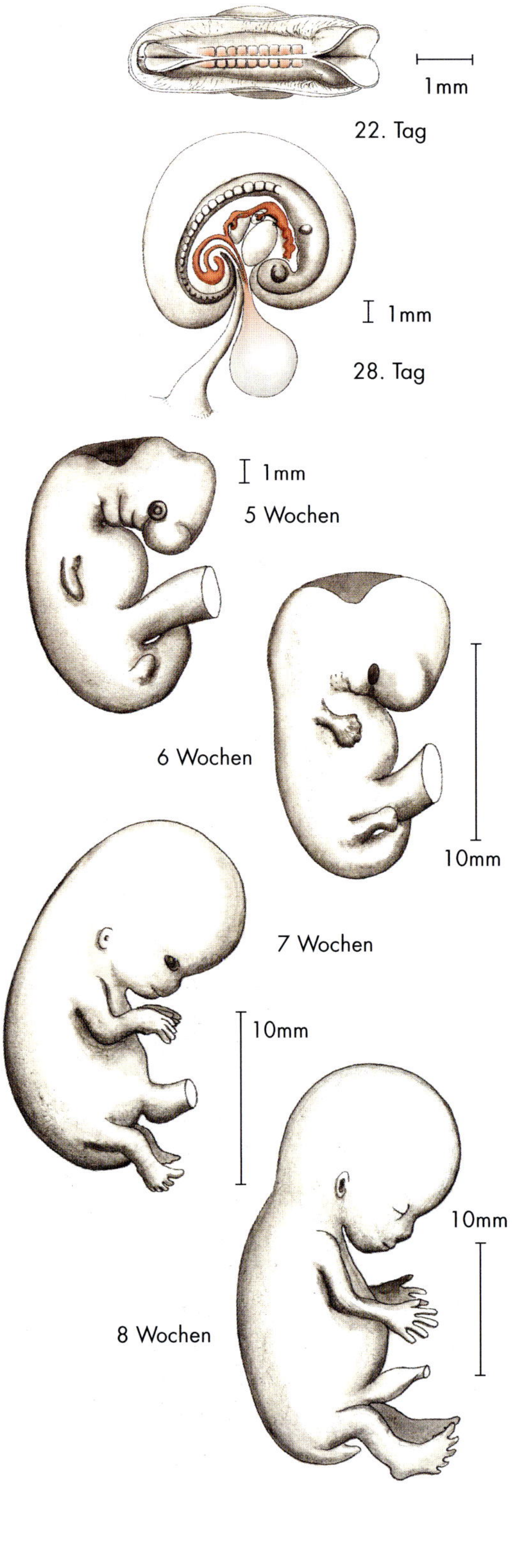

phoblastschale im Endometrium (Decidua) verankert werden. – Bildung eines zusammenhängenden, intervillösen, mit mütterlichem Blut gefüllten Raumes. – Im Epiblasten der Keimscheibe entwickelt sich ein **Primitivstreifen,** als Einstülpungszone, von wo aus Zellen zwischen Epi- und Hypoblast einwandern (Determinierung der bilateralen Symmetrie des späteren Embryonalkörpers). – Bildung eines dritten Keimblattes (Mesoderm) zwischen Epiblast (Ektoderm) und Entoderm (anstelle des Hypoblasten). – Bildung des Primitivknotens (Hensen-Knoten) am vorderen Ende des Primitivstreifens. – Einstülpung des Chordakanals (»Gastrulation«) und Induktion der Neuralrohrbildung (Neurulation) im darüber liegenden Ektoderm.

Das mittlere Keimblatt (Mesoderm) (M.) gliedert sich dann in vier Teile: 1. Chorda dors. (axiales M.); 2. Somiten (paraxiales M.); 3. Somitenstiele (intermediäres M.) und 4. Seitenplatten (Somatopleura und Splanchnopleura).

4.–8. Woche (22.–56. Tag): Embryogenese.

Abfaltung der Keimscheibe und Bildung eines Embryonalkörpers durch Entwicklung von intraembryonalem Mesenchym (durch Auflösung der Somiten). – Entwicklung der elementaren Funktionssysteme (Neuralrohr, Darmrohr, Herz-Kreislauf-System usw.). – Erste Anlagen der Gliedmaßen.

4. Woche. Ein einheitlicher Herzschlauch ist gebildet und beginnt zu pulsieren (22. Tag). – Das Neuralrohr ist vorne und hinten noch offen (24. Tag). – Entwicklung von Pharyngealbögen und Schlundtaschen (26. Tag). – Abschluss des Neuralrohres, Entwicklung der Hirnbläschen, der Linsenplakode und des Labyrinthbläschens (28. Tag). – Starke Krümmung des Embryonalkörpers. Abgrenzung des Nabelstranges.

5. Woche. Starke Entwicklung des Kopfes (Gehirn und Sinnesorgane). – Differenzierung der branchiogenen Organe, Schilddrüsen- und Lungenanlage. – Die Extremitätenknospen beginnen sich zu differenzieren. –

Am Handteller treten Fingerstrahlen auf (33. Tag). – Erste Spontanbewegungen von Rumpf und Extremitäten. – Entstehung der Nachniere aus der Ureterknospe und dem metanephrogenen Gewebe. – Bildung der Herzschleife und Pharyngealbogenarterien.

6. Woche. Starke Krümmung des Kopfes (Nackenbeuge des Gehirns). – Ausdehnung des Telencephalon über das Zwischenhirn. – Anlage von Ohrmuschel und äußerem Gehörgang. – Pigmentation der Augenanlage. Entwicklung des primären Gaumens und der Nasenwülste. – Beginn der dichotomen Sprossung der Lungenknospen. – Trennung der Herzvorhöfe und Bildung eines For. ovale secundum – Entstehung von Ureterknospe und Nachnierenanlage. – Drehung der Nabelschleife.

7. Woche. Zunehmende Rückbildung des Dottersackes (Verbindung zum Embryo nur noch durch den dünnen Ductus omphaloentericus oder vitellinus). – Differenzierung von Bogengängen und Cochlea. – Verstreichen der Gesichtswülste. – Verlagerung von Darmschlingen in den Nabelstrang (physiologischer Nabelbruch). – Abgrenzung einzelner Finger am Handteller. – Herztrennung durch Septum aorticopulmonale und Endokardpolster. – Verschluss des For. interventriculare und Bildung zweier Ventrikel. – Differenzierung des Müller-Ganges.

8. Woche. Ende der Embryonalperiode. – Das Gesicht bekommt menschliche Züge. – Entwicklung von Augenlidern. – Definitive Ausformung der Ohrmuschel. – Rückbildung des Schwanzes. – Beginnende Differenzierung der äußeren Genitalorgane. – Verlängerung der Extremitäten. – Deutlichere Differenzierung der Finger und Zehen. – Der Embryo reagiert schon reflektorisch auf Berührungsreize.

9.–38. Woche: Fetalperiode. In dieser Phase vollzieht sich die definitive Ausgestaltung fast aller Organsysteme (Ausnahme: Immunsystem und Gliedmaßen). – Nach der 26. Woche ist der Fetus mit ärztlicher Hilfe überlebensfähig.

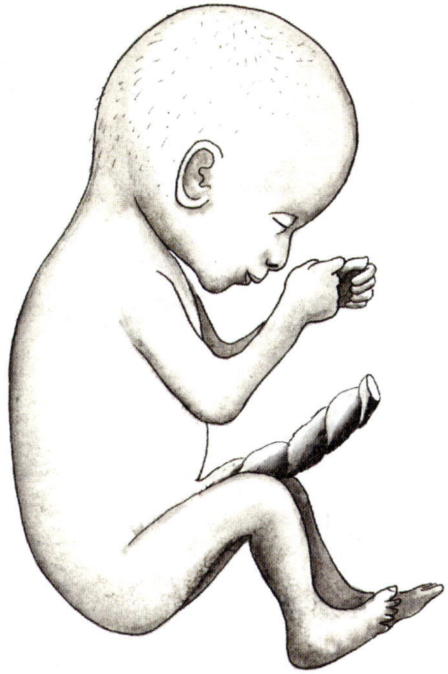

20. Woche

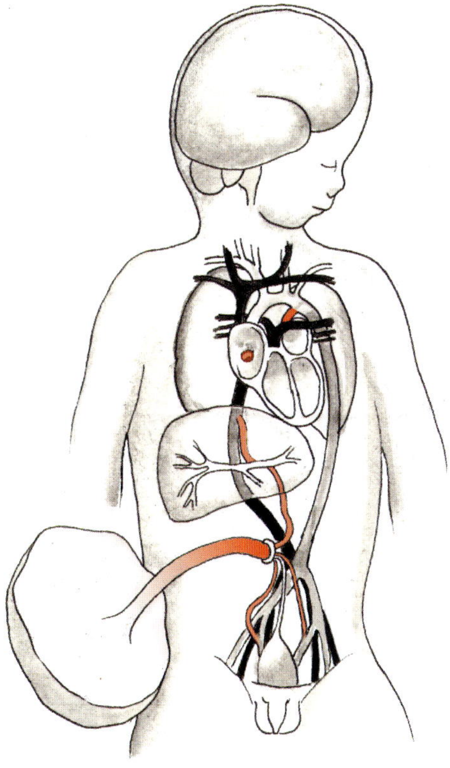

9.–12. Woche. Kopfentwicklung (Gehirn, Sinnesorgane) dominiert (der Kopf macht fast die Hälfte der Körperlänge aus). – Verklebung der Augenlider. – Beginn der Ossifikation der Röhrenknochen. – Retraktion der Dünndarmschlingen aus dem Nabelstrang. – Leber wird wichtigstes Blutbildungsorgan. – Nachniere beginnt, Urin in die Amnionhöhle abzusondern. – Geschlechtsspezifische Umgestaltung der äußeren Genitalorgane (Ende 12. Woche).

13.–16. Woche. Erste koordinierte Gliedmaßenbewegungen. – Knochenkerne werden im Röntgenbild erkennbar (Ende 16. Woche). – Differenzierung von Primordialfollikeln in den Ovarien. – Verlagerung der Augen nach ventral und der Ohren nach kranial. – Ende des Herzdeszensus. – Differenzierung des Bronchialbaumes der Lungen.

17.–20. Woche. Entwicklung der definitiven Proportionen der Gliedmaßen (erste Kindsbewegungen wahrnehmbar). – Auftreten eines Hautüberzuges mit Vernix caseosa (Talgdrüsensekret) und Entwicklung der Lanugobehaarung. – Bildung von braunem Fettgewebe im Bereich des Nierenlagers und Rumpfes. – Anlage des Uterus (18. Woche). – Beginn des Descensus testis (20. Woche) – sowie der kanalikulären Periode der Lungenentwicklung.

21.–25. Woche. Deutliche Gewichtszunahme und Körperstreckung. – Auftreten von Fingernägeln (24. Woche). – Beginn der Alveolenentwicklung in der Lunge und Sekretion von Surfactant durch Typ-II-Pneumozyten. – Weitere Differenzierung der Gliedmaßen.

26. – 29. Woche. Ausbildung der fetalen Körperproportionen. – Zunahme des subkutanen Fettpolsters. – Ende der Erythropoese in der Milz (etwa 28. Woche) und Übergang auf das Knochenmark. – Terminale Entwicklungsphase der Lunge. – ZNS so weit ausdifferenziert, dass Frühgeburten Überlebenschancen haben.

30. – 38. Woche: Geburt. Definitive Differenzierung des ZNS (Zellzahlen, Kerngruppen usw.) und der Sinnesorgane (Pupillenreflex ab 30. Woche, Greifreflex ab 35. Woche auslösbar). – Anteil des subkutanen Fettgewebes steigert sich auf 16% des Körpergewichts. – Scheitel-Steiß-Länge bei der Geburt durchschnittlich 360 mm, Gewicht 3400 g. Deszensus des Hodens bis zum Skrotalsack (28. – 32. Woche) (Reifezeichen). – Endphase der Alveolenentwicklung und der zugehörigen Kapillarkörbe in der Lunge.

Nach der Geburt. Umstellung des Fetalkreislaufs auf den Lungenkreislauf. – Verschluss des For. ovale und des Ductus arteriosus (Botalli) (Lig. arteriosum); Obliteration der beiden Nabelarterien (Ligg. umbilicalia med.) und Nabelvene (Lig. teres hepatis) sowie sehnige Umwandlung des Ductus venosus (Arantii) in das Lig. venosum. – Entfaltung und Beatmung der Lungenalveolen und Beginn der respiratorischen und zirkulatorischen Regulationen durch das ZNS.

Anhang

Derivate der Keimblätter

Ektoderm: Amnionepithel

1. ZNS: gesamtes peripheres NS, epitheliale Anteile der Sinnesorgane (Auge, Ohr, Nase, Linse)
2. Haut: Epidermis mit Haaren und Drüsen
3. Mesoektoderm bzw. Ektomesenchym: Kopfmesenchym, Melanozyten
4. Paraganglien: z. B. Nebennierenmark

Mesoderm: Chorda dors. (axiales Mesoderm), Somiten (paraxiales Mesoderm), Somitenstiele (intermediäres Mesoderm, Nephrotome), Seitenplatten (Splancho- und Somatopleura)

1. Stützgewebe: Bindegewebe, Knorpel, Knochen, Sehnen
2. Muskelgewebe: glatte und quergestreifte Muskulatur
3. Herzmuskulatur: z. T. auch aus Neuralleistenmaterial
4. Lymph- und Blutgefäßsystem: Blut, Gefäße, Herz (Endo-, Epi- u. Perikard), Milz, Lymphknoten, Knochenmark
5. Urogenitalsystem: Nieren (Glomeruli, Nephrone), ableitende Harnwege (bis Harnblase), Keimdrüsen (ohne Geschlechtszellen), Nebenhoden, Ductus deferens, Ductus ejaculatorius, Uterus, Tuba uterina
6. Nebennierenrinde

Entoderm: Dottersack, Allantois

1. Magen-Darm-Kanal einschließlich zugehöriger Drüsen (Leber, Gallenwege und Pankreas)
2. Oesophagus, Mundhöhle (hinteres Drittel)
3. Branchiogene Organe: Schilddrüse, Parathyroideae, Tonsilla palatina (nur Epithel), Thymus, Tuba auditoria und Cavitas tympanica (nur Epithel)
4. Respirationsorgane: Epithel und Drüsen von Lunge, Bronchialbaum, Trachea und Larynx
5. Untere Harnwege: Harnblase, Urethra, Urachus

Die wichtigsten Schritte der Embryonalentwicklung

nach dem Carnegie-Stadien-System (aus K. V. Hinrichsen, 1992)

Alter (Tage)	Stadium	Länge (mm)	Hauptmerkmale
–	1	–	Zygote, erste Furchungsteilung
1,5–3	2	–	2- bis 16-Zellen-Stadium, Morula
4–4,5	3	–	Blastozyste
5–6	4	–	Anheftung der Blastozyste
7–12	5	0,1–0,2	Implantation, Embryoblast, Trophoblast
13–15	6	0,15–0,2	Chorionzotten, Keimscheibe, Primitivstreifen
16	7	0,4	Lakunäres Stadium der Plazenta, »Umstülpung« mit Kopffortsatz- und Mesodermbildung
18	8	1–1,5	Neuralrohrbildung
20	9	1,5–2,5	1–3 Somiten, Herzschlauch entsteht
22	10	2,0–3,5	Schluss des Neuralrohres, Pharyngealbogen 1 + 2, Herzschleife, 4–12 Somiten
24	11	2,5–4,5	Augenbläschen, Labyrinthplakode, 13–20 Somiten
26	12	3–5	Pharyngealbogen 3, Armknospen, 21–28 Somiten, Urnieren
28	13	4–6	Augenbecher, Labyrinthbläschen, Beinknospen, rhythmische Herzkontraktionen, 30 Somiten
32	14	5–7	Augenanlage mit Linse, Nasenplakode, Ohrbläschen, Lungenknospe, Kreislauf
33	15	7–9	Nasengrube, Großhirnbläschen, Handplatte, Ureterknospe, Pankreasanlagen
37	16	8–11	Aurikularhöcker, Fußplatte, Lappenbronchien, Nachniere, Ureterknospe verzweigt
41	17	11–14	Nasenwülste, primärer Gaumen, Drehung der Nabelschleife
44	18	13–17	Gesichtswülste verstreichen, Bogengänge, Mittelfußknochen, Müller-Gang
47–48	19	17–20	Cornea, Cochlea L-förmig, Hand mit Fingerknospen, Arm, metanephrogenes Gewebe
50–51	20	21–23	Finger, Zehenknospen, Kloakenmembran degeneriert, Glomeruli
52	21	22–24	Nase, Augenlider, äußeres Ohr, Kopfbildung, Glomeruli u. Nephrone
54	22	25–27	Hypophyse, Cochlea, Augenlider, Zehen getrennt
56–57	23	28–30	Physiologischer Nabelbruch, äußeres Genitale (Indifferenzstadium), Schwanzknospe rückgebildet, Unterkiefer prominent

Zwillingsbildungen

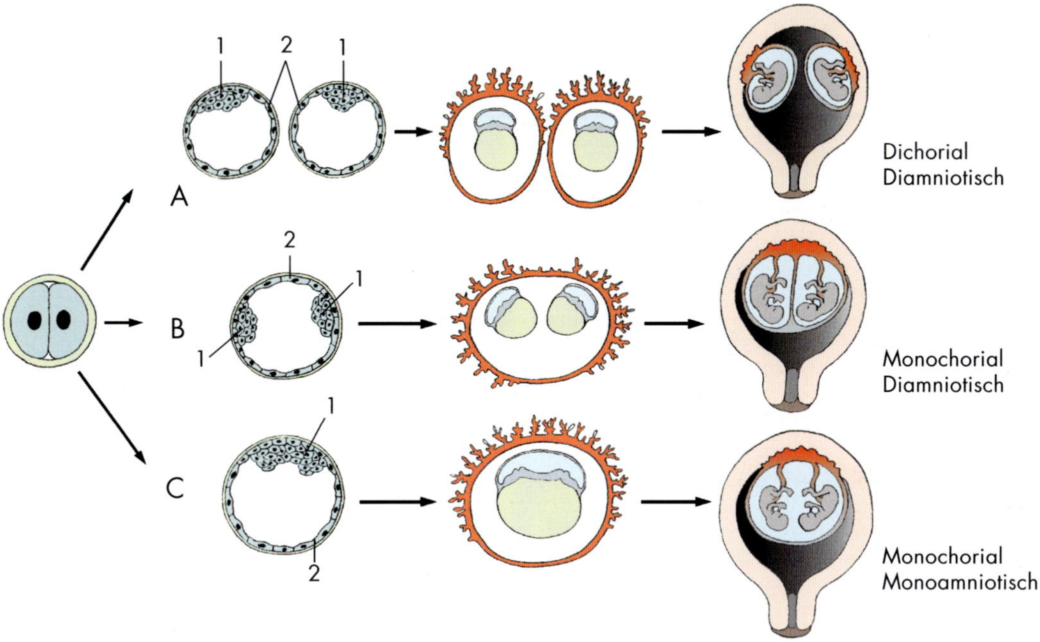

Zweieiige Zwillinge entstehen, wenn zwei Eizellen unabhängig voneinander befruchtet werden.
Eineiige Zwillinge gehen immer aus einer Zygote hervor (monozygot), können aber in verschiedenen Stadien der Embryonalentwicklung entstehen, was sich an der Form der Plazenta (mono- oder dichorial) bzw. an der Zahl der Amnionhöhlen (mono- oder diamniotisch) ablesen lässt.
A = Im Zweizellenstadium haben sich die beiden Blastomeren getrennt. Die eineiigen Zwillinge entwickeln jeder für sich eine Plazenta und eine Amnionhöhle (dichorial, diamniotisch).
B = In der Blastozyste haben sich die Embryoblasten getrennt. Die eineiigen Zwillinge entwickeln nur eine Plazenta (monochorial), aber zwei Amnionhöhlen (diamniotisch).
C = Die Trennung des Keimes erfolgt erst bei der »Gastrulation« (es treten zwei Primitivrinnen und zwei Chordae dors. auf). Diese eineiigen Zwillinge entwickeln nur eine Plazenta (monochorial) und eine gemeinsame Amnionhöhle (monoamniotisch).
1 = Embryoblast; 2 = Trophoblast.

Ultraschalldiagnostik in der Embryologie

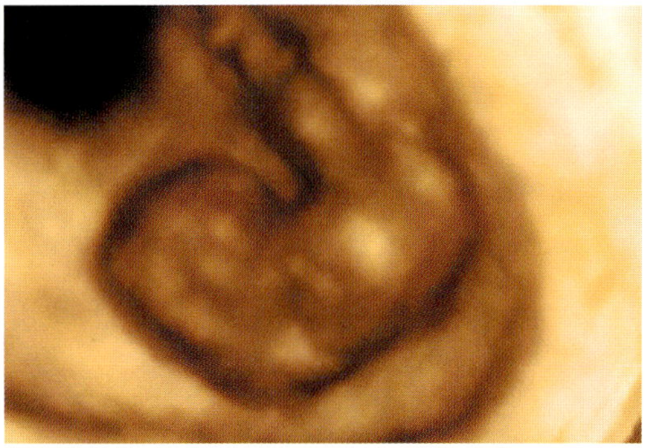

46. Tag (8,4 SSW)

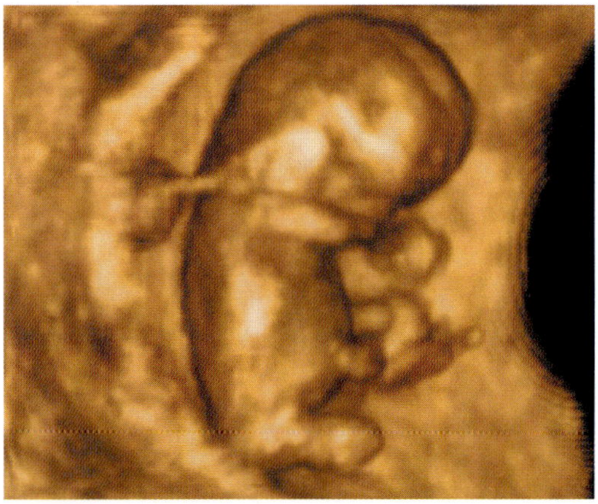

63. Tag (10,7 SSW)

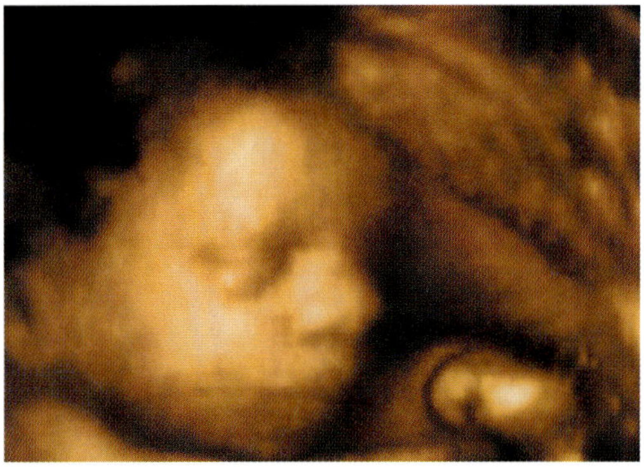

28. Woche (30,2 SSW)

Mit Hilfe der Ultraschalltechnik können nicht nur die Schwangerschaft als solche, sondern auch Größe, Alter und Geschlecht der Embryonen frühzeitig und sicher festgestellt werden. Der Schallkopf wird entweder auf die vordere Bauchwand aufgesetzt (Abdominalsonographie) oder in die Vagina eingeführt (vaginale Sonographie).

Unter günstigen Bedingungen können bereits in der 2.–3. Woche (Ovulationsalter, OA) Chorionhöhle und Dottersack, in der 3.–4. Woche die Herztätigkeit, in der 6. Woche die physiologische Nabelhernie, in der 7. Woche die ersten Skelettelemente und in der 9.–10. Woche die Herzkammern sowie Körperbewegungen und Schluckvorgänge nachgewiesen werden. Im 2. Trimester wird es möglich, auch Missbildungen und Anomalien zu diagnostizieren.

Für die Prognose der Geburt ist auch die Feststellung der Lage der Plazenta von besonderer Bedeutung.

3-D-Ultraschallbilder von Embryonen verschiedener Altersstadien (stark vergrößert).
SSW = Schwangerschaftswoche (Gestationsalter oder Menstruationsalter).
(Freundlicher Weise zur Verfügung gestellt von Prof. Dr. Matthias W. Beckmann, Direktor der Uni.-Frauenklinik, Erlangen).

Literaturhinweise

Arey LB. Developmental Anatomy. 6. Aufl. Philadelphia: W.B. Saunders, 1954.

Blechschmidt E. Humanembryologie. Prinzipien und Grundbegriffe. Stuttgart: Hippokrates 1974.

Blechschmidt E. Wie beginnt menschliches Leben. Vom Ei zum Embryo. 5. Auflage. Stein am Rhein/CH: Christiana 1984.

Boenig H. Leitfaden der Entwicklungsgeschichte des Menschen. Leipzig: Thieme 1938.

Broman J. Normale und abnormale Entwicklung des Menschen. Wiesbaden: JF Bergmann 1911.

Christ B, Wachter F. Medizinische Embryologie. Wiesbaden: Ullstein Medical 1998.

Clara M. Entwicklungsgeschichte des Menschen. 5. Aufl. Leipzig: Thieme 1955.

Corning HK. Lehrbuch der Entwicklungsgeschichte des Menschen. Wiesbaden: JF Bergmann 1921.

Drews U. Taschenatlas der Embryologie. Stuttgart: Thieme 1993.

Fischel A. Grundriss der Entwicklungsgeschichte des Menschen. 2. Aufl. Berlin: Springer 1937.

Gilbert SF. Development Biology. 6. Aufl. Sunderland/MA: Sinauer 2000.

Goerttler K. Entwicklungsgeschichte des Menschen. Heidelberg: Springer 1950.

Grosser O, Ortmann R. Grundriss der Entwicklungsgeschichte. 7. Aufl. Heidelberg: Springer 1970.

Hamilton WJ, Boyd JD, Mossman HW. Human Embryology. 3. Aufl. Cambridge: W. Heffer 1962.

Harding R, Bocking AD. Fetal Growth and Development. Cambridge: Cambridge University Press 2001.

Hinrichsen KV. Humanembryologie. Heidelberg: Springer 1991.

Keibel F, Mall FP. Handbuch der Entwicklungsgeschichte des Menschen. Bd. 1 und 2. Leipzig: 1910 und 1911.

Kollmann J. Handatlas der Entwicklungsgeschichte des Menschen. Bd. 2. Jena: G. Fischer 1907.

Langman J. Medizinische Embryologie. 8. Aufl. Stuttgart: Thieme 1989.

Larsen JW. Human Embryology. 3. Aufl. Philadelphia: Churchill Livingstone 2001.

Moore, Keith L, Persaud TVN. Embryologie (dt. Übersetzung E. Lütjen-Drecoll). 4. Aufl. Stuttgart: Schattauer 1996.

O'Rahilly R, Müller F. Embryologie und Teratologie des Menschen. Bern: Huber 1999.

Patten BM. Foundations of Embryology. Toronto: McGraw-Hill Co 1958.

Peter K. Grundlagen einer funktionellen Embryologie. Leipzig: Ambrosius Barth 1947.

Starck D. Embryologie. 3. Aufl. Stuttgart: Thieme 1975.

Sachverzeichnis